高等职业院校前沿技术专业特色教材　　　　　　　　丛书主编　杨云江

信息技术

王仕杰　尹艺霏　陈开华　周雪梅　刘德双　程仁芬　主编

清华大学出版社
北京

内 容 简 介

本书内容包括计算机基本原理、计算机网络概述、Windows 10 操作系统、键盘、WPS Office 2019 办公软件、WPS 电子文档、WPS 电子表格、WPS 演示文稿、新一代信息技术概述、信息检索、信息素养与社会责任等，采用项目情景式引入，设计的任务由浅入深、循序渐进，与读者的学习、生活、就业密切相关。全书内容翔实、语言简练、图文并茂，具有很强的操作性和实用性。同时，将思政教育理念融入教材中。本书配有微课视频，扫描书中二维码即可观看。

本书可以作为职业院校的公共基础课程教材，也可以作为 WPS 办公应用职业技能等级考试、计算机等级考试及各类培训班的教材。同时，也是提升个人信息素养、提高办公自动化能力的得力参考书。

本书封面贴有清华大学出版社防伪标签，无标签者不得销售。
版权所有，侵权必究。举报：010-62782989，beiqinquan@tup.tsinghua.edu.cn。

图书在版编目(CIP)数据

信息技术/王仕杰等主编. —北京：清华大学出版社，2022.9
高等职业院校前沿技术专业特色教材
ISBN 978-7-302-60940-7

Ⅰ.①信… Ⅱ.①王… Ⅲ.①电子计算机－高等职业教育－教材 Ⅳ.①TP3

中国版本图书馆 CIP 数据核字(2022)第 088965 号

责任编辑：聂军来
封面设计：刘　键
责任校对：袁　芳
责任印制：曹婉颖

出版发行：清华大学出版社
　　　网　　址：http://www.tup.com.cn, http://www.wqbook.com
　　　地　　址：北京清华大学学研大厦 A 座　　　　邮　编：100084
　　　社 总 机：010-83470000　　　　　　　　　　　邮　购：010-62786544
　　　投稿与读者服务：010-62776969，c-service@tup.tsinghua.edu.cn
　　　质量反馈：010-62772015，zhiliang@tup.tsinghua.edu.cn
　　　课件下载：http://www.tup.com.cn，010-83470410
印 刷 者：北京富博印刷有限公司
装 订 者：北京市密云县京文制本装订厂
经　　销：全国新华书店
开　　本：185mm×260mm　　　印　张：18　　　字　数：428 千字
版　　次：2022 年 9 月第 1 版　　　　　　　　　　印　次：2022 年 9 月第 1 次印刷
定　　价：56.00 元

产品编号：096418-01

高等职业院校前沿技术专业特色教材

编审委员会

编委会顾问：
  谢 泉 贵州大学大数据与信息工程学院院长、教授、博士、博士生导师
  陈笑蓉 贵州大学计算机学院副院长，贵州城市职业学院大数据学院院长、教授
  尹艺霏 贵州工商职业学院执行校长
  潘 毅 贵州工商职业学院常务副校长、副教授
  郑海东 贵州电子信息职业技术学院副院长、教授
  刘 猛 贵州电子信息技师学院院长、副教授
  王仕杰 贵州工商职业学院大数据学院院长、副教授
  王正万 贵州电子信息职业技术学院教务处处长、教授
  陈文举 贵州大学职业技术学院院长、教授
  董 芳 贵州工业职业技术学院院长、教授
  肖迎群 贵州理工学院大数据学院院长、博士、教授
  张仁津 贵州师范大学大数据学院院长、教授、硕士生导师

编委会主任兼丛书主编：
  杨云江 贵州理工学院信息网络中心主任、贵州工商职业学院特聘专家、教授、硕士生导师

编委会副主任（按汉语拼音字母顺序排列）：
  程仁芬 侯 宇 王佳祥 徐雅琴 杨 前 姚会兴

编委会成员（排名不分先后）：
  刘桂花 周 华 钟国生 钟兴刚 张洪川 龚良彩 杨汝洁 郭俊亮
  谭 杨 陈海英 黎小花 冯 成 李 力 莫兴军 石齐钧 刘 睿
  李吉桃 周云竹 兰晓天 李 娟 周雪梅 胡艳菊 冯 丽 任 俊
  龙 汐 何金蓉 黄 勇 胡寿孝 沈 涛 刘德双 刘建国 刘珠文

本书编写组

主　编：
　　王仕杰　尹艺霏　陈开华　周雪梅　刘德双　程仁芬

副主编（按汉语拼音字母顺序排列）：
　　黄　勇　马延臣　彭再银　任　俊　沈　涛　王正万
　　鄢雪梅　钟国生　周　华

参　编（按汉语拼音字母顺序排列）：
　　邓文艳　丁文茜　樊桂兰　胡艳菊　梁盛龙　罗　利
　　徐雅琴　张　苗　张明聪

主　审：
　　杨云江

丛书总序言

多年来,党和国家在重视高等教育的同时,给予了职业教育更多的关注,2002年和2005年国务院先后两次召开了全国职业教育工作会议,强调要坚持大力发展职业教育。2005年下发的《国务院关于大力发展职业教育的决定》更加明确了要把职业教育作为经济社会发展的重要基础和教育工作的战略重点。1996年5月,全国人大常委会颁布了《中华人民共和国职业教育法》,从政策和法律层面给职业教育提供了保障。2019年2月,教育部颁布了《国家职业教育改革实施方案》;2019年4月,教育部颁布了《高职扩招专项工作实施方案》;2021年4月,国务院颁布了《中华人民共和国民办教育促进法实施条例》。这些文件的出台进一步加大了职业教育的办学力度。党和国家领导人也多次对加强职业教育工作做出重要指示。党中央、国务院关于职业教育工作的一系列方针和政策,体现了对职业教育的高度重视,为我国的职业教育指明了发展方向。

高等职业教育是职业教育的重要组成部分。由于高等职业学校着重于学生技能的培养,学生动手能力较强,因此,其毕业生越来越受到社会各行各业的欢迎和关注,就业率连续多年都保持在90%以上,从而促使高等职业教育呈快速增长的趋势。自开展高职教育以来,高等职业学校的招生规模不断扩大,发展迅猛,仅2019年就扩招了100万。目前,全国共有高等职业院校1300多所,在校学生人数已达1000万。

质量要提高、教学要改革,这是职业教育教学的基本理念,为了达到这个目标,除了要创造良好的学习环境和氛围、配备优秀的管理队伍、培养优秀的师资队伍和教学团队外,还需要高质量的、符合高职教学特点的教材。根据这一理念以及教育部、财政部《关于实施中国特色高水平高职学校和专业建设计划的意见》(教职成〔2019〕5号)的文件精神:"要组建高水平、结构化教师教学创新团队,探索教师分工协作的模块化教学模式,深化教材与教法改革,推动课堂革命",丛书编审委员会以贵州省建设大数据基地为契机,组织贵州、云南、山西、广东、河北等省的二十多所高等职业院校的一线骨干教师,经过精心组织、充分酝酿,并在广泛征求意见的基础上,编写出这套云计算与大数据方向、智能科学与人工智能方向、电子商务与物联网方向、数字媒体与虚拟现实方向的"高等职业院校前沿技术专业特色教材"系列丛书,以期为推动高等职业教育教材改革做出积极而有益的实践。

按照高职教育新的教学方法、教学模式及特点,我们在总结传统教材编写模式及特点的基础上,对"项目—任务驱动"结构的教材模式进行了拓展,以"项目+任务导入+知识点+任务实施+上机实训+课外练习"的模式作为本套丛书主要的编写模式,但也有针对以实用案例导入进行教学的"项目—案例导入"结构的拓展模式,即"项目+案例导入+知识点+案例分析与实施+上机实训+课外练习"的编写模式。

为了贯彻"要把思想政治工作贯穿教育教学全过程"的思政教育指导思想和党的十八大报告精神"要把立德树人作为教育的根本任务",我们将课程思政和课程素养的理念融入教材中,主要体现在以下几个方面。

- 提倡立德树人、团结拼搏、团队协作精神;
- 传播正能量,杜绝负能量信息和负面信息;
- 挖掘教材中"知识点、案例和习题"中的思政元素,使学生和读者在学习和掌握专业课程知识的同时,树立弘扬正气、立德树人、团队协作、爱国报国的思想理念。

丛书具有以下主要特色。

特色之一:本套丛书涵盖了全国应用型人才培养信息化前沿技术的四大主流方向:云计算与大数据方向、智能科学与人工智能方向、电子商务与物联网方向、数字媒体与虚拟现实方向。

特色之二:注重理论与实践相结合,强调应用型本科及职业院校的特点,突出实用性和可操作性。丛书的每本教材都含有大量的应用实例,大部分教材都有1~2个完整的案例分析。旨在帮助学生在每学完一门课程后,都能将所学的知识用到相关工程应用中。

特色之三:每本教材的内容全面且完整、结构安排合理、图文并茂。文字表达清晰、通俗易懂,内容循序渐进,旨在很好地帮助读者学习和理解教材的内容。

特色之四:每本教材的主编及参编者都是长期从事高职前沿技术专业教学的高职教师,具有较深的理论知识,并具有丰富的教学经验和工程实践经验。本丛书就是这些教师多年教学经验和工程实践经验的结晶。

特色之五:本丛书的编委会成员由有关高校及高职的专家、学者及领导组成,负责对教材的目录、结构、内容和质量进行指导和审查,能很好地保证教材的质量。

特色之六:丛书引入出版业最新技术"数字资源技术",将主要图片、动画效果、程序运行效果、工具软件的安装过程以及辅助参考资料都以二维码的形式呈现在书中。

特色之七:将逐步建设和推行微课版教材。

希望丛书的出版能为我国高等职业教育尽微薄之力,更希望能给高等职业学校的教师和学生带来新的感受和帮助。

谢 泉

2021 年 12 月

前言

随着经济和科技的不断发展,计算机在人们的工作和生活中发挥着越来越重要的作用,甚至成为必不可少的工具。如今,计算机技术已广泛应用于军事、科研、经济和文化等领域,其作用和意义已超出科学和技术层面,达到了社会文化层面。另外,随着现代信息化的普及,计算机技术在数据库技术和程序设计方面的应用也脱颖而出,越来越多的岗位开始要求员工掌握这门技术。因此,能够运用计算机进行信息处理已经成为每位大学生必备的基本能力。

"信息技术"课程作为高等职业教育必修的公共基础课程,具有重要的学习意义和价值。从目前大多数学校的课程开展情况来看,"信息技术"这门课程的开课名称有"大学计算机基础""办公软件"等,在《高等职业教育专科信息技术课程标准(2021年版)》发布后,类似的课程即将统一名称——"信息技术"。

为此,我们组织课程教学经验丰富的"双师型"骨干教师联合企业工程师编写了这本符合在校学生和广大计算机爱好者使用的《信息技术》教材。本书结合全国计算机等级考试(WPS Office)和金山办公软件认证考试的考试大纲编写,本着"学用结合"的原则,采用"项目情景式"来进行知识的讲解。

本书以11个项目为载体,内容包括计算机基本原理、计算机网络概述、Windows 10操作系统、键盘、WPS Office 2019办公软件、WPS电子文档、WPS电子表格、WPS演示文稿、新一代信息技术概述、信息检索及信息素养与社会责任等内容。

本书内容结构合理,条理清晰。教师备课、讲解、指导实习均轻松、方便,也鼓励学生通过课本、市场、网络等渠道全方位学习,使教与学、学与用紧密结合。全书以项目为载体,任务驱动,情景式开展,融入思政内容,强化职业素养提升,从而实现课程教学目标。

本书是在广泛征求高职高专院校授课教师意见的基础上,多家企业实地考察编写完成的,教材内容能紧跟市场发展和企业需求的变化,采用"学、练、做、训"一体,以学习者为中心,充分体现了现代高职教育特色。

全书由王仕杰统稿,由王仕杰、尹艺霏、陈开华、周雪梅、刘德双、程仁芬担任主编;黄勇、马延臣、彭再银、任俊、沈涛、王正万、鄢雪梅、钟国生、周华担任副主编;贵州理工学院信息网络中心主任、贵州工商职业学院特聘专家杨云江教授担任主审,负责目录架构、书稿架构的设计和审定以及书稿内容的主审工作。

本书的出版得到了北京金山办公软件股份有限公司的大力支持。在编写过程中,本书也得到了许多兄弟院校教师和相关企业的关心和帮助,并提出许多宝贵的修改意见,对于他们的关心、帮助和支持,编者表示十分感谢!

由于计算机应用技术发展迅速,应用软件版本日益更新,加上编者水平有限,错误和疏漏之处在所难免,恳请广大专家和读者批评、指正。

编　者

2022 年 3 月

目录 Contents

 项目 1　计算机基本原理

任务 1　初识计算机 / 002
任务 2　认识微型计算机的硬件 / 006
任务 3　认识计算机的软件 / 013
任务 4　笔记本电脑 / 016
学习效果自测 / 019

 项目 2　计算机网络概述

任务 1　初识计算机网络 / 022
任务 2　浏览器 / 028
任务 3　网络通信与交流 / 030
任务 4　计算机病毒 / 033
学习效果自测 / 036

 项目 3　Windows 10 操作系统

任务 1　Windows 10 操作系统的安装 / 039
任务 2　Windows 10 操作系统的环境设置 / 041
任务 3　资源管理 / 045
任务 4　常用附件 / 050
学习效果自测 / 052

 项目 4　键盘

任务 1　认识键盘 / 055
任务 2　指法规则 / 058
任务 3　搜狗拼音输入法简介 / 060
任务 4　搜狗拼音输入法的应用技巧 / 062
学习效果自测 / 064

 项目 5　WPS Office 2019 办公软件

任务 1　WPS Office 2019 概述 / 066
任务 2　WPS Office 2019 的安装及使用 / 067
任务 3　工作界面 / 072
任务 4　其他组件及应用 / 081

学习效果自测 / 091

092 项目6 WPS电子文档

任务1 WPS电子文档的创建与管理 / 093
任务2 表格的插入与编辑 / 103
任务3 页面设置 / 110
任务4 文档的基本编辑 / 118
任务5 邮件合并与编辑 / 129
学习效果自测 / 134

137 项目7 WPS电子表格

任务1 WPS电子表格的创建与保存 / 138
任务2 表格的美化 / 145
任务3 函数与公式的应用 / 151
任务4 筛选和排序的应用 / 159
任务5 数据分析 / 166
学习效果自测 / 175

178 项目8 WPS演示文稿

任务1 WPS演示文稿的简介 / 179
任务2 模板的创建与应用 / 194
任务3 WPS演示文稿的设计 / 198
任务4 放映和输出 / 205
学习效果自测 / 208

211 项目9 新一代信息技术概述

任务1 人工智能技术 / 212
任务2 量子信息技术 / 219
任务3 移动通信技术 / 220
任务4 物联网技术 / 226
任务5 区块链技术 / 231
任务6 云计算技术 / 236
任务7 大数据技术 / 242
学习效果自测 / 245

项目 10　信息检索

　　任务 1　信息检索的定义及分类 / 248
　　任务 2　搜索引擎 / 252
　　任务 3　学术论文搜索引擎 / 255
　　学习效果自测 / 258

 项目 11　信息素养与社会责任

　　任务 1　信息素养的概述 / 260
　　任务 2　信息素养的能力培养 / 262
　　任务 3　个人信息世界简介 / 266
　　任务 4　新时代大学生的信息素养与社会责任 / 268
　　学习效果自测 / 270

 参考文献

项目 1

计算机基本原理

项目简介

要学习计算机知识,就要先弄明白一个概念,什么是计算机?

计算机是一个工具,是科学计算、信息管理(信息的加工和处理)的工具,犹如石器时代的石刀、石斧,农业文明时期的铁器,工业文明时期的蒸汽机。而计算机则是这个时代必须掌握的一个工具、一门技术。"电脑",其专业术语称为微型计算机。"电脑"的"脑"字,是指它对人脑的模拟,包括我们使用的手机、平板等移动设备。

计算机有什么用?

在学习和工作上,如编辑文档、做表格、处理图片、编写程序、制作短视频等方面。

在娱乐和生活上,如在线聊天、发朋友圈、打游戏、听音乐、看电影等,总之我们学习和工作以及生活的方方面面都已经离不开计算机了。

计算机基本原理就是要学习计算机的基础,我们把基础知识分解成4个学习任务,需要一一完成。

能力培养目标

- 认识微型计算机的硬件、软件。
- 购买、配置中小型企业办公室计算机、个人计算机、笔记本电脑。

素质培养目标

- 掌握计算机科学的基本理论,具有从事计算机科学学习研究的坚实基础。
- 具有刻苦钻研精神,努力学习高端科学技术。
- 树立学好计算机技术基础知识,为学好本课程奠定基础的意识。

课程思政培养目标

课程思政及素养培养目标如表1-1所示。

表 1-1 课程内容与课程思政及素养培养目标关联表

知 识 点	知识点诠释	思 政 元 素	培养目标及实现方法
初识计算机	计算机基本概念、发展历史、工作原理,计算机的分类和应用	在学习计算机发展的世界历史时,突出我国计算机发展的辉煌历程,激发当代大学生的爱国意识、提高文化自信、树立为科技做贡献的理想	培养学生认知计算机发展的知识点,从而知晓做每一件事时,只有每个阶段都坚持不懈,才能做出成绩

续表

知 识 点	知识点诠释	思 政 元 素	培养目标及实现方法
认识微型计算机的硬件	计算机硬件、存储器、数制	华为的通信设备和技术、芯片设计、5G技术、研发能力等方面全球领先,华为的计算机硬件和通信方面的设计和制造能力,让美国感到害怕,进而用举国之力进行打压。还有同样像华为一样的大批中国企业,逐渐充实着中国的实力,从而中国制作到中国创造	培养学生要充分认识到学习方法的重要性,在学习过程中,提升自己的抗压能力,从而在未来的竞争中脱颖而出
认识计算机的软件	计算机的操作系统和应用软件	计算机应用软件WPS软件内存占用低、体积小,安装和运行都非常快捷,是一款优秀的国产办公自动化编辑软件,民族优秀的软件产品,是中国人的骄傲,让我们完全降低对外国同类软件的依赖	培养学生的逻辑思维能力,快速拓展自己的知识面和巩固学习成果
认识和选购笔记本电脑	笔记本电脑的基本结构和选购要点	青年学生一定要掌握现代科技和工具,学好技能,报效国家,成为一个有用的人	培养学生笔记本电脑各方面知识,了解笔记本电脑的方便易用

任务1　初识计算机

知识目标

- 认识计算机基本概念、发展历史。
- 认识计算机的工作原理。
- 认识计算机的分类。
- 认识计算机的应用。

技能目标

- 了解计算机基本概念。
- 认识计算机发展简史。
- 掌握计算机工作原理。

 任务导入

小明是一位大一新生,计算机的应用已经深入各个专业,由于自己的专业需求,小明要购买一台计算机。为了配置一台适合自己使用且性价比高的计算机,小明需要深入了解计算机的基本概念、发展历史、工作原理、分类、功能应用,能够掌握计算机的基本知识,从而自己选购一台心仪的计算机。

学习情境 1：了解计算机的发展

1. 早期的计算机

1943—1946 年美国宾夕法尼亚大学研制的电子数字积分器和计算机（electronic numerical and computer，ENIAC）是早期电子多用途计算机，长 30.48 米，宽 6 米，高 2.4 米，占地面积约 170 平方米，如图 1-1 所示。一般认为它是现代计算机的始祖。

图 1-1　早期的计算机 ENIAC

2. 计算机发展阶段

根据计算机所采用的物理器件的发展，一般把计算机的发展分成四个阶段，习惯上称为四代。

第一代：电子管计算机时代（从 1946 年到 20 世纪 50 年代后期），其主要特点是采用电子管作为基础器件。

第二代：晶体管计算机时代（从 20 世纪 50 年代中期到 60 年代后期），采用的主要器件逐步由电子管改为晶体管，缩小了体积，既降低了功耗，提高了速度和可靠性，也降低了价格。

第三代：集成电路计算机时代（从 20 世纪 60 年代中期到 70 年代前期），计算机采用集成电路作为基本器件，功耗、体积、价格进一步下降，速度和可靠性相应地提高。

第四代：大规模集成电路计算机时代（从 20 世纪 70 年代初至今），70 年代初，半导体存储器迅速取代了磁芯存储器，并不断向大容量、高速度发展，开启了现代计算机的篇章。

学习情境 2：了解计算机的工作原理

计算机由运算器、控制器、存储器、输入设备和输出设备五部分组成。

计算机的工作过程是通过输入设备（键盘或鼠标等）输入用户的操作命令或数据，计算机的处理单元（微处理器）接收到输入命令后，进行运算并将结果在计算机的输出设备（显示器或打印机等)上输出,也可以将结果保存在计算机的存储器(硬盘或软盘)上。因此,计算机对于某种输入命令所要进行的对应操作,是由事先保存在计算机中的程序决定的,如图1-2所示。

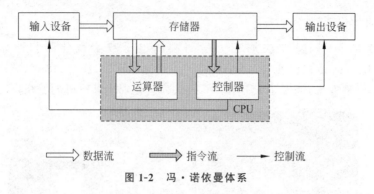

图1-2　冯·诺依曼体系

最新的计算机系统结构有了很大的新发展,但系统运行和内部基本结构上变化不大,仍是冯·诺依曼体系结构。

学习情境3:了解计算机的分类

根据计算机规模、结构分成4个类型,分别是:巨型机、大型机、小型机、微型机。

(1) 巨型机,现代科学技术,尤其是国防技术的发展,需要有很高运算速度、很大存储容量的计算机。随着集成电路、微处理器的发展,出现了阵列结构的巨型机。中国的天河二号和神威·太湖之光都先后成为过全球最快超级计算机之首。

(2) 大型机,代表各个时期先进计算技术的大型通用计算机。

(3) 小型机,规模小、结构简单所以设计试制周期短,便于及时采用先进工艺,生产量大,硬件成本低。小型机可以进行分析和测量仪器的数据采集、整理、计算等。

(4) 微型机,微型机的出现与发展,掀起计算机大普及的浪潮,经过了4位、8位、16位、32位、64位微处理器的发展,如图1-3所示。

图1-3　微型机——华为商用台式计算机

本书所说的计算机基本原理,主要以微型机为主,因为微型机与我们的生活学习最为密切相关。

学习情境4:了解计算机的应用

计算机的应用原则上应该分成科学计算和非数值计算两大类。后者包括信息处理、过程控制、计算机辅助设计、计算机辅助教学、人工智能等,其应用范围远远超过前者。计算机的应用已形成了一门专门的学科,它主要包括以下几方面的内容。

1. 科学计算

科学计算即纯数值计算,主要用于解决科学研究领域的一些复杂的数学问题,通常计算量大而且精度要求高。例如:气象预报、人造卫星轨道的计算等都属于这方面的应用。

2. 过程控制

过程控制是指利用计算机对生产或其他过程中的数据及时采集,并按最佳方案实现自动化。过程控制可以提高自动化程度、减轻劳动强度、提高生产效率、降低生产成本、保证产品质量的稳定。

3. 信息处理

信息处理是计算机应用最广泛的领域之一。信息处理是指用计算机对各种形式的信息(如文字、图像、声音等)收集、存储、加工、分析和传送的过程。当今社会,计算机在信息处理领域的应用,对办公自动化、管理自动化乃至社会信息化都起着积极的促进作用,如图1-4所示。

图1-4 计算机应用软件 WPS

4. 计算机辅助系统

计算机辅助系统包括辅助设计、辅助制造、辅助教学。计算机辅助设计简称为CAD,它是利用计算机帮助人们进行各种工程和复杂产品的设计。CAD技术不仅提高了设计质量,而且提高了自动化程度,大大缩短了新产品的设计与试制周期,从而成为生产现代化的重要手段,如图 1-5 所示。计算机辅助制造简称为 CAM,它是利用计算机直接控制零件的加工,实现无图纸加工。计算机辅助教学简称为 CAI,它是指利用多媒体和网络技术,使得网上教学和远程教学得以实现。

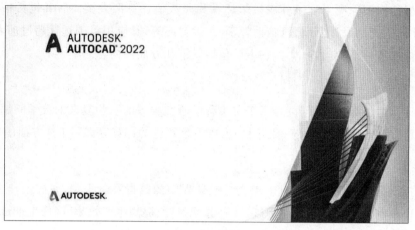

图 1-5　计算机应用软件 AUTOCAD

任务 2　认识微型计算机的硬件

知识目标

- 了解微型计算机。
- 认识微型计算机硬件组成。
- 认识计算机的存储器。
- 了解数制在计算机中的表示。

技能目标

- 认识计算机的存储器(内存和外存)。
- 能够掌握常用数制及其转换。
- 认识二进制的算术运算及逻辑运算。

任务导入

通过任务 1 的学习,小明了解计算机的基本概念、发展历史、工作原理、分类、功能和应用,但还觉得不够了解计算机,想要进一步学习硬件组成、存储、数制及其转换。

学习情境 1：微型计算机的分类

微型计算机的特点是体积小、灵活性大、价格便宜、使用方便，从单纯的计算工具发展成为能够处理数字、符号、文字、语言、图形、图像、音频、视频等多种信息的强大多媒体工具，微型机分以下类型。

（1）台式机：台式机是应用非常广泛的微型计算机，是一种独立分离的计算机，体积相对较大，主机、显示器等设备一般都是相对独立的，需要放置在电脑桌或者专门的工作台上，因此命名为台式机，如图 1-3 所示。

（2）一体机：一体机是由一台显示器、一个键盘和一个鼠标组成的计算机。它的芯片、主板与显示器集成在一起，显示器就是一台计算机，因此只要将键盘和鼠标连接到显示器上，机器就能使用，如图 1-6 所示。

图 1-6　一体机

（3）笔记本电脑：笔记本电脑是一种小型、可携带的个人计算机，通常质量为 1~3kg。它和一体机架构类似，但是它具有更好的便携性。笔记本电脑提供了键盘和触控板，如图 1-7 所示。

图 1-7　华为笔记本电脑

学习情境2：认识微型计算机硬件组成

微型计算机的台式机是我们办公和学习常用的。其硬件分成主机、外部设备和周边设备3个部分。主机是指机箱里面即插即用板卡和芯片，如图1-8所示。外部设备是指显示器、绘图仪、鼠标和键盘。周边设备是指打印机、音箱、移动硬盘、U盘等。

图1-8 华为台式计算机主机

1. 主机

1）主板

主板是计算机中最重要的部件之一，是整个计算机工作的基础，与其他配件采用即插即用的连接方式，插在主板上的硬件有：CPU、内存条、显卡、声卡、网卡等。同主板连接的硬件有：机箱电源、硬盘、光驱、软驱和外设件键盘、鼠标等，如图1-9所示。

图1-9 计算机主板

2）CPU

CPU是中央处理器的简称，它作为计算机系统的运算和控制核心，是信息处理、程序运行的最终执行单元。CPU自诞生以来，在逻辑结构、运行效率以及功能外延上取得了巨大发展,如图 1-10 所示。

图 1-10　CPU

3）内存条

内存条是主板上的存储部件。在计算机内部,CPU 直接与内存沟通,用来存储数据,存放当前正在使用的(即执行中)的数据和程序,如图 1-11 所示。

4）显卡

显卡的全称是显示器适配卡,现在的显卡都是 3D 图形加速卡,它是连接主机与显示器的接口卡。显卡的作用是将主机的输出信息转换成字符、图形和颜色等信息,传送到显示器上显示,如图 1-12 所示。

图 1-11　内存条

图 1-12　显卡

5）硬盘

计算机硬盘是计算机最主要的存储设备。硬盘(hard disk drive,HDD)由一个或者多个铝制或者玻璃制的碟片组成。这些碟片外覆盖有铁磁性材料。绝大多数硬盘都是固定硬盘,被永久性地密封固定在硬盘驱动器中,图 1-13 所示。

机械硬盘

固态硬盘

M.2 NVMe固态硬盘

图 1-13　硬盘

2. 外部设备

1) 显示器

显示器(display)通常也被称为监视器。显示器是属于计算机的 I/O 设备,即输入输出设备,如图 1-14 所示。

图 1-14 显示器

2) 键盘

键盘是最常用也是最主要的输入设备,通过键盘,可以将英文字母、数字、标点符号等输入计算机中,从而向计算机发出命令、输入数据等,如图 1-15(左)所示。

图 1-15 键盘鼠标套装

3) 鼠标

鼠标的标准称呼应该是"鼠标器",英文名 mouse。鼠标的使用是为了使计算机的操作更加简便,鼠标按其工作原理分为机械鼠标和光电鼠标,如图 1-15(右)所示。

3. 周边设备

1) 音箱

音箱是计算机的音频设备,它通过声卡输出声音,如图 1-16 所示。

2) 打印机

打印机可以将文字和图像的打印输出,如图 1-17 所示。

3) 投影仪

投影仪又称投影机,是将图像或视频投射到幕布上的设备,如图 1-18 所示。

4) U 盘

U 盘全称 USB 闪存盘,它是一种使用 USB 接口的微型高容量移动存储设备,在计算机上可以实现即插即用,如图 1-19 所示。

图 1-16　音箱

图 1-17　打印机

图 1-18　投影仪

图 1-19　U 盘

5）移动硬盘

移动硬盘是一种采用硬盘作为存储介质,可以即插即用的移动存储设备,如图 1-20 所示。

6）路由器

路由器是一种连接互联网和局域网的计算机周边设备,是家庭和办公局域网的必备设备,如图 1-21 所示。

图 1-20　移动硬盘

图 1-21　路由器

学习情境3：认识计算机的存储器（内存和外存）

1. 计算机存储概念

存储器是时序逻辑电路，是用来存储程序和各种数据信息的记忆部件。存储器可分为主存储器（简称主存或内存）和辅助存储器（简称辅存或外存）两大类。其中，内存（memory）是计算机的重要部件之一。

存储器是许多存储单元的集合，按单元号顺序排列。每个单元是由二进制位构成，以表示存储单元中存放的数值，这种结构和数组的结构非常相似，通常由数组描述存储器。

2. 计算机的存储单位

计算机中存储数据的最小单位：位 bit（比特）（binary digits），即存放一位二进制数，也就是0或1，最小的存储单位。B（byte）是字节，1B=8bit，每级为前一级的1024倍，比如1KB=1024B，1MB=1024KB，1GB=1024MB，1TB=1024GB。我们平常使用的U盘容量多以GB为单位，硬盘容量则多以GB或TB为单位。

存储容量的基本单位有：bit、B（字节）、KB（千字节）、MB（兆字节）、GB（吉字节）、TB（太字节）、PB（拍字节）、EB（艾字节）、ZB（泽字节）、YB（尧字节）。

学习情境4：了解常用数制及其转换

1. 进制的概念

进制也就是进位记数制，是人为定义的带进位的记数方法（有不带进位的记数方法，比如原始的结绳记数法，唱票时常用的"正"字记数法）。对于任何一种进制（X），就表示每一位置上的数运算时都是逢X进一位。例如，十进制是逢十进一，十六进制是逢十六进一，二进制就是逢二进一，以此类推，X进制就是逢X进位。

2. 常见的进制

1）十进制

十进制是最为普遍的一种。十进制的基数为10，数码由0～9组成，记数规律逢十进1，是人们日常生活中的记数方式。

2）二进制

二进制（binary）在数学中是指以2为基数的记数方式，是以2为基数代表系统的二进位制。如001010110、11101100001等，这类数字具有两个特点：它由两个数码0和1组成，二进制数运算规律是逢二进一。

3）十六进制

十六进制是由数字0～9加上字母A～F组成（它们分别表示十进制数10～15），十六进制数运算规律是逢十六进一。十六进制数是计算机常用的一种记数方法，它可以弥补二进制数书写位数过长的不足，表示方式为0X开头。

3. 进制的转换

（1）二进制转十进制：按位权展开求和，该方法的具体步骤是先将二进制的数写成加权系数展开式,而后根据十进制的加法规则进行求和。例如以 10011 为例：$10011=1\times2^4+0\times2^3+0\times2^2+1\times2^1+1\times2^0=16+0+0+2+1=19$,如图 1-22 所示。

（2）十进制转二进制是采用取余数法。即按照下面的方法取余数后,从高位到低位依次写下来就可以。十进制数 35 转二进制为 100011,如图 1-23 所示。

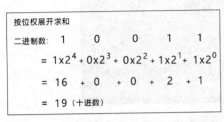

图 1-22　二进制转十进制按位权展开求和

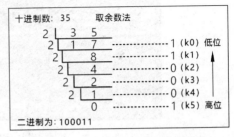

图 1-23　十进制转二进制取余数法

任务 3　认识计算机的软件

知识目标

- 了解计算机的软件系统。
- 了解计算机的操作系统。
- 了解 Windows 操作系统。

技能目标

- 认识计算机 BIOS 基本设置。
- 认识计算机系统软件。
- 认识计算机应用软件。

任务导入

通过任务 2 的学习,小明了解计算机的硬件组成,认识计算机的存储器（内存和外存）,能够掌握常用数制及其转换,认识了二进制的算术运算及逻辑运算等重要的知识,但他还需要计算机软件知识,这样才全面认识计算机基础。

学习情境 1：了解计算机的软件系统

1. BIOS

BIOS 是 Basic Input Output System 的缩略语,即基本输入输出系统。BIOS 是连接软件程序与硬件设备的一座"桥梁",负责解决硬件的即时要求。一块主板性能优越与否,很大程度上取决于主板上的 BIOS 管理功能是否先进,如图 1-24 所示。

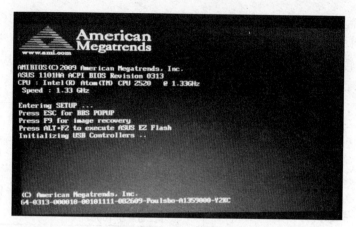

图 1-24　BIOS 启动界面

2. 系统软件

系统软件是指担负控制和协调计算机及其外部设备、支持应用软件的开发和运行的一类计算机软件。常见的系统软件包括 Windows 系列、Linux 系列等，苹果的 Mac OS（见图 1-25）、华为的鸿蒙 OS、谷歌的安卓等。

图 1-25　苹果的 Mac OS 界面

3. 应用软件

应用软件是指为特定领域开发并为特定目的服务的一类软件，它是运行在操作系统上的，可以帮助用户提高工作质量和效率的一类软件，如会计核算软件、工程预算软件和教育辅助软件等；另一类是为用户使用计算机而提供的一种工具软件，如用于文字处理的 WPS、用于平面设计的 Photoshop 以及用于系统维护的 360 安全卫士等。

学习情境 2：了解计算机的操作系统

1. 操作系统的概念

操作系统（operating system，OS）是管理计算机硬件与软件资源的计算机程序。操作系统需要处理如管理与配置内存、决定系统资源供需的优先次序、控制输入设备与输出设备、操作网络与管理文件系统等基本事务。操作系统也提供一个让用户与系统交互的操作界面。

2. 操作系统介绍

1）嵌入式系统

嵌入式系统是使用非常广泛的系统之一，它指的是一个内置了固定应用软件的巨大泛用程序，其体积比较小、功能单一，如电视、数码相机、游戏机、智能手表等，如图1-26所示为Linux嵌入式系统。

图1-26　Linux嵌入式系统

2）类UNIX系统

类UNIX系统是早期的应用系统，是林纳斯·托瓦兹根据类UNIX系统Minix编写并发布了Linux操作系统内核，它是开源且免费的，大多部署在服务器上。如谷歌的安卓系统、Ubuntu系统，如图1-27所示。

图1-27　UNIX系统

3）华为鸿蒙系统

华为鸿蒙（HUAWEI HarmonyOS）微内核是基于微内核的全场景分布式OS，可按需扩展，实现更广泛的系统安全，主要用于物联网，特点是低时延，甚至可到毫秒级乃至亚毫秒级，如图1-28所示为华为鸿蒙系统。

4）Mac OS系统

Mac OS X 或 OS X 是一套运行于苹果Macintosh系列计算机上的操作系统。Mac OS是首个在商用领域成功的图形用户界面系统，还有iOS，主要部署在iPhone手机、iPad平板

图 1-28　华为鸿蒙（HarmonyOS）系统

以及 Apple TV 上，如图 1-25 所示。

5）Microsoft Windows 系统

微软（Microsoft）公司的 Windows 系统，在世界范围内占据了微型计算机和笔记本电脑的大部分市场，在日常的工作和学习使用的操作系统多以 Microsoft Windows 操作系统为主，如图 1-29 所示。Microsoft Windows 系统代表性的版本有 Windows 98、Windows XP、Windows 10、Windows 11 等。

图 1-29　微软的 Windows 系统

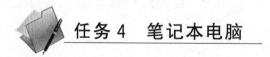

任务 4　笔记本电脑

知识目标

- 笔记本电脑的基本结构。
- 笔记本电脑选购要点。

技能目标

- 认识和选购笔记本电脑。
- 熟练掌握笔记本电脑的性能。

任务导入

小明学习了计算机硬件、软件,发现台式机性能和性价比都不错,但是不方便携带,还是想买一台方便携带、性能上满足自己使用需求的笔记本电脑。

学习情境1:笔记本电脑的分类

笔记本电脑也称手提电脑,是一种体积小、便携的微型计算机,笔记本电脑分为游戏本、轻薄本、二合一平板笔记本、商务本,还有其他类型笔记本,如影音娱乐本、校园学生本等,不过这些都是前面类型的衍生产品。

1. 游戏本

游戏本是主打游戏的笔记本电脑,其可运行大型游戏无压力,游戏性能强悍,和台式机有相似性能,但比台式机方便携带。游戏本还可以用于影视制作、3D设计、安装虚拟机等较大型数据运算和信息加工设计,但价格较高,如图1-30所示。

2. 轻薄本

外观时尚轻薄,性能出色,使用户的办公学习、影音娱乐都能有出色体验,便于携带,游戏性能不佳,待机时间长,价格适中,可满足一般需求,如图1-31所示。

图1-30 游戏本

图1-31 轻薄本

3. 二合一笔记本

二合一笔记本兼具了传统笔记本与平板电脑二者的综合功能,可以当作平板电脑或笔记本电脑使用便于携带,如图1-32所示。

4. 商务本

商务本是专门为商务应用设计的笔记本电脑,特点为移动性强、电池续航时间长、商务软件多轻薄便携,一般配有指纹解锁,价格不等,完美满足办公需求,如图1-33所示。

图 1-32　二合一笔记本

图 1-33　商务本

学习情境 2：笔记本电脑的结构和性能

笔记本电脑和台式计算机在结构上相近，台式计算机的即插即用板卡要多一些，性能也要强一些，但笔记本电脑体积小，方便携带，CPU 和显卡会集成在主板上，而且为了节省空间牺牲了部分性能，笔记本电脑的结构和性能可以参见微型计算机，绝大多数参数是一致的。

1. 结构和性能

1）外壳

笔记本电脑的外壳顶面带有 Logo 的一面叫作 A 面；屏幕那一面叫作 B 面；键盘那一面叫作 C 面；贴着桌子的底面叫作 D 面，如图 1-34 所示。

图 1-34　笔记本外壳

2）屏幕

笔记本电脑的屏幕面板类型主要分为 IPS 屏和 TN 屏，分辨率（FHD）1080P 也就是 1920×1080，还有 2K（2560×1440）和 4K（3840×2160），通常，1080P 已经可以满足基本需求。

3）中央处理器（CPU）

CPU 的性能体现在运行速度上。笔记本电脑的 CPU 分为英特尔（Intel）和超微半导体（AMD），例如，i5-11260H，其中 i5 叫作前缀，前缀是指定位级别，从低到高分为三种：i3、i5、i7，可以理解为低端、中端、高端，就目前来说，可以满足大部分需求。

4）显卡（图形处理器，GPU）

笔记本电脑的显卡分为集成显卡和独立显卡两类。集成显卡是指集成到了 CPU 中，性能较弱,可以满足日常需求,不足以运行大型游戏、影视制作、3D设计等。独立显卡顾名思义,独立安装在笔记本电脑中的显卡,性能较强。

5) 内存

运行软件时必须将它们调入内存中运行才能使用其功能,内存的好坏会直接影响笔记本电脑的运行速度,内存小则会引起计算机卡顿,笔记本电脑内存越大越好,就目前来说,建议选用16G。

6) 硬盘

笔记本硬盘主要分为机械硬盘(HDD)和固态硬盘(SSD),硬盘会影响开机速度和软件运行速度,目前,选购 SSD+HDD 硬盘的笔记本是可行的。

笔记本电脑的内部结构如图 1-35 所示。

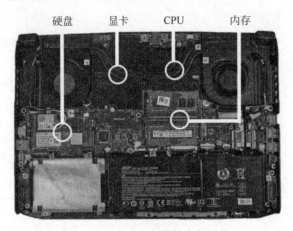

图 1-35　笔记本电脑的内部结构

2. 其他注意事项

笔记本的设计思路是通过牺牲部分性能换取便携性,如果不需要便携,对性能要求很高的读者优先考虑配台式机。

选购途径要注意,线上只推荐官方旗舰店或者自营店,线下一定要去品牌专卖店。从售后的角度考虑选择大品牌,笔记本出问题了建议到官方售后服务网点维修,保修期内大部分项目是免费的。

学习效果自测

一、单选题

1. 冯·诺依曼体系结构不包含以下(　　)。
   A. 存储器　　　　B. 内存器　　　　C. 运算器　　　　D. 控制器
2. 计算机存储数据的单位有(　　)。
   A. KB　　　　　　B. QQ　　　　　　C. WPS　　　　　　D. PS

二、多选题

1. 微型机包含类型(　　)。

A. 台式机　　　　B. 一体机　　　　C. 笔记本电脑　　　D. 平板电脑
2. 常见的进制有（　　）。
A. 十进制　　　　B. 二进制　　　　C. 十六进制　　　　D. 标题母版

三、实践操作题

根据高（9000元）、中（6000元）、低（3000元）要求，去电脑城配台式兼容计算机，要求高、中、低每个配置写三个配置单，用不同品牌进行搭配，找出最优性价比计算机。

项目 2

计算机网络概述

项目简介

现今的社会科技发达,计算机的使用已经非常普遍,资源的共享、通信已经在日常生活中得到广泛的应用。本项目介绍了网络的基本构成、分类以及一些常用的网络应用设置和使用,并将理论知识和实践操作相结合,穿插大量的网络应用实例以加深对网络基础理论的理解,使学生在掌握基础知识的同时即可运用到实践当中。本项目利用常见的网络应用完成4个任务,使学生能够了解网络的基本体系架构、学习无线路由器的基本设置、学会怎么安全地下载软件及安装以及常见的计算机安全防护设置,加深学生对计算机网络知识的理解,从而提高学生在计算机网络应用方面的综合能力。

能力培养目标

- 掌握计算机网络的基本概念及分类。
- 掌握基本的网络设备及其作用。
- 掌握校园网络架构。
- 掌握家庭无线路由器设置操作。
- 掌握电子邮件的使用操作。
- 掌握网盘的使用操作。
- 掌握个人计算机的安全防护设置。

素质培养目标

- 能够激发学生学习计算机知识、提升计算机应用能力和信息素养的积极性和潜力。
- 能够利用计算机解决问题的过程与方法,并迁移到与之相关的其他问题解决之中。
- 能够对信息可能产生的影响进行预期分析,为解决问题提供参考。
- 具备科学的世界观、人生观和道德观,有明确的是非观念。
- 具备信息意识、计算思维、数字化学习与创新、信息社会责任。

课程思政培养目标

课程思政及素养培养目标如表 2-1 所示。

表 2-1　课程内容与课程思政及素养培养目标关联表

知 识 点	知识点诠释	思 政 元 素	培养目标及实现方法
网络及其设备	网络的构成、网络的分类、网络设备的作用	创兴技术，为国争光：介绍我国当前网络设备发展的重大成就，激发学生爱国情怀，提高学习热情	培养学生的爱国情怀和学习热情，引导学生树立实业报国的奋斗目标
设置无线路由器	用于用户上网、带有无线覆盖功能的路由器	精益求精工匠精神：通过对无线路由器设置进行讲解、任务分析、实施要求，教育学生要以精益求精的工匠精神和探索精神来完成这项任务的完成	培养学生爱学习、爱钻研的精神，除了基本功能设置讲解以外，其余功能需要学生探索完成，完成的过程必须符合正常流程且严谨
搜索引擎	从互联网检索出制定信息反馈给用户	做文明守法的网民：在日常生活中，有些学生误以为什么内容都可以被搜索，实际某些敏感关键词和结果会被过滤，引导学生思考过滤这些内容的原因	培养学生上网时具备文明守法的意识，自觉抵御一切不良信息和负能量信息
资源共享	多个用户共用网络中所有的软件和数据资源	树立共享发展理念：通过社交软件使用及网盘上传/下载分享资源和电子邮箱发送接收文件，教育学生要树立共享发展理念，学会与他人共享网络资源，实现网络资源效用的最大化	培养学生与他人资源共享，具有团队协作精神，互相团结、相互学习、共同进步
计算机安全防护	保护计算机硬件、软件、数据不因偶然的或恶意的原因而遭到破坏	增强网络安全防范意识：通过个人计算机安全防护设置，教育学生要增强网络安全防范意识，保证网络信息安全	培养学生对于计算机病毒的防范意识、安全威胁的认识，养成良好的使用习惯以及加强个人计算机防护

任务 1　初识计算机网络

知识目标

- 认识计算机网络、计算机网络的分类。
- 认识常见网络设备。
- 认识网络架构的基本组成。
- 理解核心层、汇聚层、接入层的含义和作用。
- 理解 SSID、主人网络、访客网络。

技能目标

- 能够根据网络作用范围区分网络类型。

学习资源

- 能够熟练认识各种网络设备,并能够知道其用途。
- 能够熟练根据无线路由器的各个接口进行连线操作。
- 熟练掌握进入无线路由器的设置界面操作。
- 熟练掌握无线路由器的联网操作。
- 熟练掌握无线网络设置操作。

任务导入

小明同学作为新生刚刚入学,对网络的知识很感兴趣,想要了解计算机网络的基本构成。小明入学的时候带来了笔记本电脑、平板电脑等电子产品,想要学会怎么设置无线网络,实现无线上网。我们一起来帮帮他吧。

学习情境 1:计算机网络概述及分类

1. 计算机网络概述

计算机网络,通俗地讲就是由多台计算机(或其他计算机网络设备)通过传输介质和软件物理(或逻辑)连接在一起组成的网络。

总的来说,计算机网络的组成基本上包括:计算机、网络操作系统、传输介质(可以是有形的,也可以是无形的,如无线网络的传输介质就是空间)以及相应的应用软件四部分。

2. 计算机网络分类

计算机网络的分类与一般的事物分类方法一样,可以按事物所具有的不同性质特点(即事物的属性)分类。基于计算机网络自身的特点,我们可以按照它的作用范围、传输方式、使用范围、通信介质等进行分类。

按网络的作用范围划分,即网络所涵盖的地理范围,可以分为局域网、城域网、广域网。局域网(LAN)主要用来构建一个单位的内部网络,例如一间办公室、一栋教学楼等;城域网(MAN)是在一个城市范围内,通过构建的专用网络和公用网络连接起来,满足政府、学校、企业等资源共享的需要;广域网(WAN)也称为远程网,可以是一个地区、一个国家或者几大洲,形成国际性的计算机网络。但要注意的是广域网采用的技术、应用范围、协议标准与局域网、城域网有所不同。

按网络的传输方式分可以分为广播式网络和点对点网络。广播式网络,仅有一条通信信道,网络上的所有终端都共享这个通信信道;点对点网络,每两台终端之间通过一条物理线路连接。

按网络的使用范围划分可以划分为公用网和专用网。公用网由电信部门组建、管理和控制的,可以提供给任何部门和单位使用;专用网是由某个单位或者部门内部组建的,不允许其他单位或部门使用,是一个不对外的网络。

按网络的通信介质划分可以划分为有线网络和无线网络。有线网络是采用双绞线、光纤等物理介质传输数据的计算机网络;无线网络是采用微波、红外线等电磁波作为其传输介质的计算机网络,如现在学校所使用的 G-Wi-Fi。

互联网(Internet)是由多个计算机网络互连而成的计算机网络,这些网络间的通信规则可以任意选择；由当前全球众多网络相互连接而成的特定互联网，采用TCP/IP协议族作为通信规则。

学习情境2：常用网络连接设备

1. 中继器

中继器（见图2-1）是连接网络线路的一种装置，常用于两个网络节点之间物理信号的双向转发工作。中继器是最简单的网络互联设备，主要完成物理层的功能，负责在两个节点的物理层上按位传递信息，完成信号的复制、调整和放大功能，以此来延长网络的长度。

中继器就是简单的信号放大器，因为信号在传输的过程中是要衰减的，中继器的作用就是将信号放大，使信号能传得更远。

图2-1 中继器

2. 网桥

网桥（bridge）也称桥接器（见图2-2），是连接两个局域网的存储转发设备，用它可以完成具有相同或相似体系结构网络系统的连接。

图2-2 网桥

3. 交换机

采用交换技术来增加数据的输入输出总和和安装介质的带宽。一般交换机（见图2-3）转发延迟很小，能经济地将网络分成小的冲突网域，为每个工作站提供更高的带宽。交换机也可以理解为高级的网桥，因为它有网桥的功能，但性能比网桥强。

图2-3 交换机

传统局域网交换机是运行在OSI模型的第二层（数据链路层）的设备，也称为二层交换机或多端口网桥，每个端口构成一个独立的局域网网段，这能够有助于改善网络性能；三层交换机就是具有部分路由器功能的交换机，工作在OSI模型的第三层，在企业网和校园网中，一般会将三层交换机用在网络的核心层（也称为核心交换机），其目的是加快大型局域网内部的数据交换。

4. 路由器

路由器(见图2-4)是网络层上的连接,即不同网络与网络之间的连接。路径的选择是路由器的主要任务。路径选择包括两种基本的活动:一是最佳路径的判定;二是网间信息包的传送。

图 2-4　路由器

5. 网关

网关,即协议转换器,是互联网络中操作在 OSI 网络层之上的具有协议转换功能设施,之所以称为设施,是因为网关不一定是一台设备,有可能在一台主机中实现网关功能。

学习情境3:校园网络架构

校园网是什么?简而言之,校园网就是将校园内各种不同应用的信息资源通过高性能的网络设备相互连接起来,形成校园园区内部的 Internet 系统,并通过路由设备接入外部广域网。校园网能够与外界进行广域网的连接,提供、享用各种信息服务具有完善的网络安全机制,能够与原有的局域网络和应用系统连接,调用原有各种系统的信息。通过校园网络,将各处的计算机连成一个信息网,实现各类信息的统一性和规范性;教职员工和学生可共享各种信息,极易进行各种信息的交流、经验的分享、讨论、消息的发布、协同工作等,从而有效地提高学校的现代化管理水平和教学质量,增强学生学习的积极性、主动性。

如图 2-5 所示,校园网络普遍采用了三层网络构成模式,即核心层—汇聚层—接入层的三层架构。

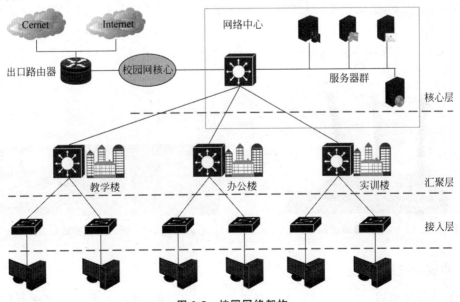

图 2-5　校园网络架构

1. 核心层

核心层由核心交换机、服务器、存储器、路由器和防火墙等网络设备组成,主要用于网络的高速交换主干,重点通常是冗余能力、可靠性和高速的传输。

2. 汇聚层

汇聚层主要由汇聚层交换机(即三层交换机)组成,它着重于提供基于策略的连接,起着承上启下的作用,负责对各种接入的汇聚。

3. 接入层

接入层主要由接入层(二层交换机或集线器)设备组成,负责将包括计算机等在内的工作站接入到网络。

三层网络结构设计能够将一个复杂的大而全的网络分成三个层次进行有序的管理。

有点懵?没关系,举个简单的例子,比如说一个学校,其用户数几千人到几万人,其网络机房中的网络设备,如核心交换机、路由器、防火墙等设备共同组成的区域可以看作核心层,每个楼层中的交换机等设备可以看作接入层,而连接接入层和核心层之间的区域就是汇聚层。

学习情境 4:设置无线路由器

当家中或寝室的网络设备需要上网时,特别是无线网络设备(如笔记本电脑、手机、平板电脑及所有带 Wi-Fi 功能的设备)有联网需求时,那么通过组建无线局域网就可以解决线路布局问题,这样就实现有线网络的同时,还可以实现无线共享上网。

1. 认识无线路由器

无线路由器将有线网络信号转换成无线电波发射出来,转发给附近无线网络设备,这样就可以在没有网线的情况下,实现无线网络设备与网络的数据通信,也就是可以实现联网功能。如图 2-6 所示,这是常见的无线路由器,接下来我们了解一下无线路由器的设置过程。

如图 2-7 所示,首先要了解无线路由器的各个端口,Power 是接电源线,WAN 口(主线孔)是接入户宽带线,LAN 口(分孔,图中 1 和 2)是接计算机等终端,RESET 组是重启路由器的物理按钮。

图 2-6　无线路由器

图 2-7　无线路由器端口

2. 设置无线路由器

物理连线完成后,可以先查看无线路由器背面的贴纸,通常上面有很多重要信息,如

图 2-8 所示，我们可以查询到无线路由器设置的管理页面地址为"melogin.cn"。将这个地址输入到浏览器地址栏中，就可以进入无线路由器的管理界面了，接下来我们可以对路由器进行相应设置。

图 2-8 无线路由器相关信息

首先选择 WAN 口设置，如图 2-9 所示，上网方式选择宽带拨号上网，输入运营商提供的宽带账号和密码，然后单击连接，就可以正常连入网络了。

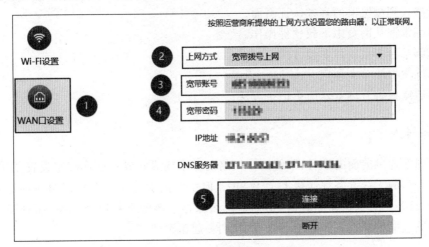

图 2-9 无线路由器 WAN 口设置

设置完成后，接下来进行 Wi-Fi 设置，如图 2-10 所示，选择 Wi-Fi 设置，输入要设置的 Wi-Fi 名称（SSID）和 Wi-Fi 密码，然后单击"保存"按钮。路由器将会自动设置完成。

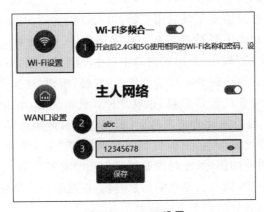

图 2-10 Wi-Fi 设置

任务2 浏 览 器

知识目标

- 认识浏览器的下载、安装。
- 认识地址栏、收藏夹。
- 认识浏览器设置菜单。

技能目标

- 能够使用浏览器浏览网页。
- 能够找到浏览器的官方认证页面。
- 熟练掌握从网页中下载软件操作。
- 熟练掌握下载软件安装方式。
- 熟练掌握收藏夹使用方法。
- 熟练掌握查看浏览器历史记录方法。

学习资源

任务导入

小明同学通过前面的学习,了解到了网络的基本构成并成功地在寝室设置了无线网络,让全寝室同学的无线设备都连接上了 Wi-Fi。但小明同学对于计算机网络应用还不是很熟悉,特别是打开网页浏览器的时候,不知道怎么保存想要的资料以及网站,而且隔天想要查找之前浏览过的信息也不知道怎么查找,我们一起帮帮他。

学习情境1:浏览网页

在这个学习任务中,我们首先学习一下怎么下载浏览器以及安装。为什么要学习看上去如此简单的知识呢?因为在以往的教学中,发现大家在这一步就出错了。

我们首先在百度内搜索需要下载的浏览器,以 QQ 浏览器为例,优先选择官方认证的网页,因为非官方认证的,单击下载后会下载一堆绑定软件。选择对应的版本,这里我们选择PC 端,然后单击"立即下载"按钮,弹出的窗口中单击"运行"按钮,等待下载完成。下载完成后,出现浏览器安装界面,这个时候不要着急单击"安装"按钮,这里就是刚刚提到的错误点,因为这个时候软件默认安装位置是 C 盘,也就是计算机系统盘,单击安装就会将软件安装进C 盘,长期如此,你的 C 盘空间就会越来越小,影响计算机使用体验。这个时候我们需要更改安装位置,更改成非系统盘即可,下面打钩的选项按需选择,然后单击"安装"按钮。安装完成后,桌面上就会有对应的图标,此时浏览器我们已经安装完毕。

我们想要查看新闻或查询我们想要的信息时候,在地址栏直接输入网址,或者使用搜索引擎输入关键字,就可以找到我们想要的信息了。

学习情境 2：保存网页上的信息

当我们准备离线访问某个网页时，或者想一直留存某个网页上的内容，而不用担心之后被更改或删除，那么保存网页就会很有用。现在的浏览器都可以保存网页以提供离线查看，还能借助特殊程序一次性下载站点上的所有页面。

1. 打开要保存的网页

首先打开你需要保存的网页，例如，打开新浪网国内新闻，单击任意新闻浏览。

2. 打开"另存为"窗口

如图 2-11 所示，打开浏览器"菜单"，选择"网页另存为"（也可以用 Ctrl+S 组合键），这个时候你就能看出有保存选项，"文件"或"图片"即可按照需要选择保存选项。这里我们单击"文件"按钮，选择存放位置保存后，我们就能找到 HTML 文件，包含了来自页面的所有信息。

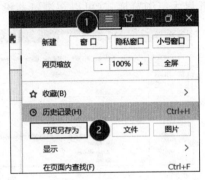

图 2-11　浏览器"另存为"选项

3. 选择保存的类型及命名

如图 2-12 所示，选择保存类型的时候，是需要完整的页面还是只要 HTML，这个在保存选项里有选择，可以选择"网页，全部"或"网页，仅 HTML"，保存完整的页面会将页面上的所有媒体下载到一个单独的文件夹中，即使处于离线状态也可以查看页面中的图片。

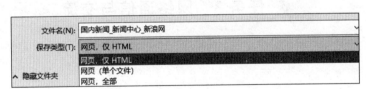

图 2-12　选择网页"保存类型"

4. 打开保存的网页

在保存位置找到需要打开的 HTML 文件，双击"打开"将在你系统的默认浏览器中打开，即使处于离线状态也可以打开。

学习情境 3：使用收藏夹

我们需要经常访问某些网页时，如果每次都输入网址比较麻烦，这时可以使用浏览器的收藏夹保存我们经常访问的网页。如图 2-13 所示，以我们目前的线上平台云班课为例，第一次输入网址后，我们可以单击地址栏旁边的五角星，这样就可以把网址添加进收藏夹，这样下次我们需要打开的时候，直接单击收藏夹内相应图标，不再需要输入网址。而且现在浏览器只要注册登录自己的账号，换台计算机登录，收藏夹的内容也会同步，非常方便。

图 2-13　浏览器收藏夹

学习情境 4：查看历史记录

使用计算机浏览新闻或查阅资料时，计算机会留下记录。如果我们不记得自己曾经浏览的内容，这个时候可以通过浏览器的"历史记录"来查找，如图 2-14 所示，我们可以查看某段时间内的网页的浏览历史记录。当然，前提是浏览记录没有被清理才能查看，如果清理或开启无痕浏览模式（可以在浏览器设置内开启），是查不到记录的。

图 2-14　浏览器"历史记录"

任务 3　网络通信与交流

知识目标

- 掌握即时通信软件安装及卸载方法。
- 掌握电子邮件的使用方法。
- 掌握百度网盘的使用。

技能目标

- 能够下载和卸载软件。
- 能够使用电子邮箱进行邮件发送、查看邮件。
- 能够掌握百度网盘的登录以及上传、下载资料。

学习资源

 任务导入

小明同学通过之前的学习，学会了浏览器的网页浏览、保存网页信息、收藏夹的使用以及查找浏览记录。但对于网络的一些应用还不是很熟练，特别是对给计算机安装/卸载软件、电子邮件的使用、网盘的使用还不是很清楚，我们一起帮帮他。

学习情境 1：即时通信软件腾讯 QQ 和微信

随着我国网络与通信技术的高速发展，人们希望沟通可以随时随地进行，无论是人与人沟通还是工作需要或是文件分享，都是为了提供更为快捷的通信方式。腾讯 QQ 与微信这一类的即时通信软件，无论是 PC 端还是移动端，已经使用非常广泛。微信是移动互联网的产物，简约而不简单，只需要手机号+验证码即可快速注册，交流不仅可以用文字，也可以直接简单用语音沟通，还有朋友圈、公众号、小程序等功能，主打熟人社交，适合所有人群。腾讯 QQ 是 PC 互联网的产物，丰富有趣却不简约，腾讯 QQ 偏向于文字交流，当然现版本也有语音功能，附带功能非常丰富，主打陌生人社交，并且保存文件的时间比微信长，适合办公类人群。

无论安装在 PC 端还是移动端，和之前学习的时候一样，都要优先从官方网站下载或官网内扫描二维码，不要在非官方网站去安装及扫描，以免造成麻烦以及安全隐患。

当需卸载某款软件时，如图 2-15 所示，打开系统"控制面板"，找到"程序和功能"，再找到所需卸载的软件（腾讯 QQ 或微信），单击"卸载"按钮，即可完成卸载操作。

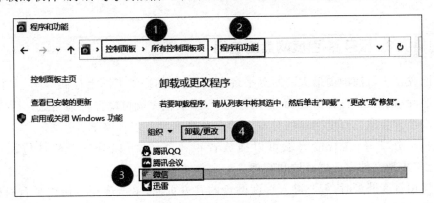

图 2-15　微信程序卸载

学习情境 2：E-mail 的使用

当我们需要发送电子邮件的时候，我们打开我们的邮箱（以腾讯 QQ 邮箱为例），输入 QQ 邮箱网址并登录或从腾讯 QQ 软件顶端界面单击邮件符号进入邮箱。

如图 2-16 所示，单击"写信"按钮，输入收件人邮箱地址、邮件主题内容、正文内容，如有文件需要一起发送，可以选择"添加附件"按钮，将文件加入邮件内，单击"发送"按钮，即可发送邮件。

当查看别人发送给我们的邮件时，如图 2-17 所示，单击"收信"（或者"收件箱"）按钮，即可查看别人发送的邮件，也可以在这里找到以往接收到的邮件，但要注意陌生人发送的邮件，特别是里面有链接、图片的要谨慎打开，以防产生计算机安全问题。

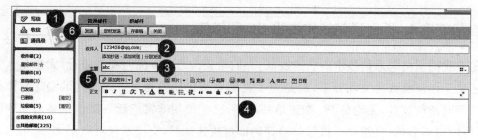

图 2-16　发送电子邮件

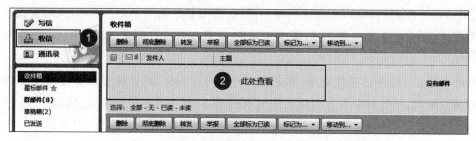

图 2-17　查看电子邮件

学习情境 3：云存储-百度网盘的应用

百度网盘作为目前国内最大的网盘平台之一，为人们提供了网上存储空间，人们可以在里面存储照片、视频、软件备份等，而且使用时，只需要拖曳就可以上传到网盘。所以大家在工作学习中经常会碰见百度网盘的分享链接。百度网盘有多种终端并用，支持多类型文件的备份、查看、分享等，在智能终端可以播放音视频资源，可以分享至软件应用中，支持NAS、硬盘等本地文件在云端存储和管理。

安装使用百度网盘时，需要进入百度网盘的官方页面，单击选择所使用平台对应版本，下载完成后进行安装，自定义安装文件位置，安装完成后如图 2-18 所示，注册账号后输入用户名和密码登录，也可以输入电话号码使用短信快捷登录，或者使用微信、腾讯 QQ、新浪微博账号进行扫码登录。

图 2-18　百度网盘登录界面

打开百度网盘客户端后,如图 2-19 所示,找到要下载的文件,单击顶部的"下载"选项,就可以下载文件,在弹出的选项框内,选择好保存位置,单击"下载"按钮即可。

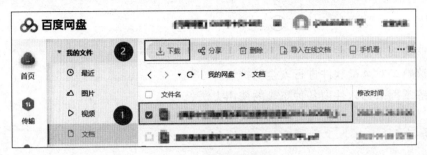

图 2-19　下载网盘文件

当需要把文件上传到网盘中时,如图 2-20 所示,单击顶部的"上传"选项,找到所需上传的文件,单击"存入百度网盘"按钮,选择好网盘内的保存路径,单击"确定"即可上传文件。

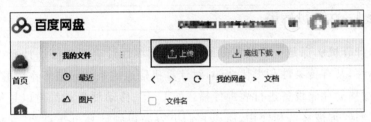

图 2-20　上传文件至网盘

当收到别人分享的百度网盘链接时,我们可以把链接复制粘贴到浏览器的地址栏中,打开链接后输入提取码(如果没有直接访问),单击"提取文件"按钮,然后就能看到分享的文件了,如图 2-21 所示,单击"下载"按钮就可以下载该文件。如果想要保存到自己的网盘,可以单击"保存到网盘"按钮,在打开的窗口中,选择保存位置单击"确定"按钮即可。

图 2-21　提取链接文件

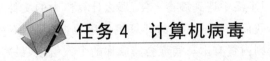

任务 4　计算机病毒

知识目标

- 认识计算机病毒种类。
- 认识计算机病毒传播方式。
- 认识计算机病毒危害。

- 了解防范计算机病毒的方法。
- 了解杀毒软件的作用。

技能目标

- 能够安装杀毒软件。
- 能够熟练对杀毒软件进行安全防护设置。
- 熟练掌握杀毒软件内各种工具的使用方法。

 任务导入

小明同学通过之前的学习,学会了电子邮件的使用和网盘的使用,在日常使用中,小明了解到了计算机病毒的相关知识,很担心自己在使用计算机和上网过程中染上计算机病毒,需要对自己的计算机做安全防护,我们一起来帮帮他。

学习情境1:计算机病毒

简单地说,计算机病毒是一个具有复制功能的破坏性计算机程序。计算机病毒是人为制造的,有破坏性,又有传染性和潜伏性的,对计算机信息或系统起破坏作用的程序。

特别是通过移动存储设备进行病毒传播:如 U 盘、移动硬盘等都可以是传播病毒的路径,而且因为它们经常被移动和使用,所以它们更容易得到计算机病毒的"青睐",成为计算机病毒的携带者。计算机病毒也通过网络传播:如网页、电子邮件、腾讯 QQ 等;有些计算机病毒是利用系统和软件漏洞弱点进行传播。

计算机病毒按依附的媒体分类可分为引导型病毒、文件型病毒和混合型病毒 3 种;按链接方式分类可分为源码型病毒、嵌入型病毒和操作系统型病毒 3 种;按计算机病毒攻击的系统分类分为攻击 DOS 系统病毒、攻击 Windows 系统病毒、攻击 UNIX 系统的病毒;按计算机特定的算法分类可分为附带型病毒、蠕虫病毒、可变病毒。

病毒只要入侵到系统内,都会对系统及应用程序产生程度不同的影响。轻则会占用系统资源,降低工作效率;重则可导致数据丢失、系统崩溃。

学习情境2:杀毒软件设置

如果我们在日常学习生活中遇到病毒入侵,那么计算机中的文件必然会遭到病毒攻击,为了防止文件遭到破坏,我们要养成良好的计算机使用习惯,例如不浏览陌生的网站,更不要单击网页里的链接,否则内置有木马病毒会获取你的个人信息,最好访问带有官方认证的网站,这也是在前面的学习中,建议大家一定要访问带有官方认证网页的原因。

在公共地方使用计算机,例如学校机房、网吧等,使用 U 盘、移动硬盘这类设备的时候,不要直接双击打开,最好用右键单击 U 盘盘符,选择"打开",因为如果直接双击实际上可能会立刻激活病毒。

当然,无论什么方法,在计算机里安装杀毒软件做防护是必不可少的,并且病毒库要实时更新,我们以腾讯电脑管家为例,了解一下个人计算机杀毒软件的设置和使用。

打开安装好的腾讯电脑管家软件,如图 2-22 所示,单击"病毒查杀"按钮,然后将"漏洞修复"以及"系统急救箱"工具下载好,漏洞修复可以定期扫描高危漏洞及修复漏洞,系统急救箱可以查杀顽固病毒,然后单击"防护引擎"按钮和"防护服务"按钮,将里面的防护引擎及专项防护全部开启。

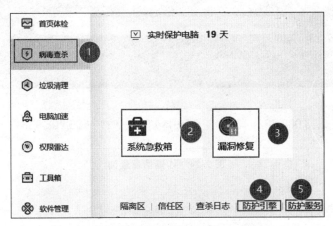

图 2-22　电脑管家病毒查杀设置

除了这些外,我们还可以使用计算机管理"工具箱"内的工具进行进一步的防护,例如阻止广告弹窗自动弹出,我们可以使用网页广告过滤这个工具,如图 2-23 所示,单击"过滤规则"按钮,按需开启,一般我们开启它推荐的项目就可以了。

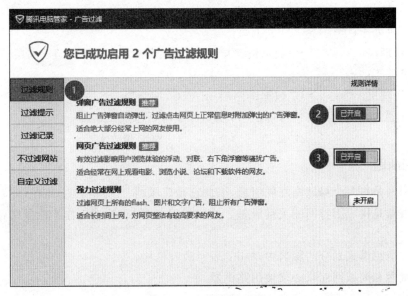

图 2-23　广告弹窗设置

当在网上找到或收到陌生人分享的网址,在不知道它是否安全的时候,可以使用"诈骗信息查询"这个工具,如图 2-24 所示,可以输入可疑的网址、电话号码等信息进行查验,防止进入恶意网站。

图 2-24 诈骗信息查询

学习效果自测

一、单选题

1. 学校办公室网络类型是(　　)。
   A. 局域网　　　　B. 城域网　　　　C. 广域网　　　　D. 互联网
2. 计算机网络的目的是实现联网计算机系统的(　　)。
   A. 硬件共享　　　B. 软件共享　　　C. 数据共享　　　D. 资源共享
3. 交换机处于(　　)。
   A. 物理层　　　　B. 数据链路层　　C. 网络层　　　　D. 高层
4. 网桥处于(　　)。
   A. 物理层　　　　B. 数据链路层　　C. 网络层　　　　D. 高层
5. 中继器的作用就是将信号(　　),使其传播得更远。
   A. 缩小　　　　　B. 滤波　　　　　C. 整形和放大　　D. 压缩

二、判断题

1. 校园网是由多个局域网互联组成,因此它是广域网。(　　)
2. 路由器是构成因特网的关键设备。按照 OSI 参考模型,它工作于数据链路层。(　　)
3. 在按组织模式划分的域名中,"edu"表示政府机构。(　　)
4. 局域网和局域网互联必须使用路由器。(　　)

三、简答题

1. 计算机网络由哪几部分组成?
2. 计算机网络是如何进行分类的?
3. 当你在学校机房想要打开 U 盘等移动设备的时候,打开方式是什么?
4. 描述一下无线路由器的各个接口。

四、应用题

1. 注册一个邮箱并登录,发送一封邮件至教师邮箱内(由教师提供收件地址),邮件内容及主题自拟,要求附一张图片和一个文档文件一起发送。

2. 安装一个浏览器并访问中国大学MOOC网,把它添加到浏览器收藏夹内;任意访问一个网页,并将网页信息保存下来;查询浏览器历史记录,将访问的记录截图发送给教师。

3. 安装一款杀毒软件,对计算机进行一次高危漏洞扫描,如有漏洞进行修复;扫描自己的U盘等移动存储设备,如有问题进行查杀;开启计算机广告过滤防止弹窗。

项目 3

Windows 10 操作系统

项目简介

Windows 10 操作系统是计算机软件进行工作的平台,用于管理计算机系统的硬件与软件资源,控制程序的运行,改善人机工作界面,为其他应用软件提供支持,计算机系统中的所有资源能最大限度地发挥作用,并为用户提供个性化、方便系统配置及系统管理和友善的服务界面。

本项目将从系统盘制作、硬盘分区、安装、用户管理介绍 Windows 10 操作系统,以及介绍 Windows 资源管理中对文件及文件夹的日常使用操作讲解及常用附件的使用。

能力培养目标

- 掌握 Windows 10 系统安装要求及系统启动盘的制作方法。
- 掌握 Disk Genius 分区工具的操作方法。
- 掌握 Windows 10 操作界面布局与功能的使用及个性化设置。
- 掌握 Windows 10 资源管理、系统用户管理操作。
- 通过 Windows 10 操作系统的学习,让学生理解和掌握操作系统的概念。

素质培养目标

- 能够激发学生对计算机系统的认识、提升计算机系统应用能力。
- 能够通过学习掌握系统安装,体验到自身成就,更有利于不断探索新的知识。
- 能够对 Windows 10 进行个性化设置,为解决更多软件相关设置提供参考。
- 具备信息意识、计算思维、数字化学习与创新、信息社会责任。
- 举一反三,触类旁通,提高学习计算机操作的兴趣。

课程思政培养目标

课程思政及素养培养目标如表 3-1 所示。

表 3-1 课程内容与课程思政及素养培养目标关联表

知 识 点	知识点诠释	思 政 元 素	培养目标及实现方法
Windows 系统	操作系统的安装	Windows 系统运行进程,类比学生知识点的递进、知识的累积是一个循序渐进的过程;让学生规范行为、遵守法律法规及校规校纪	培养学生的自律性,增强自主学习能力,严格执行学校的管理规范,有不遵守纪律的同学,时刻提醒学生改正

续表

知 识 点	知识点诠释	思 政 元 素	培养目标及实现方法
磁盘分区工具	磁盘管理中,将一个硬盘分为两大类分区:主分区和扩展分区,了解磁盘分区的方法和作用及如何调整分区类型、大小	通过磁盘分区,树立学习理念,做事能区分主、次。调整分区类型,结合自身特点和爱好、面对国情要有清醒的认识	掌握磁盘分区的正确操作技能,培养学生能独立完成对磁盘分区,在学习过程中,要不断努力,寻求最佳的学习方法和途径,提高学习效率,及时沟通、指导
文件夹与文件的管理	掌握在资源管理器中,对文件和文件夹的查看、查找、复制、移动、删除等常规操作	培养学生自我心态、心智、形象,提升时间、人际等管理能力	通过讲解文件和文件夹管理,让学生学会加强自我管理,使学生树立正确的世界观、人生观、价值观

任务 1　Windows 10 操作系统的安装

知识目标

- Windows 10 系统安装要求。
- 认识系统启动盘的制作方法。
- 认识磁盘分区工具及相关参数设定。
- 掌握系统安装方法。
- 掌握完整的系统安装流程。

技能目标

- 能够根据要安装的系统版本类型清楚相应系统安装要求。
- 能够掌握制作 U 盘系统启动盘和设置 U 盘启动的方法。
- 能够熟练完成磁盘分区工具的使用。
- 熟练掌握 FAT32 和 NTFS 文件格式的区别。
- 熟练掌握系统安装全程操作无误,完成系统安装。

学习资源

 任务导入

通过前面两个项目的学习,小明基本掌握了计算机的基本原理和结构、计算机网络的基本知识后小明对计算机产生了深厚的兴趣,想购置一台笔记本电脑,但他听说计算机除了硬件结构以外,还需要操作系统的支撑才能运行使用。所以,小明急于想了解什么是计算机操作系统,如何安装、运行和应用操作系统。

学习情境 1：制作系统启动盘

U 盘在工作和生活中不仅能储存和传递数据文件,更重要的是,U 盘还可以制作成系统启动盘,可以用来修复和重装系统,在计算机系统无法进入或崩溃时进行补救操作,可谓是作用极其之大,下面将详细描述制作 U 盘启动盘的方法。

在微软官网下载制作工具也可将系统数据一并写入 U 盘,此操作也是很方便的,操作步骤如下。

第 1 步:首先要进入微软官网,进入软件下载界面,选择需要下载安装的系统版本,选择 立即下载工具 工具。

第 2 步:运行下载好的工具。

第 3 步:许可条款页面上的许可条款处,选择"接受"。

第 4 步:按照步骤单击"下一步"界面选择"为另一台计算机创建安装介质(U 盘、DVD 或 ISO 文件)",选择语言、体系结构和版本,选择"U 盘"项,开始制作 U 盘启动盘,并在软件主界面窗口下面显示制作的进度。待进度完成后,制作完成。

学习情境 2:应用分区工具

分区工具以 Disk Genius 为例,Disk Genius 是一款实用性强的硬盘分区软件。Disk Genius 除了能够进行分区功能外,还具有数据恢复、格式化磁盘、失分区搜索功能、误删除文件恢复等强大的功能。这款软件是现在使用人数最多的硬盘管理软件,用户能够使用它进行数据恢复与分区管理。使用 Disk Genius 进行无损分区调整时,如下一些事项需要注意。

(1) 无损分区调整操作,如有涉及系统分区(通常是 C:)时,Disk Genius 会自动重启计算机进入 WinPE,并自动运行 Disk Genius WinPE 版来完成无损分区调整工作,分区调整结束后,又会自动重新启动计算机,返回到 Windows 系统。

(2) 调整分区大小时,Disk Genius 支持鼠标操作,可以用鼠标改变分区大小,移动分区位置,切换调整后空间的处理选项等;也可以直接指定调整后的分区大小,对于有特殊要求的用户,还可以设置准确的起始与终止扇区号。

(3) 无损分区调整过程中,不要使用其他软件对磁盘进行读写操作。因为 Disk Genius 在进行无损分区调整过程中,会自动锁住当前正在调整大小的分区。

(4) 当分区比较大,分区上的数据比较多时,无损分区调整过程的用时可能会稍长一些,这时,可以指定调整后的操作。

(5) 当硬盘或分区存在某种错误时,比如磁盘坏道或其他潜在的逻辑错误,或者由于系统异常、突然断电等原因导致调整过程中断时,会造成分区大小调整失败,导致正在调整的分区所有文件全部丢失。因此,无损分区调整是一项有风险的操作。所以,当分区内有重要的文件时,请一定要先做好备份工作,再进行无损分区调整操作。

学习情境 3:安装操作系统

安装 Windows 10 操作系统之前,先要了解当前计算机是否能满足配置要求,如果配置太低,会影响系统的性能或者不能安装成功。

Windows 10 最低配置要求如下。

处理器:1GHz 或更快的处理器或系统单芯片(SoC)内存 1GB(32 位操作系统)或 2GB (64 位操作系统),硬盘空间 16GB(32 位操作系统)或 32GB(64 位操作系统);显卡 DirectX 9

或更高版本(包含 WDDM 1.0 驱动程序);显示器:800 像素×600 像素。

目前,Windows 10 的安装程序有很多版本(如家庭版、专业版、企业版等),不同安装程序的安装方法也不一样,我们使用制作好的 U 盘插进 USB 口重启计算机,可选择启动热键从 U 盘启动计算机,品牌主机、主板、笔记本的启动热键(华硕笔记本电脑 F8、技嘉笔记本电脑 F12、联想笔记本电脑 F12 等更多主板类型的 U 盘启动热键可以网上查询),一般 U 盘启动时会显示 USB 字样;我们选择 UEFI:USB,从 U 盘启动后,使用下载的 ISO 文件安装,根据步骤提示即可完成系统安装,如图 3-1 所示。

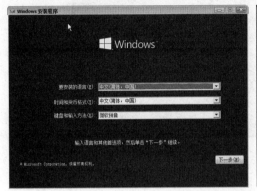

图 3-1　Windows 10 系统安装步骤

任务 2　Windows 10 操作系统的环境设置

知识目标

- 认识 Windows 10 操作系统的工作界面。
- 认识开始菜单栏。
- 认识个性化选项相应设置。

技能目标

- 能够使用开始菜单栏找到附件中截图工具。
- 能够熟悉操作 Windows 10 操作系统的工作界面。
- 能够熟练掌握 Windows 10 操作系统的活动窗口的操作。
- 能够熟练掌握主题背景的设置。
- 能够熟练锁屏图片操作。
- 能够熟练掌握任务栏显示位置和显示内容方法。

学习资源

学习情境 1:Windows 10 操作系统的工作界面

Windows 10 操作系统的桌面外观进行设置。主要将桌面背景和颜色设置得简洁大气,并将常用任务设置到任务栏中,同时设置分屏显示和虚拟桌面,最后使用 Microsoft Edge 浏览器查询资料等，Windows 10 操作系统工作界面，如 3-2 所示。

图 3-2　Windows 10 操作系统工作界面

Windows 10 操作系统工作界面由桌面背景、图标、任务栏、"开始"菜单、语言栏和通知区域等组成。下面主要介绍图标、任务栏和"开始"菜单。

1）图标

每个图标均由两部分组成：一是图标的图案，二是图标的标题。图案部分是图标的图形标识，为了便于区别，不同的图标一般使用不同的图案。

桌面上的图标有一部分是快捷方式图标，其特征是在图标的左下方有一个向右上方的箭头。通过快捷方式图标可以方便地启动与其相对应的应用程序（快捷方式图标只是相应应用程序的一个映像，它的删除并不影响应用程序的存在）。

2）任务栏

在工作界面的底部有一个长条，我们称为任务栏。任务栏的左端是"开始"按钮、"搜索"框，右边是窗口区域、语言栏、工具栏、时钟区和通知区域等，最右端为显示桌面按钮，中间是应用程序按钮分布区。

（1）"开始"按钮："开始"按钮是 Windows 10 进行工作的起点，在这里不仅可以使用 Windows 10 提供的附件和各种应用程序，而且可以安装各种应用程序以及对计算机进行各项设置等。

（2）"搜索"框：这是 Windows 10 续前期版本特有的功能，用户使用它可以快速地搜索并启动或打开文件等。

（3）时钟：显示当前计算机的时间和日期。若要查看当前的日期，只需要将鼠标指针移动到时钟上，信息便会自动显示。

（4）空白区：每当用户启动一个应用程序，应用程序就会作为一个按钮出现在任务栏上（若设置了任务栏的"合并任务栏按键"属性为"始终隐藏标签"状态时，则不显示），当该程序处于活动状态时,任务栏上的相应按钮也会处于被按下的状态,否则处于弹起状态。

在 Windows 10 操作系统中也可以根据个人的喜好定制任务栏。鼠标右键单击任务栏的空白处,在弹出的快捷菜单中选择"任务栏设置"命令,出现"设置"窗口,选择"任务栏"功能选项即可进行相应的设置。

3) "开始"菜单

单击"开始"按钮会弹出"开始"菜单,Windows 10 的"开始"菜单融合了前期版本"开始"菜单的特点,其左侧为"电源""设置"和"用户"按钮,中间为常用项目和最近添加项目显示区域,另外还会显示所有应用程序列表;其右侧是用来固定应用磁贴或图标的区域,单击磁贴或图标可以方便快捷地打开应用程序。

在"开始"菜单的程序列表中,每一项菜单除了有文字之外,还有一些标记:图案、文件夹图标和向下的箭头。其中,文字是该菜单项的标题,图案是为了美观和好看(在应用程序窗口中此图案与工具栏上相应按钮的图案一样);文件夹图标和向下的箭头表示其包含下级菜单,单击它就会显示下级菜单项,然后向下的箭头会变成向上的箭头,若要隐藏下级菜单项,再次单击菜单项即可。默认应用程序列表的排序方式是,先英文名字的程序(按照程序名字的英文字母排序),再中文名字的程序(按中文拼音字母排序)。

在"开始"菜单的左侧画有三个图标:电源⏻、设置⚙和用户👤图标。选择"电源"图标,可进行"关机"和"重启"等操作;选择"设置"图标,打开"Windows 10 设置"窗口,可对本机的软、硬件进行设置;选择"用户"图标,可进行"更改账户设置""锁定"和"注销"的操作。

(1) 关机:选择此命令后,计算机会执行快速关机命令。关机之前,建议用户手动对打开的应用程序进行相应的操作并关闭。

(2) 重启:选择"重启"选项,系统将结束当前的所有会话,关闭 Windows 然后自动重新启动系统。

(3) 锁定:锁定当前用户。锁定后需要重新输入密码认证才能正常使用。

(4) 注销:用来注销当前用户,以备下一个人使用或防止数据被其他人操作。

学习情境 2:Windows 10 的个性化设置

制作个性化主题不仅可以使计算机桌面令人赏心悦目,也能突出一些自己想要表达的效果,制作专属于自己的个性化主题方法如下。

移动鼠标箭头到桌面空白处,右键单击"个性化"选项,打开个性化主题界面。或者单击"开始"菜单,打开"控制面板",选择"外观和个性化"选项,单击"个性化"选项打开即可,如图 3-3 所示。

(1) "背景"按钮:单击"背景"按钮,在"背景"界面中可以更改图片、选择图片契合度、设置纯色或幻灯片放映效果等参数。

(2) "颜色"按钮:单击"颜色"按钮,在"颜色"界面中可以为 Windows 10 系统进行选择不同的配色方案,也可以单击"自定义颜色"按钮,在打开的对话框中自定义自己喜欢的主题颜色方案。

(3) "锁屏界面"按钮:单击"锁屏界面"按钮,在"锁屏"界面中可以选择系统默认的图

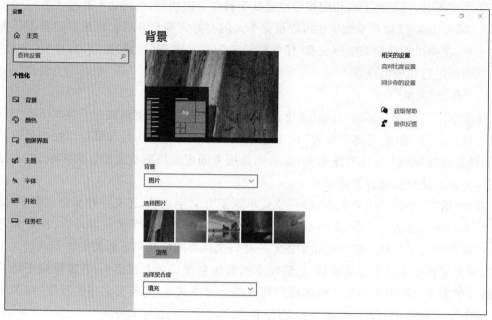

图 3-3 个性化窗口

片,同时也可以单击"浏览"按钮,将此计算机中图片设置成锁屏画面。

(4)"主题"按钮:单击"主题"按钮,在"主题"界面中可以自定义主题的背景、配色方案、声音以及鼠标指针样式等项目,最后保存主题即可更改成功。

(5)"字体"按钮:单击"字体"按钮,在"字体"界面中可以为计算机安装并添加及卸载字体。

(6)"开始"按钮:单击"开始"按钮,在"开始"界面中可以设置"开始"菜单栏显示的相关应用。

(7)"任务栏"按钮:单击"任务栏"按钮,在"任务栏"界面中可以设置任务栏在屏幕的显示位置和显示内容等。

学习情境 3:Windows 10 的用户管理

Windows 10 操作系统支持多用户管理,在实际生活中,多用户使用一台计算机的情况经常出现,而且每个用户的个人设置和配置文件等均会有所不同,这时用户可进行多用户使用环境的设置(如更改账户信息、账户名称和账户类型)。使用多用户使用环境设置后,不同用户用不同身份登录时,系统就会应用该用户身份的设置,而不会影响到其他用户的设置。

用户可以通过"开始"菜单栏中的"设置"按钮 ⚙ 找到"账户"功能,即可对自己的信息进行设置,如头像、邮件、登录选项(登录密码、PIN、图片密码)等操作。

除此之外,Windows 10 操作系统内置的家长控制功能,能有力管控孩子能够在计算机上进行的操作。这些控制功能可帮助家长确定他们的孩子能玩哪些游戏,能够访问哪些网站及此前设定执行的操作。

任务3 资源管理

知识目标
- 掌握文件与文件夹概念。
- 掌握文件类型。
- 掌握文件与文件夹的操作。

技能目标
- 能够掌握新建文件及文件夹的方法。
- 能够掌握文件路径及文件查看类型。
- 能够掌握文件及文件夹件的显示与隐藏方法。
- 能熟练完成文件压缩和解压等操作方法。

学习情境1：文件与文件夹概述

文件是 Windows 存取磁盘信息的基本单位,用于保存计算机中的所有数据,一个文件是磁盘上存储的信息的一个集合,可以是文字、图片、影片或一个应用程序等。

文件名由主文件名和扩展名两部分组成,它们之间以小数点分隔。

文件的格式为:主文件名.扩展名。例如,文件 cc.txt,其中 cc 是文件名,.txt 是扩展名。

主文件名是文件的主要标记,而扩展名则用于表示文件的类型。Windows 规定,主文件名是必须有的,而扩展名是可选的,不是必须有的。

文件夹是用于管理和存放文件的一种结构,是用来存放文件的容器,在过去的计算机操作中,习惯称它为目录。目前最流行的文件管理模式为树状结构,如图 3-4 所示。

图 3-4 文件夹与文件结构

文件及文件夹命名规则如下。

(1) 文件种类是由主名和扩展名两部分来标示的,文件和文件夹名的长度不超过 256 个字符,1 个汉字相当于 2 个字符。

(2) 在文件和文件夹名中不能出现\、/、:、*、?、<、>、| 等字符。

(3) 文件和文件夹名不区分大小写。

(4) 每个文件都有扩展名(通常为 3 个字符),用来表示文件类型。文件夹名没有扩展名。

(5) 同一个文件夹中文件、文件夹名不能重名。

(6) Windows 10 的文件名中可以使有通配符"?"和" * "表示具有某些共性的文件。

"?"代表任意位置的任意一个字符,"*"代表任意位置的任意多个字符。例如,"*"表示所有文件,"*.txt"代表扩展名为 txt 的所有文件。

学习情境 2：文件与文件夹管理

文件管理需要在"资源管理器"中进行操作,在此之前,需要先了解硬盘分区与盘符、文件、文件夹、文件路径等的含义。

（1）硬盘分区与盘符：硬盘分区是指将硬盘划分为几个独立的区域,用来存储数据的单位,这样可以更加方便地存储和管理数据。一般会在安装系统时对硬盘进行分区。

（2）盘符是 Windows 系统对于磁盘存储设备的标识符,一般使用英文字母加上一个冒号":"来标识,如"本地磁盘(C:)","C:"就是该盘的盘符。

（3）文件路径：在对文件进行操作时,除了要知道文件名外,还需要指出文件所在的盘符和文件夹,即文件在计算机中的位置,也就是文件路径。文件路径包括相对路径和绝对路径两种。其中,相对路径以"."（表示当前文件夹）、".."（表示上级文件夹）或文件夹名称（表示当前文件夹中的子文件名）开头;绝对路径是指文件或目录在硬盘上存放的绝对位置,如"D:\图片\标志.jpg"表示图片"标志.jpg"文件在 D 盘的"图片"文件夹中。在 Windows 10 系统中单击地址栏的空白处,即可查看打开的文件夹的路径。

1. 文件管理窗口

打开资源管理器：双击桌面上的"此电脑"图标或单击任务栏上的"文件资源管理器"按钮。打开"文件资源管理器"对话框,单击导航窗格中各类别图标左侧的图标,可依次按层级展开文件夹,选择某个需要的文件夹后,其右侧将显示相应的文件内容。对文件或文件夹进行各种基本操作前,要先选择文件或文件夹。

2. 选择文件和文件夹

（1）选择多个不连续的文件或文件夹：按住 Ctrl 键,再依次单击所要选择的文件或文件夹,可选择多个不连续的文件或文件夹。

（2）选择所有文件或文件夹：直接按 Ctrl+A 组合键,或选择"编辑"→"全选"命令,可以选择当前窗口中的所有文件或文件夹。

（3）选择单个文件或文件夹：使用鼠标直接单击文件或文件夹图标即可,被选中的文件或文件夹的周围将呈蓝色透明状。

（4）选择多个相邻的文件或文件夹：在窗口空白处按住鼠标左键,拖曳鼠标框选需要选择的多个对象,然后释放鼠标左键即可。

（5）选择多个连续的文件或文件夹：用鼠标选择第一个选择对象,按住 Shift 键,再单击最后一个选择对象,即可选中两个对象之间的所有对象。

学习情境 3：文件与文件夹操作

1. 新建文件和文件夹

新建文件是指根据计算机中已安装的程序类别,新建一个相应类型的空白文件,新建后可以双击打开该文件并编辑文件内容。如果需要将一些文件分类整理在一个文件夹中以便日后管理,就需要新建文件夹。新建文件和文件夹的具体操作如下。

第1步:双击桌面上的"此电脑"图标,打开"此电脑"窗口,双击E盘图标打开"E:\"文件夹窗口。

第2步:单击"主页"→"新建"→"新建项目"下拉按钮,在打开的下拉列表中选择"新建"→"文本文档"选项,或在窗口的空白处右击,在弹出的快捷菜单中选择"新建"→"文本文档"命令。

第3步:系统将在文件夹中默认新建一个名为"新建文本文档"的文件,且文件名呈可编辑状态,切换到汉字输入法输入"工资条"文本,然后单击空白处或按 Enter 键即可。

第4步:单击"主页"→"新建"→"新建项目"下拉按钮,在打开的下拉列表中选择"XLS工作表"选项,或在窗口的空白处右击,在弹出的快捷菜单中选择"新建"→"XLS 工作表"命令,此时将新建一个表格文件,输入文件名"工资条",按 Enter 键,如图 3-5 所示。

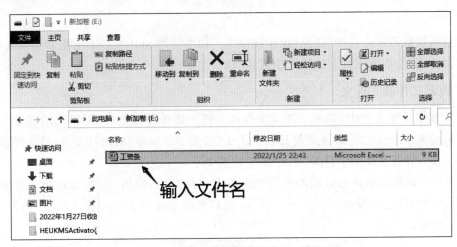

图 3-5　新建文件

第5步:单击"主页"→"新建"→"新建文件夹"按钮,或在右侧文件显示区中的空白处右击,在弹出的快捷菜单中选择"新建"→"文件夹"命令,输入文件夹的名称"学习笔记"后,按 Enter 键,即可完成新文件夹的创建。

第6步:双击新建的"学习笔记"文件夹,在"主页"选项卡的"新建"组中单击"新建文件夹"按钮,输入子文件夹名称"客观题"后按 Enter 键,然后再新建一个名为"文档"的子文件夹。单击地址栏最左侧的←按钮,返回上一级窗口,如图 3-6 所示。

2. 移动、复制、重命名文件或文件夹

选中需要执行操作的文件或文件夹后,右击,在弹出的快捷菜单中选择"复制"命令,或使用键盘操作,按 Ctrl+C 组合键,切换到目标窗口,在窗口空白处右击,然后在弹出的快捷菜单中选择"粘贴"命令,或使用 Ctrl+V 组合键即可。

3. 删除和还原文件或文件夹

选中要执行操作文件或文件夹,右击,在弹出的快捷菜单中选择"删除"命令,或按 Delete 键,即可删除选择的文件或文件夹。被删除的文件或文件夹实际上只是移动到了"回收站"中,仍然会占用磁盘空间,若误删文件或文件夹,还可以在"回收站"中选择文件或文件

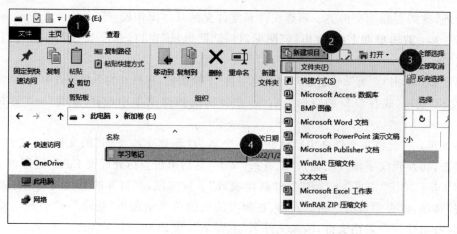

图 3-6　新建文件夹

夹,右击,在快捷菜单中选择"还原"操作找回来。如果使用 Shift+Delete 组合键永久删除的文件或文件夹,是不能通过上述操作中被找回的。

4. 搜索文件或文件夹

在日常学习和工作中,如果不知道文件或文件夹的保存位置了,可以使用 Windows 10 的搜索只功能来查找。下面将搜索 E 盘中关于"建党 100 周年"的图片文件,具体操作如下。

第 1 步:资源管理器中打开"本地磁盘 E"窗口。

第 2 步:在窗口地址栏后面的搜所框中单击鼠标左键,激活"搜索工具"→"搜索"选项卡,然后在"优化"组中单击"类型"下拉按钮,在打开的下拉列表中选择文件类"图片"选项,如图 3-7 所示。

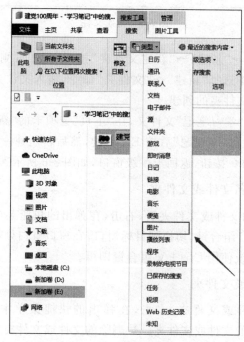

图 3-7　搜索类型

第 3 步：在搜索框中输入关键字"建党 100 周年"，稍后 Windows 会自动在搜索范围内搜索所有文件信息，并在文件显示区显示搜索结果，如图 3-8 所示。

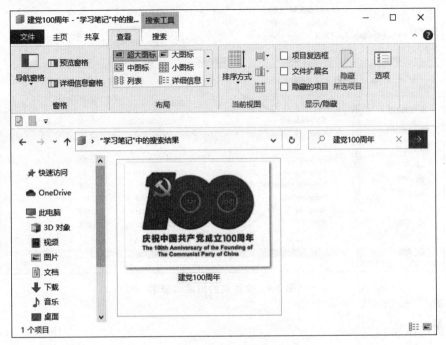

图 3-8　搜索结果

第 4 步：根据需要，可以在"优化"组中单击"修改日期""大小""其他属性"按钮来设置搜索条件，能缩小搜索范围。

5. 文件或文件夹显示隐藏

在 Windows 10 系统中默认的文件或文件夹只显示名称，不显示扩展名。因此，在进行文件或文件夹搜索时，只能通过名称来搜索，若想通过扩展名对 Windows 10 中的项目进行搜索，就需要先将项目的扩展名显示出来。具体操作方法：打开"文件资源管理器"窗口，在"查看"选项卡的"显示隐藏"组中单击选中"文件扩展名"复选框，即可显示扩展名。

文件或文件夹查看和隐藏操作步骤如下。

选择桌面 ![此电脑] 图标，打开"本地磁盘(C:)"，单击"查看"，选择"隐藏的项目"，当勾选筛选框"隐藏的项目"后，可以看到显示隐藏的文件是淡颜色的，如图 3-9 所示。

学习情境 4：文件压缩和解压操作

我们常用的压缩软件 WinRAR 是一款功能非常强大的文件压缩解压缩软件工具。WinRAR 64 位包含强力压缩、分卷、加密和自解压模块。WinRAR 支持目前绝大部分的压缩文件格式的解压。WinRAR 的优点在于压缩率大、速度快、备份数据，有效减少 E-mail 附件的体积。WinRAR64 位解压缩从 Internet 上下载的 RAR、ZIP 和其他格式的压缩文件，并能创建 RAR 和 ZIP 格式的压缩文件。

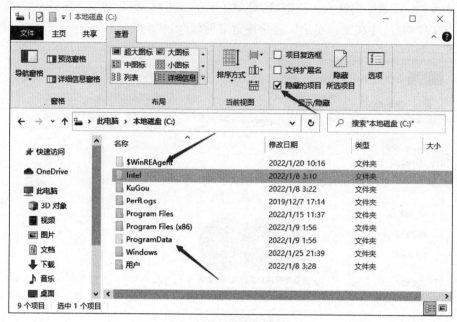

图 3-9　文件夹的隐藏和显示

1. 文件压缩

文件夹或文件压缩操作：选中要压缩的文件，右击选择"添加到压缩文件"。这时就会出现一个压缩的对话框，上面是压缩文件名，中间是选项。选择好相应选项后，单击"确定"按钮即可完成该文件压缩。

2. 解压操作

文件夹或文件解压操作：在计算机上面找到需要解压的文件，右击这份压缩的文件，在弹出的功能窗口里面单击解压文件，然后在右侧可以选择文件解压之后的存储地方，选择完毕之后，单击下方的"确定"按钮，等待系统解压即可。解压完毕后，在刚选择的存储地方就可以找到解压后的文件了。

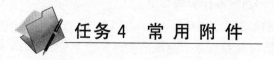

任务4　常用附件

知识目标

- 认识计算机附件程序。
- 掌握截图工具的使用方法。
- 掌握写字板的操作。
- 认识计算器功能的使用技巧。
- 掌握画图工具使用。

技能目标

- 能够熟练运用附件栏程序的使用。
- 能够熟练运用截图工具完成日常办公所用。
- 能够熟练对计算器和画图工具的使用。

学习情境1：截图工具

在 Windows 操作系统以前的版本中，截图工具只有非常简单的功能，如 Print Screen 键可截取整个屏幕，按 Alt+Print Screen 组合键可截取当前窗口。但在 Windows 7/8/10 中，截图工具的功能逐渐变得强大起来，甚至可与专业的屏幕截取软件相媲美。

单击"开始"按钮选择"Windows 附件"，选择"截图工具"命令，启动"截图工具"窗口。单击"新建"按钮，系统会以默认的方式进行截图，此时屏幕的显示会有所变化，等待用户移动（或拖动）鼠标进行相应的截图。单击"模式"按钮右边的下拉按钮，选择一种截图模式（默认设置是窗口截图），即可移动（或拖动）鼠标进行相应的截图。截图之后，截图工具窗口会自动显示所截取的图片，然后可以通过工具栏对所截取的图片进行处理，如进行复制、粘贴等操作，也可以把它保存为一个文件（如.png 文件）。

学习情境2：写字板

写字板是 Windows 自带的另一个文本编辑、排版工具，可以完成简单的 Microsoft Office Word 的功能。选择"开始"→"Windows 附件"→"写字板"命令，即可打开写字板程序。

写字板的界面与画图软件的界面非常相似。其"文件"菜单可以实现"新建""打开""保存""打印""页面设置"等操作。

在写字板中，用户可以为不同的文本设置不同的字体和段落样式，也可以插入图形和其他对象，写字板具备了编辑复杂文档的基本功能。"主页"菜单中的"绘图"功能可以打开"画图"软件进行操作，关闭"画图"软件时会自动返回到写字板中，同时把所绘制的图片插入写字板中。写字板保存文件的默认格式为"RTF"。

学习情境3：计算器

在 Windows 10 操作系统中，计算器位于桌面 ⊞ 开始菜单程序列表中，它拥有两类使用模式：计算器模式和转换器模式。在计算器模式中，包括标准、科学、程序员和日期计算种功能；在转换器模式中，包括货币、容量、长度、重量和温度等 13 种功能。这些功能完全能够多与专业的计算器相媲美。用户可以通过开始菜单中的"计算器"菜单项打开计算器。

学习情境4：画图

画图工具是 Windows 操作系统中基本的作图工具。相比前期版本而言，Windows 10 系统中的画图工具发生非常大的变化，界面更加美观，同时内置的功能也更加丰富、细致。在"开始"菜单中选择"Windows 附件"→"画图"命令，可打开画图程序，如图 3-10 所示。

图 3-10　启动"画图"

在窗口的顶端是标题栏,它包含两部分内容:"自定义快速访问工具栏"和"标题"。在标题栏的左边可以看到一些按钮,这些按钮称为自定义快速访问工具栏,通过此工具栏,可以进行一些常用的操作,如存储、撤销、重做等。

标题栏下方是菜单栏和画图工具的功能区,这也是画图工具的主体。菜单栏中包含三个菜单项:文件、主页和查看。

单击"文件"菜单项,选择其下的菜单项可以进行文件的新建、保存、打开、打印等操作。

选择"主页"菜单项时,会出现相应的功能区,其中包含剪贴板、图像、工具、形状、粗细和颜色功能模块,并提供给用户对图片进行编辑和绘制的功能。功能区最右边有一个"使用画图 3D 进行编辑"功能,这是 Windows 10 加入的新功能,单击它可打开"画图 3D"功能界面。在这个界面中,用户可以绘制 2D、3D 形状,还可以加入背景贴纸、文本,轻松更改颜色和纹理,添加不干胶标签或将 2D 图片转换为 3D 场景。另外,通过"画图 3D"还可以将创作的 3D 作品混合现实,通过混合现实查看器查看用户的 3D 作品。

学习效果自测

一、单选题

1. 利用(　　)可以方便地压缩文件,也可以解压几乎所有压缩格式的文件。
　　A. WinRAR　　　　B. Photoshop　　　　C. Word　　　　D. AutoCAD

2. 在 Windows 10 中,选择多个连续的文件或文件夹,应首先选中第一个文件或文件夹,然后按(　　)键,再单击最后一个文件或文件夹。

A. Tab B. Alt C. Shift D. Ctrl

3. Windows 操作系统是一个（　　）。

　　A. 多用户单任务操作系统　　　　B. 多用户多任务操作系统

　　C. 单用户单任务操作系统　　　　D. 单用户多任务操作系统

4. 计算机的操作系统是（　　）。

　　A. 计算机中使用最广的应用软件　　B. 计算机系统软件的核心

　　C. 计算机的专用软件　　　　　　　D. 计算机的通用软件

5. 下列操作中不正确的是（　　）。

　　A. 在"背景"界面中，可以更改图片、选择图片契合度、设置纯色或幻灯片放映等参数

　　B. 在"颜色"界面中，可以为 Windows 统选择不同的颜色，也可以单击"自定义颜色"按钮，在打开的对话框中自定义自己喜欢的主题颜色

　　C. 在"锁屏"界面中，可以选择系统默认的图片，也可以单击"浏览"按钮，将本地图片设置为锁屏画面

　　D. 在"开始"界面中，可以自定义主题的背景、颜色、声音以及鼠标指针样式等项目

二、操作题

1. 管理文件和文件夹，具体要求如下。

（1）在计算机的 D 盘中新建 PEWL、CCIM 和 MMSD 3 个文件夹，再在 PEWL 件夹中新建 UUES 文件夹，在该子文件夹中新建一个 UI.docx 文件。

（2）将 UUES 文件夹中的 UI.docx 件复制到 CCIM 件夹中。

（3）将 UUES 件夹中的 UI.docx 文件删除。

2. 从网上下载"搜狗拼音输入法"的安装程序，然后安装到计算机 D 盘中。

3. 检查当前是否有无响应的任务进程，若有，则将其结束；若无，则查看系统硬件的性能。

4. 更改当前系统日期为"2022 年 2 月 2 日"。

5. 将 D 盘中的 PEWL 文件夹设置隐藏。

项目 4 键 盘

项目简介

使用计算机学习和工作,最重要的是要熟练打字,而要能够熟练打字,首先要了解键盘。这是人和计算机进行交流的途径,而打字一般通过键盘来实现。键盘是计算机基本的输入设备之一,也是用来向计算机输入文字和信息的主要工具。初学计算机打字的读者需要在掌握键盘结构的基础上学会正确使用键盘。这也是学习计算机打字的基础。

能力培养目标

- 认识键盘及其分区。
- 掌握打字的正确坐姿。
- 掌握键盘的指法分工。
- 掌握手指击键的正确方法。
- 掌握常用的功能键的作用。
- 熟练掌握拼音输入法的应用。

素质培养目标

- 培养学生在探索—成功—激情的学习循环中,形成自主探索与协作学习能力。
- 让学生通过认识、使用键盘,使其在不断尝试中,感受成功,体验学习计算机的快乐,从而激发学生使用计算机解决学习、工作中问题,进而提高学生的文字录入水平。
- 让学生在了解输入法的基础上重点掌握并熟练使用拼音输入法,从而对中国文化产生浓厚的学习兴趣。

课程思政培养目标

课程思政及素养培养目标如表 4-1 所示。

表 4-1 课程内容与课程思政及素养培养目标关联表

知 识 点	知识点诠释	思 政 元 素	培养目标及实现方法
认识键盘	键盘初始是为打字机服务,主要是输入英文	中国人民的智慧,以输入法+拼音或者笔顺的形式解决了中文的输入	培养学生对汉语拼音及汉字书写笔顺的自豪

续表

知 识 点	知识点诠释	思 政 元 素	培养目标及实现方法
搜狗拼音输入法的技巧	搜狗拼音很好地帮助不会五笔打字的读者更便捷地实现了生僻字、同音字（拼音打字时需翻多页）等的输入		学生在使用搜狗拼音输入法时，能感受到中国汉字文化的博大精深，每个字的组合都存在合理性，对中国象形文字有更深刻的了解，更加热爱祖国汉字文化

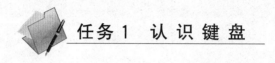

任务 1 认识键盘

知识目标

- 认识键盘各分区。
- 了解主键盘区字母键、数字键、符号键的名称和分布规律。

技能目标

- 能使用键盘熟练录入各种符号。
- 能熟练使用各种组合键。
- 能使用各种不同键数的键盘。

任务导入

小李同学非常羡慕能在键盘上运指如飞的人，就去咨询老师，怎样才能成为快速打字的人。老师告诉她，想要运指如飞，首先得了解键盘，并进行指法和打字练习，并达到熟练程度。

键盘既是计算机的重要外部设备，也是向计算机录入文字、信息、程序的基础工具。因此，熟悉与掌握键盘是录入汉字的基本要求和前提。要想准确并轻松快速地通过键盘录入文字，首选要了解键盘中各按键的分布位置。

随着计算机技术的发展，键盘也经历了从 83 键、84 键、101 键到 104 键等的变化。键盘上的按键按功能可分为五个区：主键盘区、功能键区、光标控制区、数字键盘区和指示灯区，如图 4-1 所示。

图 4-1　键盘分区

学习情境 1：主键盘区

主键盘区是键盘上最重要的区域，也是使用最频繁的区域，由 26 个字母键、10 个数字键、一些特殊符号和一些控制键组成，一般有 61 个键位，如图 4-2 所示。

图 4-2　主键盘区

1. 字母键

在字母键的键面上标有 A～Z 的大写字母键位安排，每个键可输入大小写两种字母。按 Caps Lock 键可进行大小写的转换。

2. 数字键与符号键

主键盘区最上面一排的每个键面上都有上下两种符号，称为双字符键。上面的符号称为上档符号，下面的符号称为下档符号。数字与符号键包括数字、运算符、标点符号和其他符号，按 Shift 键可实现上档符号的录入。

3. 控制键

主键盘区的控制键较多，常用控制键的作用分别如下。

Tab 键：跳格键或者制表位键。按下此键，可使光标向右移动一个制表位。

Caps Lock 键：大写字母锁定键。系统启动后，默认是小写字母状态，按字母键录入的都是小写字母。按下此键，键盘右上角对应的指示灯亮，这时再按下字母键录入的就是大写字母。

Shift 键：上档键或者换档键，在主键盘区的左右两端各有一个。按住此键再按双字符键，则会录入该符号键上方的符号。当同时按下 Shift 键＋字母 A 到 Z，则可以直接输入字母的大写形式。但是，该键不能单独使用，只能和其他键或者控制键组合成功能快捷键。

Ctrl 键和 Alt 键：Ctrl 键和 Alt 键在主键盘区的最下端一行，共有左右各两个且功能相同。Ctrl 键和 Alt 键必须和其他键配合才能实现各种功能，如 Ctrl＋C 组合键实现复制，Ctrl＋V 组合键实现粘贴。

Space 键：空格键，是键盘上最长的一个键。按下该键即可录入一个空白的字符，即光标向右移动一格。

Windows 键：Windows 键是徽标键，在 Ctrl 键和 Alt 键之间，主键盘区左右各一个，由键面的标志符号是 Windows 操作系统的徽标而得名。此键通常和其他键配合使用，单独使用的功能是打开"开始"菜单。

Enter 键：回车键或者换行键，是主键盘区使用频率最高的一个键，它在程序运行时起确认的作用，在编辑文字时起换行的作用。

Back Space 键：退格键，用于删除光标左侧的字符，同时光标向左移动一个字符位置。

Fn 键：是 Function（功能）的缩写，一般 Fn 键位于笔记本电脑键盘的左下角第二个位置。正常情况，Fn 键不能单独使用，需要 F1～F12 等键组合使用，而各大品牌笔记本电脑的 Fn 组合键功能有所不同，如图 4-3 所示。

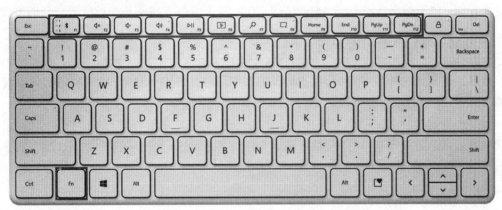

图 4-3　Fn 键及其组合使用区域

学习情境 2：功能键区

功能键区位于键盘的顶端，包括 Esc 键、F1～F12 键等，这些功能键的作用主要根据具体的操作系统或者应用程序而定。

Esc 键：取消键，即可以快速取消当前的操作或命令。

F1～F12 键：功能键，各键均能执行一些快捷而特殊的操作。如按下 F1 键，则打开帮助文档、按下 F2 键，则可实现重命名文件或文件夹。

Print Screen SysRq 键：屏幕打印键。在 Windows 系统中，如果计算机没有连接打印机，按下此键可将屏幕中所显示的全部内容以图片的形式复制到剪切板中。

Scroll Lock 键：屏幕滚动锁定键。按下此键，可实现屏幕的滚动，在按下此键可实现屏幕停止滚动。

Pause Break 键：暂停/中断键，其功能是暂停系统操作或者屏幕显示输出。

学习情境 3：控制键区

控制键区位于键盘的中间部分，也称为编辑区，主要用于控制或者移动光标，这些键简要介绍如下。

Insert 键：插入/改写键，该键用于编辑文本时更改插入/改写的状态，该键的系统默认状态是"插入"状态，在"插入"状态下，输入的字符插入光标处，同时光标右侧的字符依次向后移一个字符位置，这时按下此键即可改成"改写"状态，此时在光标处输入的文字将向后移动并覆盖原来的文字。

Home 键和 End 键：起始键和终止键，其功能是快速移动光标至当前编辑行的行首或行尾。

Page Up 键和 Page Down 键：前翻页键和后翻页键，其功能是将光标快速前移一页或后移一页。

Delete 键：删除键，在文字编辑状态下，按下此键可将光标后面的字符删除；在窗口状态按下此键，可将选中的文件删除。

光标键：位于编辑区下方的 4 个带箭头的键，箭头所指方向就是光标所要移动的方向。

学习情境 4：数字小键盘区

数字小键盘区也称数字键区，位于键盘的右下部分。提供了数字操作键，包括数字键和运算符号键，其中 Del 为 Delete 的缩写，Ins 为 Insert 的缩写。

数字小键盘区的 Num Lock 键称为数字锁定键，它主要用于打开与关闭数字小键盘区。当状态指示区的第一个指示灯亮，数字小键盘区为开启状态，按下该键后，指示灯灭，数字小键盘区为关闭状态，此时不能用于录入。

学习情境 5：指示灯区

键盘右上角就是指示灯区，从左至右分别为 Num Lock 指示灯、Caps Lock 指示灯、Scroll Lock 指示灯。

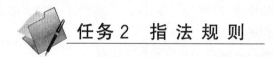

任务 2　指　法　规　则

知识目标

- 了解基准键。
- 了解主键盘区字母键、数字键、符号键的名称和分布规律。
- 了解打字姿势。

技能目标

- 熟练指法。
- 通过练习，能进行高质量盲打。

任务导入

小李同学在认识了键盘及其分区后，迫不及待地想要进行打字，当她将手放在键盘上时，突然迷茫了，不知道手指头应该怎么放置才能运指如飞。又去请教老师。老师告诉她，认识键盘是第一步，第二步就需要进行指法练习，正确的指法是指尖在键盘上跳跃的基础，所以，接下来要进行指法练习。

学习情境1：打字姿势

在使用计算机前,首先要养成正确的打字姿势,这样不仅能大大提高工作效率,减轻工作劳累,而且有利于身心健康。正确的打字姿势应该是:身体躯干挺直而微前倾,全身自然放松;桌面的高度以肘部与台面相平的高度为宜;上臂和双肘靠近身体,前臂和手腕略向上倾,使之与键盘保持相同的斜度;手指微曲,轻轻悬放在各个手指相关的基建上;双脚自然地放在地面上,大腿自然平直,小腿与大腿之间的角度接近90°;除了手指悬放在基键上,身体的其他任务部位不能搁放在桌子上,如图4-4所示。

图4-4 正确的打字姿势

学习情境2：指法规则

熟练地使用键盘不仅需要熟悉键盘的分布、正确的打字姿势,还要记住手指的键位分工和指法规则,这样才能快速提高自己的打字速度。

1. 基准键位

为了规范操作,计算机的主键盘区划分了一个区域,称为基准键区域。规定键盘中央的"A""S""D""F""J""K""L"";"8个键为基准键,如图4-5所示。其中在"F"和"J"两个键上各有一个凸起的小横杠或者小圆点,以便盲打时手指能通过触觉定位。字母键"A""S""D""F"为左手基准键位,字母键"J""K""L"";"为右手基准键位。左右手拇指轻置于空格键上。

图4-5 基准键

2. 手指分工

每个手指在键盘上都有明确的分工,如图 4-6 所示。多数情况下,用户使用键盘从基准键出发分工击打各自键位。

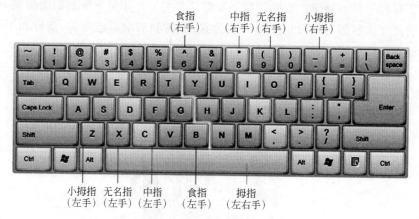

图 4-6　手指分工

学习情境 3：击键要点

在键盘操作中,必须从最开始就坚持盲打,即眼睛不看键盘,只看稿件和屏幕,通过大脑来控制要击键的位置。应遵循以下规则。

(1) 击键前,将双手轻放于基准键位上,左右手拇指轻置空格键上。

(2) 手掌以腕为支点略向上抬起,手指保存弯曲,略微抬起,以指头击键,注意一定不要以指尖击键,击键动作应轻快、干脆,不可用力过猛。

(3) 敲击键盘时,只有击键手指才做动作,其他手指放基准键位不动。

(4) 手指击键后,马上回到基准键位区相应位置,准备下一次击键。

学习情境 4：指法练习

在学习打字指法时,一定要有充足的时间进行键盘练习。认识键盘和手指分工后,就要对键盘进行指法练习,做到手随眼动,快速有力地击键,逐步提高录入的速度。

指法练习可通过打字软件来进行,如金山打字通,可从金山打字通软件的新手入门中打字尝试、字母键位、数字键位和符号键位开始练习。只有坚持不懈地进行指法练习,才能实现运指如飞。

任务 3　搜狗拼音输入法简介

知识目标

- 认识输入法。

- 知道搜狗输入法。

技能目标

- 能下载并安装搜狗拼音输入法,并进行简单设置。
- 掌握搜狗拼音状态条的组成。

任务导入

小李同学在练习指法的时候,发现要输入汉字,有很多的输入法,每种汉字输入法都各有特色,正在犯愁用想要哪种输入法时,听到同学们在谈论,现在较流行的汉字输入法是搜狗拼音输入法,现在我们一起跟随小李同学来了解一下搜狗拼音输入法。

学习情境1:初识搜狗拼音输入法

我们录入汉字之前,需要先选择输入法,用户可以根据每种输入法的不同特点和自身需要来选择,达到快速、准确录入汉字的目的。汉字的录入一般有拼音输入法和五笔字型输入法,因拼音输入法入门较简单,仅需掌握拼音即可录入汉字,故本项目选用搜狗拼音输入法来讲解。

1. 搜狗拼音输入法发展

搜狗拼音输入法简称搜狗输入法,是 2006 年 6 月由搜狐(SOHU)公司推出的一款 Windows 平台下的汉字拼音输入法。搜狗输入法是当前网络上较流行、用户好评率较高、功能较强大的拼音输入法之一。至今,已推出多个版本。

2. 搜狗拼音输入法安装、设置

首先登录搜狐拼音输入法官方网站,在网站首页中单击"立即下载",即可下载最新版的搜狗拼音输入法。本项目中安装的文件版本是:11.7.0.5464。双击安装包安装输入法之后,单击"定制输入法",可弹出"定制输入法",对话框,对输入法进行设置。可设置候选词、外观和个性化皮肤及开启模糊音等高级属性进行设置,从而使用户在使用时得心应手。

学习情境2:了解搜狗拼音输入法状态条

按下 Ctrl+Shift 组合键可切换出搜狗拼音输入法的状态栏,如图 4-7 所示。单击此状态栏上的 S 图标,可定制状态栏,也可进行更多的设置。搜狗拼音输入法默认状态栏从左到右依次表示:"菜单""中/英文""中/英文标点""语音""输入方式""皮肤中心"和"智能输入助手"。

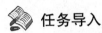

图 4-7 搜狗拼音输入法状态栏

(1) 菜单,单击"菜单"按钮,在弹出的窗口中可设置"智能输入助手""常用设置""帮助反馈"和"检查更新",在窗口的上方会显示登录名及今日输入字数。

(2) "中/英文",显示当前的输入状态,默认为中文,按下 Shift 键时,可输入英文。

(3) "中/英文标点",默认是中文标点符号,可按下 Shift 键切换为英文标点符号。

(4) "语音",单击该按钮,可启动语音输入,此时对着麦克风讲普通话即可转化为文字。

(5)"输入方式",单击该按钮,可弹出输入方式选择窗口,可选"语音输入""手写输入""符号大全"和"软键盘"。

(6)"皮肤中心",单击该按钮,可进入皮肤中心选择窗口,此时可选择个性化的输入法皮肤。

(7)"智能输入助手",单击该按钮,可开启智能写作。

任务4　搜狗拼音输入法的应用技巧

知识目标

知道搜狗拼音输入法。

技能目标

- 掌握搜狗拼音输入法技巧。
- 会用搜狗拼音输入法解决生活中遇到的生僻字。

 任务导入

小李同学在任务3的学习中,已经安装好搜狗拼音输入法,也对搜狗拼音输入法有一定的了解,现在小李同学对搜狗拼音输入法十分感兴趣,想要研究为什么搜狗拼音输入法这么受欢迎?

学习情境1:了解简拼输入

搜狗拼音输入法不仅具有一般拼音输入法的全拼、简拼和混拼等输入方式,还具备多种人性化的输入功能,如模糊音输入、智能组词和生僻字输入等。

简拼输入是指输入声母或声母的首字母来进行输入的一种方式,有效利用简拼,可以大大提高输入的效率。例如,想要输入"中华人民共和国",只需要输入"zhrmghg"如图4-8所示,或者"zhrm"后在候选词中选择2即可,如图4-9所示。

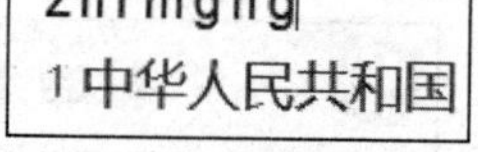

图 4-8　简拼输入 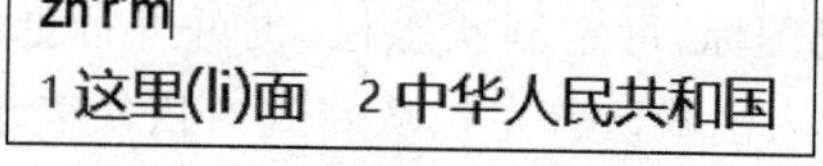　　　　　图 4-9　简拼输入+选择

学习情境2:了解辅助码输入

如果想输入日常不怎么使用的字,如"僻"字,直接输入 pi 时,出现的候选字太多,如图 4-10 所示,如何快速定位到"僻"字呢?辅助码可以解决这个问题,加快选字速度,如图 4-11 所示。

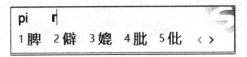

图 4-10 输入"pi"时的候选字　　　　图 4-11 利用辅助码输入

图 4-11 中,使用了偏旁作为候选字的附加条件。首选,输入"僻"字拼音 pi,再按下 Tab 键,启动辅助码模式。"僻"的偏旁是单人旁,也就是"人",输入它的拼音 ren 的首字母 r,即可缩小搜索范围。

当一个偏旁不足找出所需汉字时,可多加几个试试:如"嚏"字,把它拆解时,输入前两部分"口"和"十"的拼音首字母 ks(分别是 kou 和 shi 的第一个字母)作为辅助码,即可顺利找出"嚏"字,如图 4-12 所示。

更多时候,常用辅助码的另一种编码方式——笔顺。

如输入"孓"字,它的笔顺为横折竖钩捺,对应的笔顺字母表示就是"zsn"(横-h、竖-s、撇-p、捺-n、折-z),在输入 jue 后按下 Tab 键后输入 zsn 即可快速定位,如图 4-13 所示。

图 4-12 辅助码输入　　　　图 4-13 笔顺辅助码输入

学习情境 3:了解 U 模式输入

当遇到一个字不会读时,要怎么打出这个字呢? 可把字拆开。如"弄"这个字拆开就是手手手(shoushoushou)。可在 U 模式下输入,如图 4-14 所示。

首选输入英文 u 字母,再输入拼音即可实现 U 模式下拆字输入。

如果遇到字无法拆开,而这个字又不知道读音时,也可在 U 模式下用笔顺输入。笔顺输入就是按照写字的横-h、竖-s、撇-p、捺-n、折-z 顺序来输入。

如"卞"字,写法为捺横竖捺,就可以输入 unhsn,如图 4-15 所示。

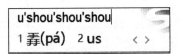
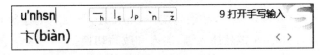

图 4-14 U 模式拆字输入　　　　图 4-15 U 模式笔画输入

注意:如果是往左的点为撇,往右的点为捺,如"兴"第一二笔为捺,第三笔为撇。兴字的拼法就是 unnphpn。

学习情境 4:了解 V 模式输入

很多时候,需要输入大写数字。如"789",我们可直接输入 V789,搜狗输入法就会提供 789 这个数字的其他几种格式,如图 4-16 所示。注意,此时是以 abcd 来确认选项的。

V 模式的其他功能,可在搜狗输入法下输入字母 v,在弹出的窗口中单击 V 模式帮助进行研究，如图 4-17 所示。

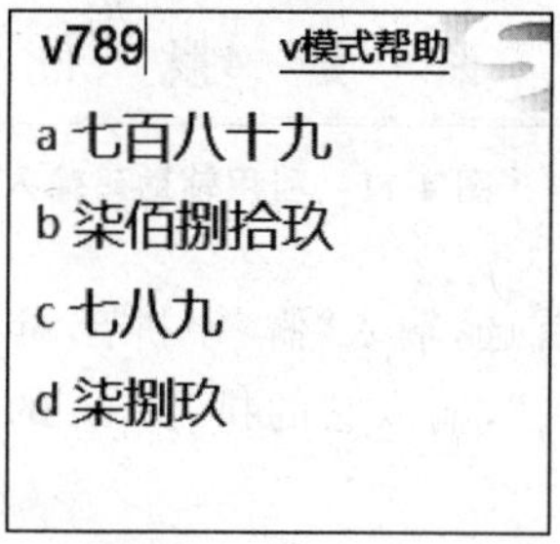

图 4-16　V 模式输入数字 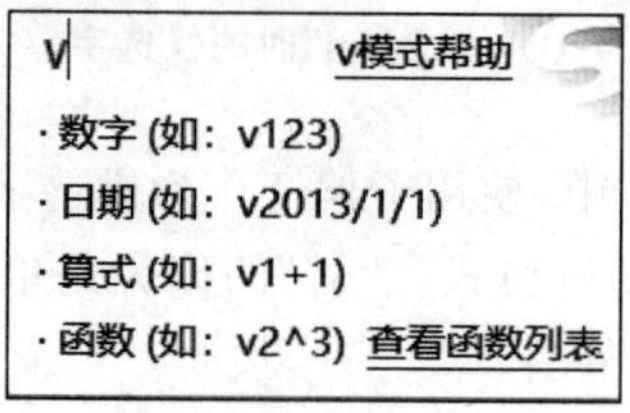　　　　　图 4-17　V 模式帮助

学习效果自测

一、单选题

1. Win+L 组合键的功能是（　　）。
   A. 锁屏　　　　　B. 显示桌面　　　　C. 复制　　　　　D. 粘贴
2. 以下组合键，可以在中文输入法中进行切换的是（　　）。
   A. Ctrl+Shift　　B. Ctrl+Space　　　C. Ctrl+Alt　　　D. Ctrl+Del
3. 键盘可分为五个区，26 个字母键在（　　）。
   A. 功能键区　　　B. 主键盘区　　　　C. 数字键区　　　D. 编辑键区
4. 要输入双字符键的上方字符（　　）。
   A. 按住 Ctrl 键，再按下该双字符键　　B. 按住 Shift 键，再按下该双字符键
   C. 按住 Alt 键，再按下该双字符键　　 D. 按住 Tab 键，再按下该双字符键
5. 键盘是一种（　　）。
   A. 输入设备　　　B. 存储设备　　　　C. 输入输出设备　D. 输出设备

二、判断题

1. Delete 键叫删除键，其功能是：按下该键，删除光标前的字符。　　　　（　　）
2. Num Lock 键又叫数字锁定键。　　　　　　　　　　　　　　　　　　（　　）
3. 要输入"@"，必须先按住 Shift 键，再按下主键盘上的数字"2"键。　　（　　）
4. Insert 键是插入键，插入和改写切换。　　　　　　　　　　　　　　　（　　）
5. Ctrl+空格组合键可切换中英文状态。　　　　　　　　　　　　　　　（　　）

三、操作题

1. 在 WPS 文字中录入以下汉字，尽量尝试多种方式录入。
   犇　茔　庛　搮　氿　汧
2. 在 WPS 文字中录入以下符号。
   √　×　？　$　@　……　、　'　""
3. 用金山打字通软件进行打字速度测试，时间设置为 10 分钟。
4. 为本地计算机安装搜狗拼音输入法（若已有该输入法，请先卸载）。

项目 5

WPS Office 2019 办公软件

项目简介

本项目将带领大家进入 WPS Office 2019 的世界,让大家了解 WPS Office 2019 基本知识、掌握基本使用方法。

能力培养目标

- 熟练掌握 WPS Office 2019 的下载、安装、启动。
- 熟练掌握 WPS 文档处理、WPS 电子表格、WPS 演示文稿。
- 熟练掌握 WPS 自定义快速访问工具栏中的工具按钮。
- 熟练掌握 WPS 自定义常用工具选项卡。
- 能够使用 WPS 进行文件格式转换。
- 能够使用 WPS 创建、编辑、美化思维导图。
- 能够使用 WPS 表单进行网络互动。

素质培养目标

- 能够使用恰当的方式捕获、提取和分析信息。
- 能够利用各种信息资源、科学方法和信息技术工具解决实际问题。
- 具备团队协作精神,善于与他人合作、共享信息。
- 具备独立思考和主动探究能力,为职业能力的持续发展奠定基础。

课程思政培养目标

课程思政及素养培养目标如表 5-1 所示。

表 5-1 课程内容与课程思政及素养培养目标关联表

知 识 点	知识点诠释	思政元素	培养目标及实现方法
认识 WPS Office 2019 软件	了解 WPS Office 2019 基本知识、掌握基本使用方法	不断会有新的事物进入我们的生活及学习中,只有认识新事物才能不断提升自我、适应环境	让学生了解认识新的事物往往都是由浅入深、由表及里、由此及彼的这样一个不断深化的过程
自定义快速访问工具栏中的工具按钮及常用工具选项卡	了解自定义快速访问工具栏的工具按钮及常用工具选项卡的使用方法	"磨刀不误砍柴工"	让学生懂得行动前要做好充分准备,创造有利条件,这样才会大大提高办事效率

续表

知 识 点	知识点诠释	思 政 元 素	培养目标及实现方法
使用 WPS 思维导图创建学习总结	了解 WPS 思维导图的使用方法	总结不仅能锻炼我们的发散性思维,也能让我们不断反省、不断进步	培养学生多思考的习惯,掌握疏理思路的方法,提升书面表达能力,提高做事效率
使用 WPS 表单工具进行网络互动	了解 WPS 表单工具的使用方法	人与人之间应该多沟通,彼此信任,社会才会更加和谐	培养学生团队协作精神,多渠道沟通,互相学习、共同进步

任务 1　WPS Office 2019 概述

　　WPS 是英语 Word Processing System(文字处理)系统的简称,WPS Office 是一款由金山软件股份有限公司自主研发的兼容、开放、高效、安全并极具中文本土化优势的办公软件,其强大的图文混排功能、优化的计算引擎和强大的数据处理功能、专业的动画效果设置、全面的版式文档编辑和输出功能等,符合现代中文办公的要求。无论是安装 Windows、Mac OS、Linux 系统的计算机,还是在 Android、iOS 系统的手机,包括几乎所有主流国产软硬件环境中,都可以使用 WPS Office 丰富的控件和功能进行专业办公,还可兼容 Word、Excel、PPT 三大办公组件的不同格式。熟练掌握 WPS Office 的使用方法逐渐成为工作和生活中的必备技能。

　　WPS Office 2019 是继 WPS Office 2016 之后的新一代套装办公软件,除包含应用最为广泛的 WPS 文档处理、WPS 电子表格、WPS 演示文稿三大组件外,还包括流程图、思维导图、图片设计、PDF 功能、表单等多个组件。

　　现就 WPS 文档处理、WPS 电子表格、WPS 演示文稿三大组件进行简单介绍。

1. WPS 文档处理

　　WPS 文档处理(见图 5-1)是一款便捷、高效的文字处理软件,它集文字的编辑、排版、表格处理、图形处理、打印等于一体,其最大特点是让文档图文并茂、赏心悦目,实现"所见即所得"的编辑效果。

2. WPS 电子表格

　　WPS 电子表格(见图 5-2)不仅可以快速制作出各种美观、实用的电子表格,而且可以进行数据运算、分析、管理等,能直观形象地表现数据走势。是制作成绩单、工资表、销售报表等的好帮手。

图 5-1　文档处理图标

3. WPS 演示文稿

　　WPS 演示文稿(见图 5-3)可以制作出集文字、图形、图片、表格、音频、视频及动画等元素为一体的演示文稿,帮助我们将自己想要表达的内容生动、形象地动态展示。

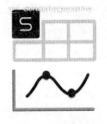
图 5-2 电子表格图标

图 5-3 演示文稿图标

任务 2　WPS Office 2019 的安装及使用

知识目标

- 认识 WPS Office 2019 软件。
- 了解 WPS Office 2019 账号的作用。

技能目标

- 能够正确下载、安装 WPS Office 2019。
- 熟练掌握 WPS Office 2019 的启动和退出。
- 熟练掌握登录和退出 WPS Office 2019 账号。

学习情境 1：下载并安装 WPS Office 2019

第 1 步：登录官方网站下载 WPS Office 2019 安装包，将安装包保存至本地磁盘中，如图 5-4 所示。

图 5-4　下载并保存 WPS Office 2019 安装包

第 2 步：双击打开 WPS Office 2019 安装包，阅读《许可协议》和《隐私政策》并勾选"已阅读并同意金山办公软件许可协议和隐私政策"复选框，单击"立即安装"按钮，如图 5-5 所示。

图 5-5　安装 WPS Office 2019 界面

第 3 步：进度条显示 100％表示安装完成，将跳转至 WPS Office 2019 首页，如图 5-6 所示。

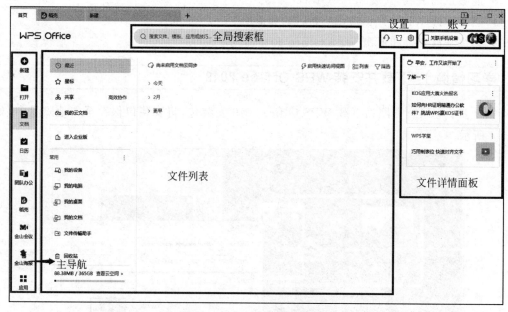

图 5-6　WPS Office 2019 首页

WPS Office 2019 首页是一个特殊的标签页，其主要用于快速开始和延续各类工作任务，其主要包括如下部分。

（1）全局搜索框：用于搜索文档、应用、模板、办公技巧或直接访问网址。

（2）设置：用于意见反馈、皮肤设置、全局设置、查看通知面板等。

（3）账号：未登录账号时，单击此处打开 WPS 账号登录框。登录后，会在此处显示用户名称、头像及会员状态，单击可打开个人中心进行账号管理。

（4）主导航：帮助用户快速定位和访问文档服务。主导航的分割线以上部分显示核心服务固定区域，主要用于访问文档或安排日程。分割线以下部分是可供用户自主增减的自定义区域，其中默认展示了一些常用应用，用户可排序、移除这些应用，或从最下方的应用入口进入"应用中心"将其他预置应用固定到主导航。

（5）文件列表：位于首页中间，帮助用户快速访问和管理文件。

（6）文件详情面板：显示与当前选定文件相关的协作状态或快捷命令。

注意：此区域默认显示的是"通知面板"，主要用于展示账号状态、日程提醒、办公技巧等信息。在"文件列表区"选择任意文件后，将自动触发显示"文件详情面板"。

学习情境 2：启动和退出 WPS Office 2019

1. 启动 WPS Office 2019

方法 1：单击"开始"菜单，查找 W→WPS Office，单击 WPS Office 图标即可启动，如图 5-7 所示。

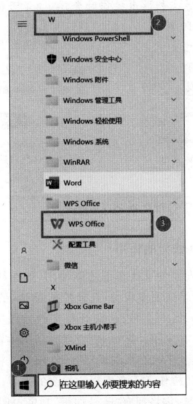

图 5-7 "开始"菜单启动 WPS Office 2019

方法 2：双击桌面上的 WPS Office 快捷图标 ，即可启动。

方法 3：双击已创建好的 WPS 文档图标即可启动。

2. 退出 WPS Office 2019

方法 1：单击已打开的 WPS 文件右上角的"关闭"按钮，即可退出，如图 5-8 所示。

图 5-8　文件右上角的"关闭"按钮退出

方法 2：将鼠标移至任务栏 WPS 图标处，出现缩略图窗口后，单击窗口右上角的"关闭"按钮，即可退出。

方法 3：将鼠标移至任务栏，右击 WPS 图标后选择"关闭窗口"按钮，即可退出，如图 5-9 所示。

注意：当对更改后的 WPS 文档退出操作时会弹出"是否保存文档？"对话框，应根据实际情况选择对应按钮，如图 5-10 所示。

图 5-9　右键单击 WPS 图标退出

图 5-10　"是否保存文档？"对话框

学习情境 3：登录 WPS Office 2019 账号

1. 了解 WPS Office 2019 账号的作用

WPS 有一些功能必须在账号登录状态下才能使用，如在线文档、流程图、思维导图等。WPS 登录账号后使用，也将会享有更多权益，充分挖掘 WPS 的潜力，让办公效率大幅提升。

（1）登录账号便将享有 WPS 网盘特权，在开启文档云同步后，文档便能自动存储在云端，即便通勤在外用手机、下班在家用计算机，也能随时访问编辑过的每一个文档。

（2）登录 WPS 账号可创建"多人在线编辑"的协作模式。将文档链接分享给他人，便可实现一个文档多人同时编辑，让协作者正在编辑或修改的内容也一目了然。

（3）登录账号使用 WPS 时，你将拥有"账号加密"功能，即用 WPS 账号进行文档加密。账号就是加密密码，文档只能限定在一个登录账号打开，确保文档安全的同时，省去多个文档密码不同，需要记忆的烦恼。

2. 登录 WPS Office 2019 账号

WPS 账号获取方式较为灵活,手机号码、微信账号、手机端 WPS、QQ 账号、钉钉账号等均可登录,操作方式如下。

第 1 步:单击 WPS 首页右上方账号按钮(未登录状态显示"您正在使用访客账号"),或单击打开的 WPS 文档右上方账号按钮(未登录状态显示"访客登录")。弹出登录对话框,在当前页面或单击"其他登录方式"按钮选择适当登录方式,完成账号登录操作,如图 5-11 所示。

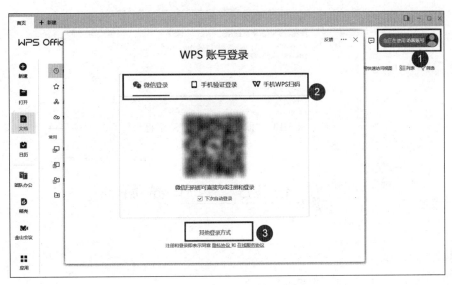

图 5-11　WPS 账号登录界面

第 2 步:成功登录 WPS Office 2019 账号,将鼠标移至首页右上方或打开的 WPS 文档右上方的账号管理位置将显示用户名称、头像及会员状态等信息。

3. 退出 WPS Office 2019 账号

WPS 账号退出方法较为简单,操作如下。

第 1 步:将鼠标移至首页右上方或打开的 WPS 文档右上方账号管理位置,单击"退出登录"按钮,如图 5-12 所示。

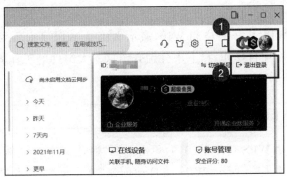

图 5-12　WPS 账号退出页面

第 2 步：在弹出的"即将退出账号"对话框中，根据实际需要选择"清除数据并删除登录记录"或"保留数据以供下次使用"其一，单击"确定退出"按钮即可完成账号退出操作，如图 5-13 所示。

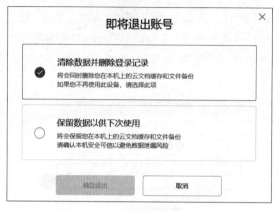

图 5-13 "即将退出账号"对话框

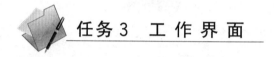

任务 3　工 作 界 面

知识目标

- 认识 WPS 文档处理工作界面。
- 认识 WPS 电子表格工作界面。
- 认识 WPS 演示文稿工作界面。

技能目标

- 熟练掌握新建 WPS 文档处理、WPS 电子表格、WPS 演示文稿。
- 熟练掌握 WPS 自定义快速访问工具栏中的工具按钮。
- 熟练掌握 WPS 自定义常用工具选项卡、隐藏/显示功能区。

学习资源

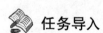 **任务导入**

WPS 文档处理、WPS 电子表格和 WPS 演示文稿是 WPS Office 2019 最为常用的三个组件。为了更好地实施项目操作，接下来分别介绍这三大组件的工作界面，并一起学习如何根据自己的使用习惯自定义 WPS 工作界面。

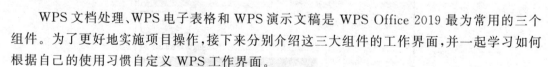

按照所学方法启动 WPS Office 2019，单击左侧"新建文字"→"新建空白文字"按钮，新建 WPS 文档处理，如图 5-14 所示，WPS 将自动创建"文字文稿 1"并进入 WPS 文档处理工作界面。

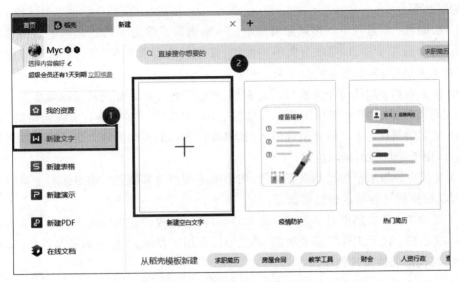

图 5-14 新建 WPS 文档处理

WPS 文档处理工作界面由标签栏、快速访问工具栏、功能区、任务窗格、文字编辑区、标尺(水平标尺和竖直标尺)、滚动条、状态栏、插入点等部分组成,如图 5-15 所示。

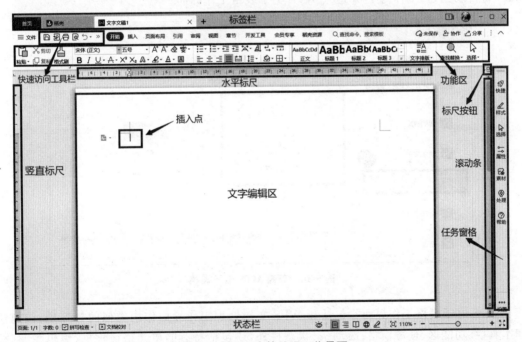

图 5-15 WPS 文档处理工作界面

(1) 标签栏:用于标签切换和窗口控制,包括标签区(访问/切换/新建文档)、窗口控制区(切换/缩放/关闭工作窗口、管理账号)。

(2) 快速访问工具栏:用于显示使用频率较高的工具按钮,默认情况下显示"保存"按钮、"输出为 PDF"按钮、"打印"按钮、"打印预览"按钮、"撤销"按钮、"恢复"按钮、"自定义访问工具栏"按钮。

（3）功能区：以选项卡的形式分类显示。可根据需求单击不同的选项卡切换功能区显示页面。每个选项卡中，以竖线分割不同的组，某些组的右下角有"对话框启动按钮"，用于打开相关对话框，显示更多的命令和选项。

（4）任务窗格：默认位于编辑界面的右侧，可以执行一些附加的高级编辑命令。任务窗格默认收起而只显示"任务窗格工具栏"，单击工具栏中的按钮可以展开或收起窗格。

（5）文字编辑区：本区域是呈现输入、编辑文档内容的主要区域。该区域闪烁光标位置为插入点，用于定位当前编辑位置。

（6）标尺：分为水平标尺和垂直标尺，用于确定文档内容位置。编辑区右上角的"标尺"按钮，可以切换标尺的显示和隐藏状态。

（7）滚动条：在文档内容不能完全显示时，可通过拖拽滚动条方式查看未显示内容。

（8）状态栏：位于工作界面最底部，其左侧部分用于显示页面、字数等文档状态，右侧部分用于实现视图切换及比例控制。

学习情境 2：认识 WPS 电子表格工作界面

启动 WPS Office 2019，单击左侧"新建表格"按钮新建 WPS 电子表格，如图 5-16 所示。WPS 将自动创建"工作簿 1"并进入 WPS 电子表格工作界面。

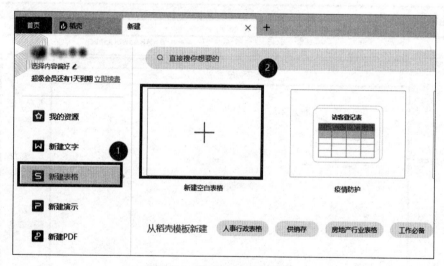

图 5-16　新建 WPS 电子表格

WPS 电子表格工作界面除包括和 WPS 文档处理工作界面作用类似的标签栏、快速访问工具栏、功能区、任务窗格、滚动条、状态栏外，还包括特有的单元格名称框、编辑栏、列标和行号、工作表编辑区、"全选"按钮、工作表标签等，如图 5-17 所示。

（1）活动单元格：正被选中的、周围显示绿色方框的单元格。

（2）单元格名称框：用于显示活动单元格的名称。在此处输入某单元格名称，按 Enter 键可快速选中该单元格。

（3）编辑栏：用于显示和编辑活动单元格的内容。

图 5-17　WPS 电子表格工作界面

（4）列标和行号：分别用于标识工作表的列和行。列标以 A～Z、AA～AZ、…、XFD 编号，行号以 1、2、3、…、104857 编号，列标和行号的组合即为单元格的名称。如 B3 单元格、A5 单元格等。

（5）工作表编辑区：呈现输入、编辑单元格内容的主要区域。

（6）"全选"按钮：位于工作表编辑区左上角，单击"全选"按钮可选中当前工作表中的所有单元格。

（7）工作表标签：用于显示和快速切换工作表，可在此处对工作表更名、排序、删除等操作，单击右侧"新建工作表"按钮，可快速添加一个新的工作表。

学习情境 3：认识 WPS 演示文稿工作界面

启动 WPS Office 2019，单击左侧"新建演示"按钮新建 WPS 演示文稿，如图 5-18 所示。WPS 将自动创建"演示文稿 1"并进入 WPS 演示文稿工作界面。

WPS 演示文稿工作界面除包括和 WPS 文档处理工作界面作用类似的标签栏、快速访问工具栏、功能区、滚动条、状态栏外，还包括特有的大纲/幻灯片窗格、幻灯片编辑区、备注栏，如图 5-19 所示。

（1）大纲/幻灯片窗格：可通过鼠标单击完成"大纲"窗格和"幻灯片"窗格快速切换。其中"幻灯片"窗格显示所有幻灯片的缩略效果，单击某张幻灯片可选中该幻灯片，即可在右侧幻灯片编辑区对该幻灯片进行编辑，在该窗格还可以进行移动、删除或复制幻灯片等操作；"大纲"窗格显示所有幻灯片的文本大纲。

（2）幻灯片编辑区：主要用于显示和编辑当前幻灯片，如添加文本、图片、图形，设置动画等。

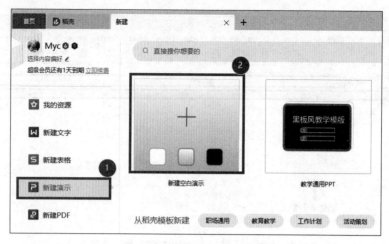

图 5-18　新建 WPS 演示文稿

图 5-19　WPS 演示文稿工作界面

（3）备注栏：用于添加注释说明或内容摘要等，可通过单击状态栏中的"备注"按钮 切换其显示/隐藏状态。

学习情境 4：自定义 WPS 工作界面

1. 自定义快速访问工具栏中的工具按钮

WPS 用户可以根据自己使用习惯，优化快速访问工具栏中显示的工具按钮，可以大大提高工作效率。以 WPS 文档处理的快速访问工具栏中添加"更新目录"按钮为例，展示具体操作步骤如下。

第1步：单击快速访问工具栏右侧的"自定义访问工具栏"按钮，在展开的下拉列表中查找是否有"更新目录"选项，若有该选项勾选该选项即可，但可以看到本处无此选项，则可选择"其他命令"选项，如图 5-20 所示。

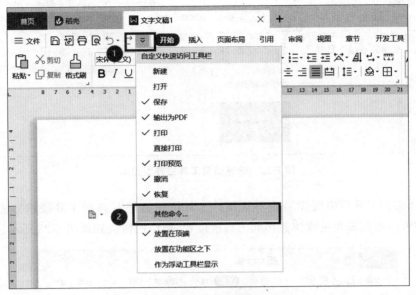

图 5-20　自定义访问工具栏下拉列表

第2步：打开的"选项"对话框默认位置在"快速访问工具栏"，在"从下列位置选择命令"列表中选中"更新目录"选项，单击"添加"按钮，再单击"确定"按钮，如图 5-21 所示。

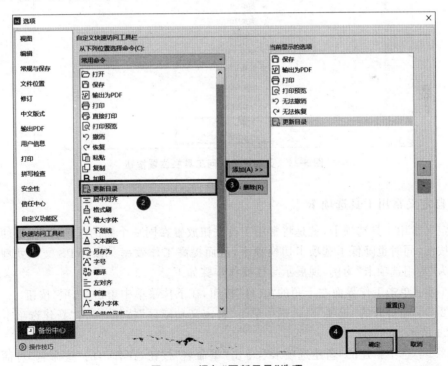

图 5-21　添加"更新目录"选项

第3步：在快速访问工具栏中添加"更新目录"按钮的操作完成，WPS 文档处理界面显示如图 5-22 所示。

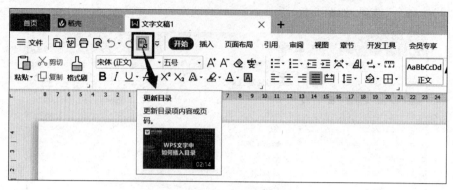

图 5-22　快速访问工具栏界面显示

在快速访问工具栏中删除某些不常用的工具按钮方法与新增工具按钮方法类似。另外，用户还可以根据需要更改快速访问工具栏位置，操作按钮位置如图 5-23 所示。

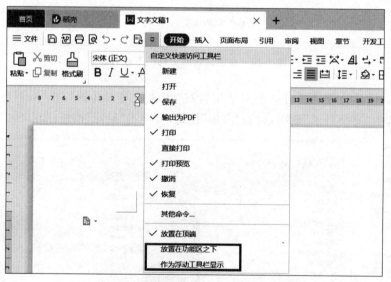

图 5-23　更改快速访问工具栏位置按钮

2. 自定义常用工具选项卡

自定义常用工具选项卡，就是将常用工具按钮放置在同一个新的选项卡内，以便快速查找工具按钮，同时也降低了选项卡切换频率，从而提高工作效率。以 WPS 文档处理中新建一个名为"常用选项卡"为例，现展示具体操作步骤如下。

第1步：单击工作界面左上角的"文件"按钮，在下拉菜单中单击"选项"按钮。

第2步：在打开的"选项"对话框中单击"自定义功能区"按钮，单击"新建选项卡"按钮，如图 5-24 所示。

第3步：选中新建的"新建选项卡"，单击"重命名"按钮，在弹出的"重命名"对话框中输入"常用选项卡"，单击"确定"按钮，如图 5-25 所示。

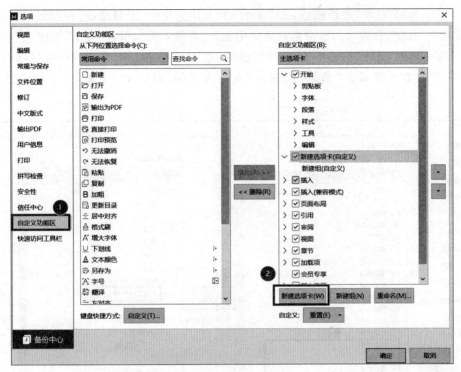

图 5-24 "选项"对话框

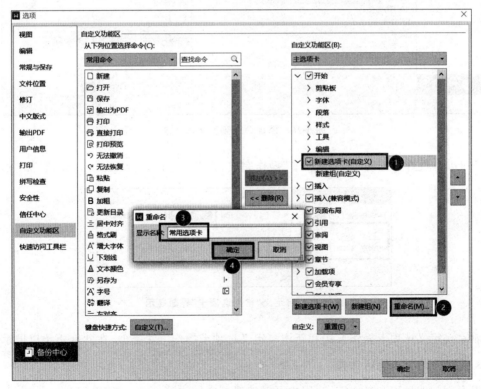

图 5-25 重命名新建选项卡

第 4 步：返回"选项"对话框后，选中新建的"常用选项卡"子目录的"新建组（自定义）"，单击"重命名"按钮，在弹出的重命名对话框中输入"常用工具"，单击"确定"按钮。

第 5 步：返回"选项"对话框后，选中新建的"常用工具"组，在"从下列位置选择命令"栏中选择需要的命令并单击"添加"按钮，依次完成添加，最后单击"确定"按钮，如图 5-26 所示。

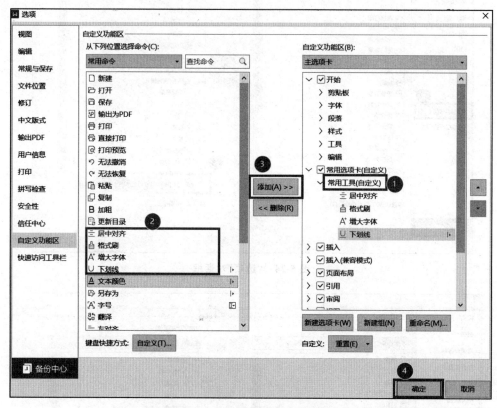

图 5-26　添加命令到新建选项卡

第 6 步：设置自定义"常用选项卡"操作完成，WPS 文档处理界面显示，如图 5-27 所示。

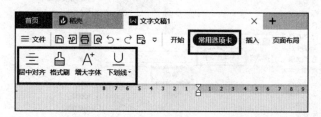

图 5-27　自定义"常用选项卡"界面显示

删除自定义选项卡操作方法和新增自定义选项卡操作方法类似，在此就不予以展示。

3. 隐藏/显示功能区操作

根据不同的显示和操作需求，用户可对编辑区空间进行调整。WPS 可通过工作界面右上角的"隐藏/显示功能区"按钮进行快速操作，如图 5-28 所示。

图 5-28　隐藏/显示功能区按钮

任务 4　其他组件及应用

知识目标

- 了解 WPS 文件转换的类型及应用场景。
- 了解 WPS 思维导图的作用及应用场景。
- 了解 WPS 表单工具的特点、作用及应用场景。

技能目标

- 能够使用 WPS 进行文件格式转换操作。
- 能够使用 WPS 创建、编辑、美化思维导图。
- 能够使用 WPS 表单进行网络互动。

学习资源

学习情境 1：使用 WPS 文件进行格式转换

WPS Office 2019 可以进行多种文件格式转换，不仅可以将文档转换为 PDF、图片等格式，还可以将图片转换成文字、PDF 转换成文档、PDF 转换成电子表格、PDF 转换成幻灯片等。PDF 是工作中常用的一种文件格式，该格式在其他计算机上打开时不易受计算机环境影响，也不容易被随意修改，现就文档输出为 PDF 进行展示。

例如，小花作为应届毕业生，精心准备了个人简历，现需要将"个人简历"文档输出为 PDF。操作步骤如下。

第 1 步：用 WPS Office 2019 打开小花个人简历文档，单击"文件"按钮，在弹出的下拉菜单中单击"输出为 PDF"按钮，如图 5-29 所示。

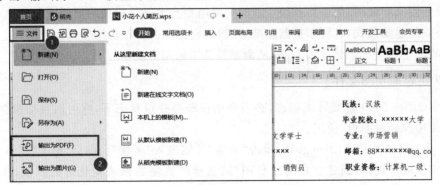

图 5-29　文档输出为 PDF

第2步：在弹出的"输出为PDF"对话框中选择PDF的输出样式和保存目录，单击"开始输出"按钮，如图5-30所示。

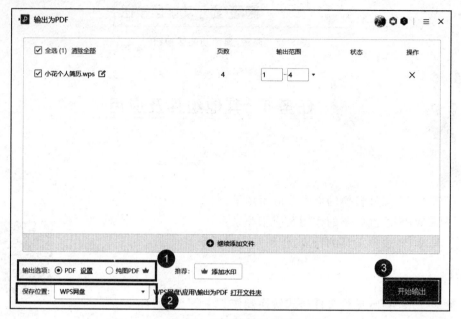

图 5-30　输出为 PDF 设置

第3步：输出完成后，状态栏会显示"输出成功"，单击"打开文件"按钮，如图5-31所示。

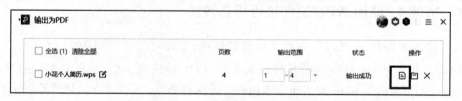

图 5-31　打开输出 PDF 文件

第4步：打开文件后，文档转换为PDF后的效果如图5-32所示。

学习情境2：使用 WPS 思维导图创建学习总结

思维导图又称脑图，用于将各级主题的关系用相互隶属与相关的层级图表现出来，是有效而且高效的思维模式，有利于扩散思维的展开，它已经在全球范围得到广泛应用。现在我们利用WPS思维导图创建学习总结，从而掌握基本使用方法。

1. 新建思维导图文件

WPS Office 2019思维导图创建，必须在用户账号登录状态下，它可以自动保存在云文档中，以便用户随时编辑、使用。

第1步：启动WPS Office 2019，单击"新建"按钮进入"新建"页面后，单击"思维导图"选项，根据实际需求选择"新建空白思维导图"或选择内置主题格式美化好的模板，如图5-33所示。

图 5-32 文档转换为 PDF 后的效果图

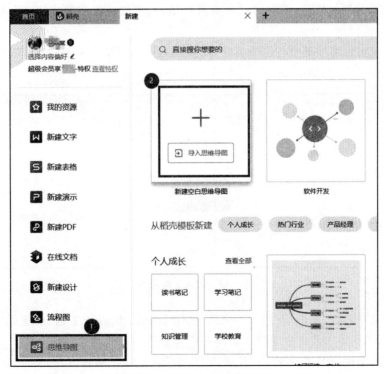

图 5-33 新建空白思维导图

第2步：本例选择使用"新建空白思维导图"，如图5-34所示。

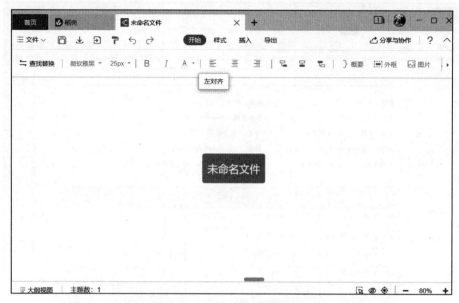

图5-34　创建的空白思维导图

2. 编辑思维导图

创建好思维导图文件后，需要对其内容进行编辑，添加各级主题内容，完成思维导图的制作。

第1步：双击思维导图中心主题节点，输入"学习总结"作为主题内容，单击编辑区任意空白位置确认输入内容，如图5-35所示。

图5-35　输入主题内容

第2步：选中节点，单击"开始"或"插入"选项卡中的"插入子主题"按钮创建子主题，如图5-36所示。按照第1步方法完成子主题的内容修改。

第3步：选中相应节点，根据需求单击"开始"或"插入"选项卡中的"同级主题""子主题"或"父主题"按钮依次创建其他节点并完成主题内容修改，如图5-37所示。

注意：可以使用Enter（回车键）快速增加同级主题、Tab键快速增加子主题及Delete键快速删除主题。

图 5-36 创建子主题

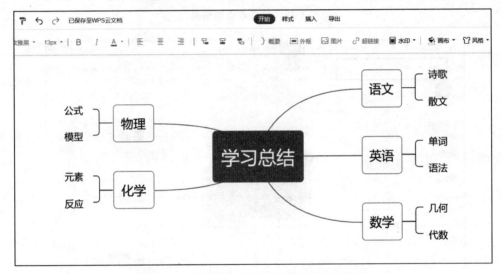

图 5-37 创建其他节点并完成主题内容修改

3. 美化思维导图

默认的思维导图样式较为单一,为增加思维导图的可读性,可通过以下方法美化思维导图。

1)为节点添加图标

选中要添加图标的节点,单击"插入"选项卡,找到右侧图标栏区域,可选择该区域默认展示图标或打开"更多图标"按钮选择其他图标为节点添加图标,如图 5-38 所示。使用相同方法为其他节点添加图标。

2)设置主题字体格式

选中要设置字体的颜色,单击"开始"选项卡,利用左侧字体编辑工具组,可完成字体样式、大小、粗细、颜色等设置,如图 5-39 所示。

3)设置节点样式、背景、边框

选中要设置样式、背景、边框的节点,单击"样式"选项卡,分别对其样式、背景、边框进行相应设置,如图 5-40 所示。

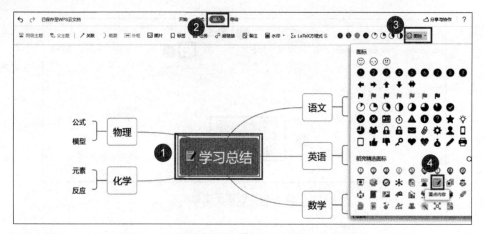

图 5-38 为节点添加图标

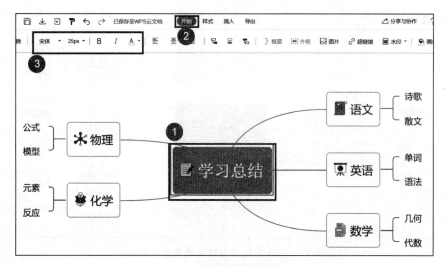

图 5-39 设置主题字体格式

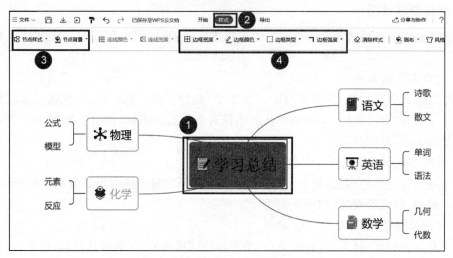

图 5-40 设置节点样式、背景、边框

4）设置连线颜色及宽度

选中一个节点，格式设置对象为该节点与上一级节点的连线，单击"样式"选项卡，对连线颜色及宽度进行相应设置，如图 5-41 所示。

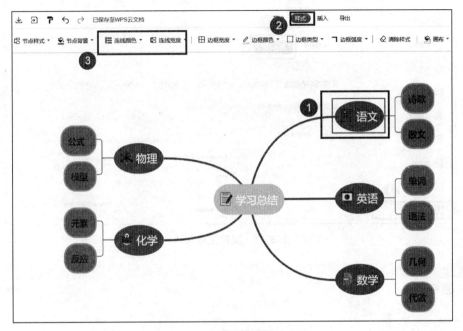

图 5-41　设置连线颜色及宽度

5）设置思维导图结构及画布颜色

通过"开始"选项卡和"样式"选项卡还可以进行更改思维导图结构、画布颜色等的设置。

注意："格式刷"是一个很实用的工具，如果不想一个个设置节点的样式，可以单击左上角格式刷图标 ⌘。

学习情境 3：使用 WPS 表单工具进行网络互动

表单是目前应用较为广泛的工具，会大大提升互动效率、扩展互动空间，例如可以通过表单在网络上发布问题讨论、发布问卷调查等。WPS Office 2019 表单必须在用户账号登录状态下。在这里，我们以创建"学生兴趣爱好调查问卷"为例，对使用表单工具进行网络互动进行讲解。

第 1 步：启动 WPS Office 2019，单击"新建"按钮进入新建页面，单击"新建表单"选项，如图 5-42 所示。

跳转至新建表单页面，如图 5-43 所示。

第 2 步：单击"请输入表单标题"栏，输入"学生兴趣爱好调查问卷"并设置描述。

第 3 步：单击"请输入问题"栏，输入"学生姓名"，并勾选"必填"复选框，如图 5-44 所示。（题目窗格中包含输入问题栏、填写者回答区、题目类型选择下拉菜单按钮 填空题▼、"必选"复选框 必填 □、删除题目按钮 🗑 及更多设置按钮……）

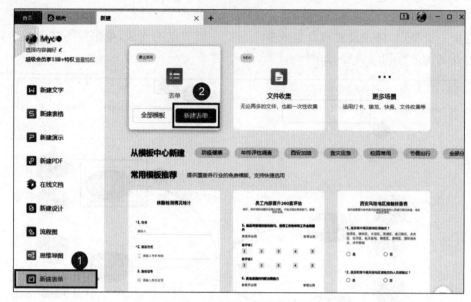

图 5-42 新建空白表单

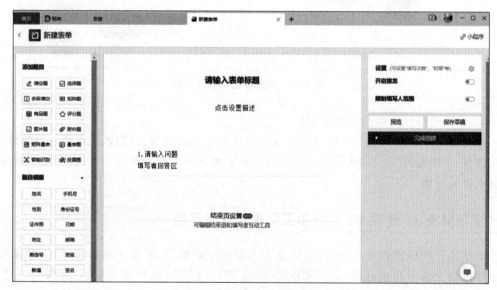

图 5-43 新建表单页面

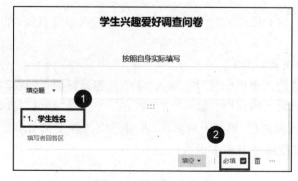

图 5-44 设置题目内容

第4步：单击左侧添加题目栏或题目模板栏中的题目按钮依次添加其他题目，如图5-45所示。

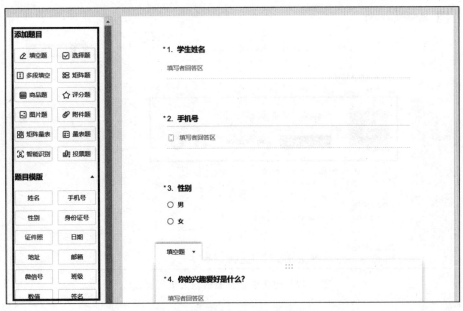

图 5-45　表单内添加其他题目

第5步：打开"设置"对话框，可完成定时、权限、身份等的设置操作，设置完成后，可单击"预览"按钮实现计算机端和手机端的效果展示。确认无误后，单击"完成创建"按钮，如图5-46所示。

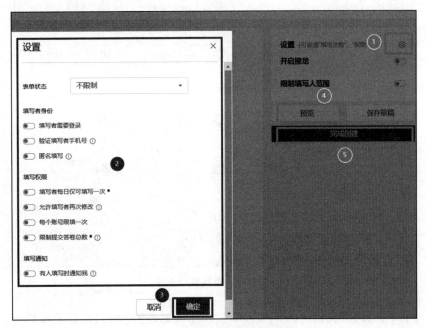

图 5-46　设置、预览、确认表单

第 6 步：弹出页面显示调查问卷创建成功，可通过链接或二维码等方式邀请问卷调查对象填写，如图 5-47 所示。

图 5-47　创建成功及邀请他人填写页面

第 7 步：如要查看表单填报数据，可单击"首页"中最下方的"应用"按钮，单击"分享协作"选项卡，单击"统计表单"选项，如图 5-48 所示。

图 5-48　查找统计表单

第 8 步：单击打开"我创建的"中的"学生兴趣爱好调查问卷"查看填报情况，如图 5-49 所示。

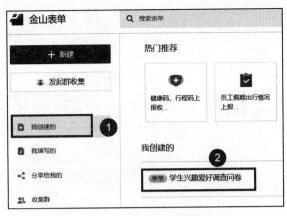

图 5-49 查看表单数据

 学习效果自测

一、多选题

1. WPS 必须在账号登录状态下才能使用的组件有(   )。
   A. WPS 文档　　　B. 流程图　　　C. 思维导图　　　D. 表单
2. WPS 文档处理工作界面不包括(   )。
   A. 备注栏　　　B. 功能区件　　　C. 工作表标签　　　D. 状态栏
3. WPS Office 2019 账号登录方式可为(   )。
   A. 手机号码　　　B. 微信账号　　　C. QQ 账号　　　D. 钉钉账号
4. WPS 文件进行格式转换类型包括(   )。
   A. 文档转换为 PDF　　　B. 图片转换成文字
   C. PDF 转换成文档　　　D. PDF 转换成演示文稿
5. WPS 表单工具优势有(   )。
   A. 无须登录　　　B. 提升互动效率
   C. 扩展互动空间　　　D. 便于数据统计

二、操作题

1. 完成 WPS Office 2019 的下载安装,并注册登录 WPS Office 2019 账号。
2. 使用 WPS 思维导图制定自己的学习计划。
3. 使用 WPS 表单工具制作一个专业满意度调查问卷,内容自拟。

项目 6

WPS电子文档

项目简介

WPS文档是金山办公软件的一个重要组成部分,是一款功能强大、应用广泛的文字处理和排版工具,使用WPS文档可以快速、高效地进行文字排版、表格制作、版面设计、样式应用、图文混排和邮件合并等。本项目将利用WPS文档完成5个任务,学习在WPS文档中编辑文本、制作表格、美化文档、插入图形对象、长文档排版、邮件合并的基本操作。

能力培养目标

- 掌握输入文本、编辑文档的方法。
- 掌握插入表格、编辑表格、美化表格的操作。
- 掌握布局文档页面规格、设计页面背景的操作。
- 掌握插入和编辑艺术字、图形对象的操作。
- 掌握应用样式统一文档格式、多级编号关联样式实现标题等级自动编号的操作。
- 掌握插入页眉、页脚、分页符、分节符、脚注、尾注、题注的操作。
- 掌握创建目录和邮件合并的操作。

素质培养目标

- 培养学生树立远大理想和目标的意识,养成刻苦努力、积极向上的品质。
- 培养学生自主学习、积极思考、发现问题、解决问题的能力。
- 培养学生树立环保意识,养成珍惜能源、爱护环境的习惯。
- 促进知识与能力的转化,培养学生成为动手能力强,素质过硬,对社会有用的人。

课程思政培养目标

课程思政及素养培养目标如表6-1所示。

表6-1 课程内容与课程思政及素养培养目标关联表

知识点	知识点诠释	思政元素	培养目标及实现方法
编辑文档	以制作放假通知为案例,融入文档编辑知识和公文写作格式要求	编辑文档是办公的基本要求,公文写作是学生走入职场必须具备的职业能力。让学生认识到一份内容正确、格式规范的文档是个人修养和职业素质的体现	引导学生扎扎实实打好基础,练好基本功,培养学生综合素质和细节意识

续表

知识点	知识点诠释	思 政 元 素	培养目标及实现方法
制作表格	以制作个人简历表为案例,贯穿表格编辑的知识点	个人简历表是求职者全面素质和能力体现的缩影,是学生求职的名片。制作个人简历表让学生了解简历表的组成要素,认识到丰富的简历表是敲开职场的敲门砖	培养学生树立远大理想和目标意识,养成刻苦努力、积极向上的品质
图文混排	以制作节能环保宣传海报为案例,融入图文混排知识	海报不仅能用专业软件制作,也可以利用身边常用的办公软件来制作。要深入探索WPS文档的奥妙,用简单的方法完成复杂的事情,达到事半功倍的效果	让学生认识节能减排的意义,增加节能减排知识,培养学生树立环保意识,倡导养成珍惜能源、爱护环境的好习惯
长文档排版	利用样式能快速统一文档的版式风格,样式关联多级编号可以实现标题等级的自动编号,同时能快速生成目录,让文档结构更清晰	毕业论文是所学知识的综合运用,检验学生在校期间的学习成果。排版毕业论文让学生提前认识到毕业论文的重要性,提前制定学习目标,做好学习规划	培养学生理论联系实践的能力,促进知识与能力的转化,锻炼学生综合素质,让学生走出校园既是对社会有用的人
邮件合并	用邮件合并来快速制作体量大,但内容相差不大的荣誉证书,既省时又省力	荣誉证书是荣誉嘉奖,是对学生的肯定,激励学生继续努力,向更好的方向发展	培养学生探索精神,发现问题、解决问题的能力,引导学生主动思考,相互学习,共同进步,共同成长

任务1　WPS电子文档的创建与管理

知识目标

- 了解创建和保存文档的方法。
- 理解编辑文档内容的方法。
- 理解字体和段落格式的组成。
- 理解添加编号和项目符号的方法。

技能目标

- 能够新建和保存文档。
- 能够熟练输入文本,插入特殊符号。
- 能够快速选取和编辑文档内容。
- 能够熟练设置文档内容的字体和段落格式。
- 能够熟练添加编号和项目符号。

学习资源

任务导入

小王是学校办公室的公文管理员,2021年国庆节到来之际,办公室张主任让小王拟写一份国庆节放假安排的通知,要求内容正确,简明扼要,结构清晰,符合公文相关格式要求。放假通知样文如图6-1所示。

关于2021年国庆节放假安排的通知

各学部、处(室)、中心:

根据国务院办公厅相关通知精神,结合我校实际,现将2021年国庆节放假时间及相关事宜通知如下。

一、放假时间

2021年10月1日至10月7日放假,共7天。9月26日(星期日)、10月9日(星期六)正常上班。

二、假期相关事宜

(一)做好假期值班

国庆节期间值班人员要严格遵守值班规定和信息报告制度,坚守值班岗位,加强巡逻,认真做好值班的交接工作。

(二)开展安全检查

各部门按照"谁主管、谁负责"的原则,认真开展节前安全自查和节假日期间的安全防范工作,仔细排查各类安全隐患,落实整改措施,消除安全隐患。

(三)其他事项

放假期间应保持通信工具畅通,如遇重大突发事件,要按规定及时报告并妥善处置。

特此通知。

学校办公室
2021年9月23日

图6-1 放假通知样文

学习情境1:录入文档内容

1. 创建空白文档

单击"开始"菜单,选择 W→WPS Office→WPS Office,打开 WPS Office 2019 软件。在"首页"中选择"新建"命令,然后单击"新建文字"→"新建空白文字"按钮,如图6-2所示,即新建了一个文档标签为"文字文稿1"空白文档。

还可以在启动 WPS Office 2019 后,单击标签栏中的"新建"按钮,或者按 Ctrl+N 组合键创建空白文档。

2. 输入文档内容

1)输入文本

打开文档,在文档编辑区内会显示不停闪烁的光标,此为"插入点",即当前输入文本的

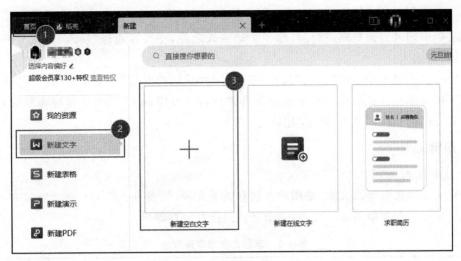

图 6-2　新建空白文字文档

位置。当用户输入内容时,光标会自动后移,输入内容达到一行的最右端,光标会自动跳转到下一行继续输入内容。如果不满一行要开始新的段落,可以按 Enter 键换行,在换行的位置会产生一个段落标记符号。

除了用鼠标单击文档定位文本插入点外,还可以通过键盘的方向键或键盘编辑键区其他功能键定位。

2) 输入特殊符号

在"插入"选项卡中单击"符号"下拉按钮,在下拉菜单中可以看到一些常用的符号,单击符号,即可插入符号。

如果下拉菜单中没有需要的符号,选择"其他符号"命令,打开"符号"对话框。在"符号"选项卡中单击"字体"下拉按钮,选择需要的字符所在的字体集,在下方的列表框中选择需要的符号,单击"插入"按钮,再单击"关闭"按钮即可。如图 6-3 所示。

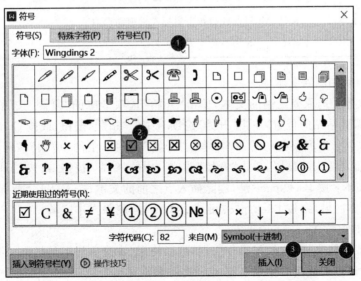

图 6-3　"符号"对话框

3）快速输入当前日期和时间

在文档中输入当前日期或时间，除了手动输入之外，还可以通过"插入"选项卡中的"日期"功能快速输入。

在"插入"选项卡中单击"日期"按钮，在打开的"日期和时间"对话框中，在"语言（国家/地区）"下拉菜单选择日期和时间显示的语言类型，在"可用格式"列表中选择需要的日期和时间格式，设置完成后，单击"确定"按钮。

3. 编辑文本

1）选取文本

编辑文本前需要选取文本，常用的方法有以下几种，如表 6-2 所示。被选取的文本区域呈灰色底显示。若要取消选取文本，单击文档的任意位置即可。

表 6-2　选取文本的常用方法

选取对象	操作方法
选取任意的连续文本	方法 1：将鼠标指针移到要选取的文本开始处，按住鼠标左键拖动到要选取文本的末尾释放
	方法 2：将文本插入点放置在要选取的文本开始处，按住 Shift 键不放单击要选取文本的末尾
选取单行或多行	将鼠标移动到该行左侧的选定区，当鼠标指针变为向右的箭头⇗时，按住鼠标左键单击选取一行，拖动可选取多行
选取整个段落	方法 1：按住 Ctrl 键单击段落的任意位置
	方法 2：段落任意位置连续三击鼠标左键
	方法 3：将鼠标移动到段落左侧的选定区，当鼠标指针变为向右的箭头⇗时，双击鼠标左键
选取不连续的文本	先拖动鼠标左键选定一个文本区域，再按住 Ctrl 键，再逐一选定其他区域的文本，选取完成后释放 Ctrl 键
选取矩形区域文本	按住 Alt 键的同时按下鼠标左键拖动选取
选取整篇文档	按 Ctrl＋A 组合键

2）复制、剪切和删除文本

（1）复制文本：选取要复制的文本，单击"开始"选项卡中的"复制"按钮，或按 Ctrl＋C 组合键。单击需要粘贴的位置，单击"开始"选项卡中的"粘贴"按钮，或按 Ctrl＋V 组合键。

（2）剪切文本：选取要剪切的文本，单击"开始"选项卡中的"剪切"按钮，或按 Ctrl＋X 组合键。单击需要插入的位置，单击"开始"选项卡中的"粘贴"按钮，或按 Ctrl＋V 组合键。

（3）删除文本：按 Backspace 键，删除插入点之前的文本；按 Delete 键，删除插入点之后的文本；选中文本区域后，按 Backspace 键或 Delete 键，删除文本区域。

3）撤销和恢复文本

输入文本或编辑文档时，如果操作失误，可以使用"快速访问工具栏"中的撤销和恢复功能，返回前面的操作。或按撤销组合键（Ctrl＋Z）和恢复组合键（Ctrl＋Y）。

4) 查找和替换文本

查找功能可以在文档中查找任意字符,包括文字、标点符号、数字等。例如查找出"2021年",替换为"2022年",操作步骤如下。

第1步:在"开始"选项卡中单击"查找替换"下拉按钮,在下拉菜单中选择"查找"命令,打开"查找和替换"对话框。在"查找"选项卡的"查找内容"文本框中输入"2021年",单击"查找下一处"按钮,即可在文档中查找出"2021年"。

第2步:在"查找和替换"对话框中单击"替换"替换选项卡,在"查找内容"文本框中输入"2021年",在"替换为"文本框中输入"2022年",单击"全部替换"按钮,即可将文档中2021年全部替换为2022年,在"查找和替换"对话框中单击"替换"按钮为逐一替换,单击"全部替换"为全文全部一次替换完成。

学习情境2:设置字体和段落格式

1. 设置字体格式

设置字体格式主要指对文档的字体、字形、字号、颜色、下画线、效果、字符间距、位置等的设置。

字体格式的简单设置可以通过"开始"选项卡的"字体"命令工具设置,如图6-4所示。详细的字体格式在"字体"对话框中进行设置,如图6-5所示。打开"字体"对话框可以单击"字体"命令组右下角的对话框按钮,或者在右击菜单中选择"字体"命令。设置字体格式时必须首先选中需要设置格式的文本。

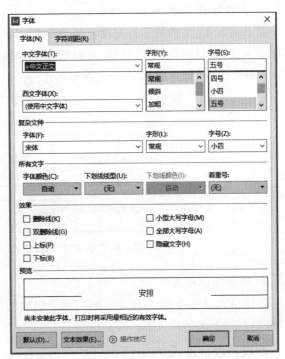

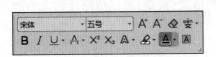

图6-4 "字体"命令工具　　　　　　图6-5 "字体"对话框

1）设置字体、字号、字形

（1）字体：即字符的形状，分为中文字体和西文字体（通常英文和数字使用）两种。

（2）字号：是指字体的大小，计量单位常用"号"和"磅"。以"号"为计量单位的字号，数字越小，字符越大。以"磅"为计量单位的字号，磅值越大，字符越大。如果要输入的字号大于"初号"或不在字号列表中显示的磅值（比如 30 磅），可以直接在"字号"文本框中输入数字，按 Enter 键。增大字号或减小字号，可以单击字号右侧的"增大字号"或"减小字号"按钮。

（3）字形：包括加粗、倾斜。直接单击"加粗"或"倾斜"切换按钮会应用相应功能，再次单击恢复原来的字形。

2）设置字体颜色和效果

在 WPS 文字中，不仅可以为文本设置显示颜色，还可以为文本添加阴影、映像、发光等特殊文字效果。为了凸显部分文本，还可以给文本设置突出显示颜色或字符底纹。

（1）字体颜色：在"字体颜色"下拉菜单中，有"主题颜色""标准色""渐变色"等颜色板块，直接单击即可应用。如果其中没有需要的颜色，可以选择字体下拉菜单中的"其他字体颜色"命令，打开"颜色"对话框中选择或自定义颜色。或者选择字体下拉菜单中的"取色器"命令，在屏幕中选取需要的颜色。

（2）文字效果：在"文字效果"下拉菜单中预设了"艺术字""阴影""倒影""发光"等效果，可以直接单击相应命令按钮，在子菜单中选择相应命令。如果需要自定义效果，选择"文字效果"下拉菜单底部的"更多设置"命令，在文档窗口右侧展开"属性"窗格，在其中可以自定义文本效果。

3）设置字符宽度、间距和位置

默认情况下，文档的字符宽度比例为 100%，同一行文本分布在同一条基线上。通过设置字符宽度、字符间距、字符位置，可以创建特殊的文本效果。通常在"字体"对话框的"字符间距"选项卡中进行设置，如图 6-6 所示。

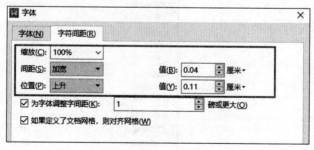

图 6-6 "字体"对话框中的"字符间距"选项卡

4）清除字体格式

字体格式设置错误时，单击"字体"命令组中的"清除格式"按钮，可以清除所选文本的所有格式，只留下无格式文本。

2. 设置段落格式

常用的段落格式设置可以通过"开始"选项卡的"段落"命令工具设置，如图 6-7 所示。

详细的段落格式在"段落"对话框中进行设置,如图6-8所示。打开"段落"对话框,可以单击"段落"命令组右下角的对话框按钮,或者在右击菜单中单击"段落"选项。设置段落格式时必须选中需要设置格式的一段文本。

图6-7 "段落"命令组　　　图6-8 "段落"对话框

1) 设置段落对齐方式

段落对齐方式指段落文本在水平方向上的排列方式。有"左对齐""居中对齐""右对齐""两端对齐""分散对齐"五种对齐方式。

2) 设置段落缩进

段落缩进是指段落文本与页边距之间的距离。"文本之前"和"文本之后"设置段落左边界或右边界距文档编辑区边界的距离。特殊格式可以选择"首行缩进"和"悬挂缩进"两种方式。首行缩进用于控制段落第一行第一个字符的起始位置;悬挂缩进用于控制段落第一行以外的其他行的起始位置。

以上是精确段落缩进设置,还可以在"开始"选项卡的"段落"命令组中单击"减少缩进量"按钮或"增加缩进量"按钮,调整段落缩进量。或者拖曳如图6-9所示的"水平标尺"的"首行缩进""悬挂缩进""左缩进"按钮,模糊调整段落缩进方式和缩进量。

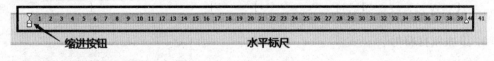

图6-9 水平标尺

3) 设置段落间距

段落间距包括段间距和行间距。段间距是指相邻两个段落前、后的空白距离,行间距是指段落中行与行之间的垂直距离。

"段前"是指段落第一行之前的空白高度。"段后"是指段落最后一行之后的空白高度。单击"行距"下拉按钮,可以选择"单倍行距""1.5 倍行距""2 倍行距""最小值""固定值""多倍行距"命令,同时在"设置值"文本框中可以输入或查看相应数值。

4)中文版式

在工作中需要制作一些特殊效果的文档,可以应用"段落"命令组的"中文版式"下拉菜单中的"合并字符""双行合一""调整宽度""字符缩进"命令。单击相应命令,可以打开对应的对话框进行设置和应用。

3. 格式刷

设置字体和段落格式时,可以利用"格式刷"工具,快速复制选定文本已设置的格式。操作方法如下。

选中已设置格式的文本,单击"开始"选项卡中"格式刷"按钮,当鼠标变成刷子时刷选要应用格式的文本。

注意:单击一次格式刷只能刷选一次,双击格式刷可以刷选多次。

刷选结束单击"格式刷"按钮或者按 Esc 键释放格式刷。

学习情境 3:添加编号和项目符号

制作文档时,为了使文档内容看起来层次清晰、要点明确,可以为相同层次或并列关系的段落添加编号或项目符号。

1. 添加编号

选中需要添加编号的段落,单击"开始"选项卡中的"编号"下拉按钮,在下拉菜单中选择需要的编号样式。

如果没有合适的编号样式,在"编号"下拉菜单中选择"自定义编号"命令,在打开的"项目符号和编号"对话框中,单击"编号"选项卡中的"自定义"按钮,打开如图 6-10 所示的"自定义编号列表"对话框,设置编号格式、编号样式、起始编号等,如果需要设置编号位置、文字位置,单击"高级"按钮进行设置,设置完成单击"确定"按钮。

默认情况下,在已添加编号的段落后按 Enter 键,下一段会自动产生连续的编号;删除中间某一个编号,后面的编号会自动连续编号。

2. 添加项目符号

选中需要添加项目符号的段落,单击"开始"选项卡中的"项目符号"下拉按钮,在下拉菜单中选择需要的项目符号样式。

如果没有所需要的项目符号样式,选择"项目符号"下拉菜单中的"自定义项目符号"命令,在打开的

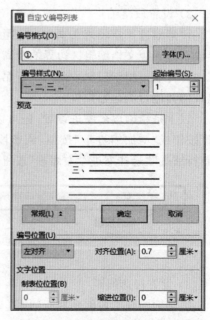

图 6-10 "自定义编号列表"对话框

"项目符号和编号"对话框中任选一项符号样式,单击"自定义"按钮,打开"自定义项目符号列表"对话框,单击"字符"按钮进入"符号"对话框,在其中选择需要的符号,单击"插入"按钮。如果需要设置项目符号位置、文字位置,单击"自定义项目符号列表"对话框中的"高级"按钮进行设置,设置完成后单击"确定"按钮,如图 6-11 所示。

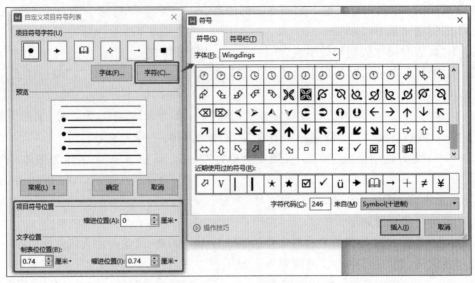

图 6-11　自定义项目符号

学习情境 4：保存文档

1. 保存文档

文档编辑结束,需要保存文档,给文档取一个直观易记的文件名,将文档存放到指定的文件夹中。

单击"文件"下拉按钮,在下拉菜单中选择"保存"命令,或单击快速访问工具栏中的"保存"按钮,或直接按 Ctrl+S 组合键进行保存。

新创建的文档保存时,会弹出"另存文件"对话框,须选择保存文档位置、输入文件名、选择保存文件类型,单击"保存"按钮。如果需要对文档加密保护,单击"加密"按钮进行加密设置。

2. 关闭文档

文档编辑结束,可以直接单击文档标签右侧的"关闭"按钮关闭文档,也可以右击文档标签选择"关闭"命令,或者按 Ctrl+F4 组合键关闭文档。

如果单击窗口右上角的"关闭"按钮,或选择"文件"菜单选项卡中的"退出"命令,则会关闭 WPS Office 中除当前文档之外的其他文档。

关闭文档时,如果编辑文档后没有对文档进行保存,系统会弹出提示框,询问是否保存文档,选择相应按钮即可。

任务实施步骤

1. 操作要求

（1）创建空白文字文档并保存为"关于 2021 年国庆节放假安排的通知"。

（2）对照图 6-1 所示样文输入放假通知的内容。

（3）添加编号如下。

① 为"放假时间""假期相关事宜"添加"一、二、"编号样式。

② 为"做好假期值班""开展安全检查""其他事项"添加"（一）（二）（三）"编号样式。

（4）字体格式设置如下。

① 标题"关于 2021 年国庆节放假安排的通知"：字体为宋体，字号为二号，字形为加粗。

② "一、放假时间""二、假期相关事宜"：字体为黑体，字号为三号。

③ "（一）做好假期值班""（二）开展安全检查""（三）其他事项"：字体为楷体，字号为三号。

④ 其余内容：字体为仿宋，字号为三号。

（5）段落格式设置如下。

① 标题"关于 2021 年国庆节放假安排的通知"：居中对齐，段落间距为段前段后各 1 行。

② "各学部、处（室）、中心："两端对齐。

③ 正文：两端对齐，首行缩进 2 字符。

④ 落款和日期：右对齐。

⑤ 除标题以外的其余部分，行间距为固定值 28 磅。

2. 操作步骤

第 1 步：打开 WPS Office 2019 软件，在"首页"单击"新建"按钮，单击"新建文字"→"新建空白文字"按钮。对照图 6-1 样文在文档中输入放假通知内容。

第 2 步：选中"放假时间"，按住 Ctrl 键，选中"假期相关事宜"。在"开始"选项卡中选择"字体"命令组中的"编号"下拉按钮，选择"一、二、"编号样式。

第 3 步：选中"做好假期值班"，按住 Ctrl 键，依次选中"开展安全检查""其他事项"，释放 Ctrl 键。在"开始"选项卡的"字体"命令组中单击"编号"下拉按钮，选择"（一）（二）（三）"编号样式。

第 4 步：选中标题"关于 2021 年国庆节放假安排的通知"，在"开始"选项卡的"字体"命令组中单击"字体"下拉按钮，选择"宋体"；单击"字号"下拉按钮，选择"二号"，单击"加粗"按钮。

第 5 步：选中"一、放假时间"，再按住 Ctrl 键，选中"二、假期相关事宜"，单击"字体"下拉按钮，选择"黑体"；单击"字号"下拉按钮，选择"三号"。

第 6 步：按第 5 步的方法将"（一）做好假期值班""（二）开展安全检查""（三）其他事项"字体设置为"楷体"，字号设置为"三号"；将其余内容字体设置为"仿宋"，字号为"三号"。

第 7 步：选中标题"关于 2021 年国庆节放假安排的通知"，在"开始"选项卡的"段落"命令组中单击"居中对齐"按钮，在"段落"命令组的右下角单击"段落对话框"按钮，打开"段落对话框"，在"缩进和间距"选项卡的"段前""段后"文本框中分别输入"1"，单击"确定"按钮。

第8步：选中"各学部、处（室）、中心："，在"段落"命令组中单击"两端对齐"按钮。

第9步：选中正文（从根据国务院办公厅……特此通知。），在"段落"命令组的右下角单击"段落对话框"按钮，打开"段落对话框"，在"对齐方式"下拉菜单中选择"两端对齐"，在"特殊格式"下拉菜单中选择"首行缩进"，"度量值"文本框中输入"2"，单击"确定"按钮。

第10步：选中"学校办公室"和"2021年9月23日"，单击"段落"命令组中的"右对齐"按钮。

第11步：选中标题以外的其余部分，单击"段落"命令组右下角的"段落对话框"按钮，打开"段落对话框"，在"行距"的下拉菜单中选择"固定值"，在"设置值"文本框中输入"28"，单击"确定"按钮。

第12步：单击"文件"下拉按钮，在下拉菜单中选择"保存"命令，在打开的"另存文件"对话框中选择保存位置，在"文件名"文本框中输入文件名"关于2021年国庆节放假安排的通知"，在"文件类型"下拉选项中选择"Microsoft Word 文件（*.docx）"，单击"保存"按钮。

任务2 表格的插入与编辑

知识目标

- 认识表格、行、列和单元格。
- 了解表格的边框、底纹和表格样式。
- 了解表中文本对齐方式和表格对齐方式。

技能目标

- 能够熟练创建表格和删除表格。
- 能够熟练选取表格、行、列、单元格。
- 能够熟练增加、删除、合并、拆分表格的行、列、单元格。
- 能够熟练调整表格、行、列、单元格的高度、宽度和位置。
- 能够熟练设置表中文本对齐方式和文字方向。
- 能够熟练设置表格的边框、底纹，应用表格样式。

学习资源

 任务导入

张小磊是一名大四学生，即将走出校园找工作。张小磊通过各大招聘网站收集了一些感兴趣的招聘信息，电话联系招聘公司时，要求提供一份个人简历以便了解张小磊的情况。张小磊结合大学学习和实践情况，制作了一份个人简历表。个人简历样文如图6-12所示。

学习情境1：创建表格

在WPS文档中插入表格前，首先根据需要确定表格的列数和行数，再单击"插入"选项卡中的"表格"下拉按钮，在下拉菜单中进行表格的插入，操作方法如下。

个人简历

姓名	张小磊	性别	男	出生年月	1992.12	照片
民族	汉	籍贯	贵州贵阳	政治面貌	中共党员	
身高	175cm	体重	64kg	健康状况	良好	
学历	本科	专业	电子商务	毕业院校	贵州xx学院	
英语等级	CET 4级			计算机水平	国家级三级资格证书	
联系电话	1398****8812			E-mail	Zhanglei139@163.com	
求职意向	网络营销、网站推广、网站策划/编辑。					

个人履历	
专业技能	1. 能够熟练运用图片和视频处理软件进行构图设计、制作创意视频,调高用户关注度; 2. 能够根据产品页面需求,进行网点页面设计、布局美化和制作; 3. 能够正确进行网络营销,应对客户咨询,处理客户投诉。
社会实践	1. 大一加入学校学生会,参与到学校各类学生活动中,在撰写策划、组织活动、人员协调等方面得到了很好的锻炼; 2. 利用假期做过多份兼职,做过服务生、推销员、外卖员等,兼职工作让我深感生活的艰辛,但我的沟通、交流能力和服务意识得到了锻炼。
获奖情况	2018—2019学年,获得学校一等奖学金; 2019年,被评为学校优秀班干部; 2020年,被评为学校优秀团员; 2021年,被评为省级优秀学生干部。
自我评价	本人性格开朗,求真务实,为人谦虚,乐于助人。在校期间勤奋好学,追求上进,抗压力强,勇于迎接新的挑战。在担任班长时展现出了较强的协调、组织能力,责任心强,具有良好的团队合作精神。在专业技术方面,主动探索学习,思维活跃,动手能力强,具有较好的分析解决问题的能力。

图 6-12 个人简历表样文

方法 1:拖动鼠标创建表格。将光标定位在插入表格位置,单击"表格"下拉按钮,在下拉菜单中将鼠标光标移动到网格上方,移动鼠标,选择需要的行数和列数,单击鼠标即可插入表格,如图 6-13 所示。

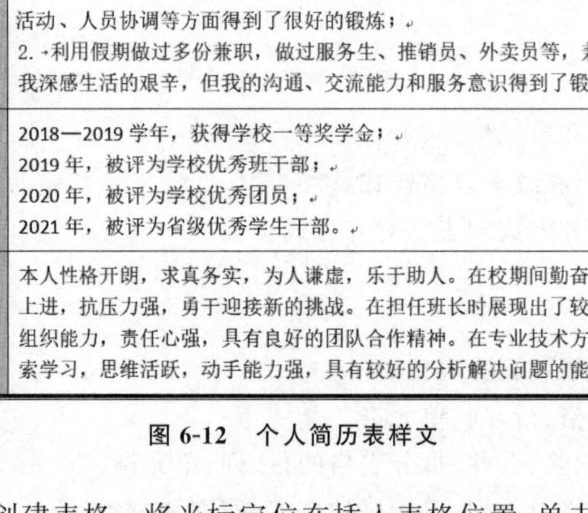

图 6-13 拖动网格插入表格

方法 2:插入表格。将光标定位在插入表格位置,单击"表格"下拉按钮,在下拉菜单中选择"插入表格"命令,在打开的"插入表格"对话框中分别输入行数和列数,列宽选择"自动调整"或者在"固定列宽"文本框中输入数值,单击"确定"按钮,即可插入自定义表格。

方法 3:绘制表格。将光标定位在插入表格位置,单击"表格"下拉按钮,在下拉菜单中选择"绘制表格"命令,当鼠标指针变为"笔状"时,按住鼠标左键并拖动,文档中将显示表格的预览图,释放鼠标左键,即可绘制出指定行列数的表格。绘制完成,单击"表格工具"选项卡中的"绘制表格"按钮,即可退出绘制模式。

WPS 文档还提供了多种多样的内置表格模板,用户可以在"插入"选项卡的"表格"工具中单击下拉按钮,在下拉菜单的"稻壳内容型表格"列表中选择需要的表格模板,单击即可插入自带样式和内容格式的表格。

注意:部分表格模板需要付费才能使用。

学习情境 2:编辑表格

1. 选取表格

选取单元格、行、列、整个表格的方法如表 6-3 所示。

表 6-3　选取表格的常用方法

选 取 对 象	操 作 方 法
选取单元格	将鼠标指针置于单元格左下角,当鼠标指针变成"黑色倾斜箭头"时单击鼠标左键,选中一个单元格。按住鼠标左键拖动可以选取多个单元格
选取行	将鼠标指针置于所选行的左侧,当鼠标指针变成"倾斜空心箭头"时单击即可选择单行。按住鼠标左键拖动可以选取多行
选取列	将鼠标指针置于所选列的正上方,当鼠标指针变成"黑色向下箭头"时单击即可选择单列;按住鼠标左键拖动鼠标可以选择多列
选定表格	将鼠标指针移至整个表格左上角"十字框"标记上单击,选取整个表格
选取不连续单元格、多行或多列	先选中某一个单元格、行或列,在按住 Ctrl 键的同时,单击其他单元格、行或列

2. 修改表格结构

1) 插入行、列

方法 1:将光标定位到需要插入行或列的位置,在"表格工具"选项卡中,选择"在上方插入行""在下方插入行""在左侧插入列""在右侧插入列"命令,即可在光标对应位置插入行或列。或右击,在右键菜单中选择"插入"命令,在子菜单中选择插入行或列的命令。

方法 2:将光标定位在表格中任意单元格,单击表格下方的"加号标记",即在表格最后插入一行,单击表格右侧的"加号标记"即在表格最右侧插入一列,如图 6-14 所示。

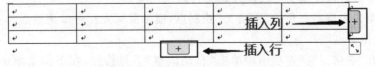

图 6-14　"加号标记"插入行、列

2）删除行、列、单元格、表格

选择要删除的行、列、单元格、表格，在"表格工具"选项卡中单击"删除"下拉按钮，在下拉菜单中选择要删除的选项。如果选择"单元格"命令，将打开"删除单元格"对话框，在其中选择填补空缺单元格的方法，单击"确定"按钮。

3）合并或拆分单元格

选择要合并或拆分的单元格，在"表格工具"选项卡中单击"合并单元格"或"拆分单元格"按钮。或右击鼠标，在右击菜单中选择"合并单元格"或"拆分单元格"命令。拆分单元格时，会弹出"拆分单元格"对话框，在对话框中输入拆分的列数、行数，单击"确定"按钮。

3. 设置表格

1）设置表格位置

选取表格，在"表格工具"选项卡中单击"表格属性"按钮，如图 6-15 所示，打开"表格属性"对话框，选择"表格"选项卡，选择需要的对齐方式，单击"确定"按钮。或在"开始"选项卡的"段落"命令组中单击对齐方式按钮。

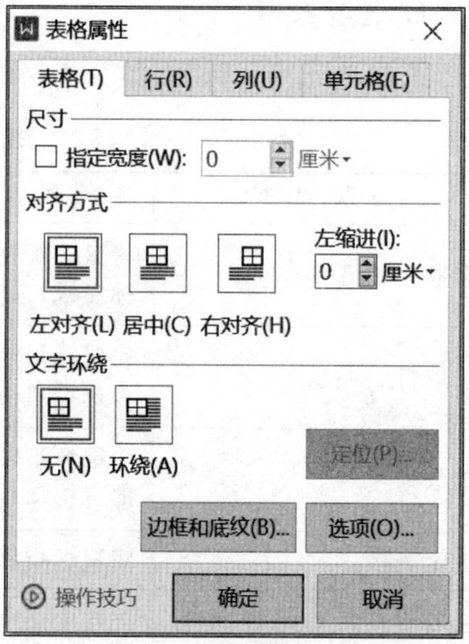

2）设置单元格对齐方式

选取需要设置的单元格，在"表格工具"选项卡中单击"对齐方式"下拉按钮，在下拉菜单中选择需要的对齐方式。或在右击菜单中选择"单元格对齐方式"命令，在命令子菜单中选择需要的对齐方式。

3）设置单元格文字方向

选取需要设置的单元格，在"表格工具"选项卡中单击"文字方向"下拉按钮，在下拉菜单中选择需要的文字方向。或在右击菜单中选择"文字方向"命令，打开"文字方向"对话框，在其中选择需要的文字方向，单击"确定"按钮。

图 6-15 "表格属性"对话框

4）调整行高和列宽

方法 1：选取需要设置的行或列，在"表格工具"选项卡的"高度""宽度"文本框中输入相应的数值。

方法 2：选取需要设置的行或列，在"表格工具"选项卡中单击"表格属性"按钮，打开如图 6-15 所示的"表格属性"对话框，单击"行"选项卡进行"行高"设置，单击"列"选项卡进行"列宽"设置。

以上是精准设置行高、列宽，还可以模糊调整行高、列宽，方法如下。

方法 1：将鼠标指针放置在要调整行线或列线上，当鼠标光标变为有两条短线的双向箭头时，按住鼠标左键直接拖动边线即可调整行高或列宽。

方法 2：单击表格右下角的"双箭头"控制点，拖动鼠标光标可以调整表格的行高、列宽，也可以调整表格的宽度和高度。

方法 3：在"表格工具"选项卡中单击"自动调整"下拉按钮，在下拉菜单中可以选择"适应窗口大小""根据内容调整表格""平均分布各行""平均分布各列"，选择相应命令后表格会自动调整。

学习情境 3：美化表格

1. 设置表格边框和底纹

1) 设置表格边框

选择要设置的表格、行或列，在"表格样式"选项卡，单击"边框"下拉按钮，在下拉菜单中选择需要的选项即可。

如果没有需要的选项，选择"边框和底纹"命令，打开如图 6-16 所示的"边框和底纹"对话框。在"边框"选项卡中先选择"设置"选项，依次选择"线型""颜色""宽度"，若在"设置"中选择"自定义"，则需要在预览框中单击相应的边框位置，选择"方框""全部""网格"直接单击"确定"按钮即可。

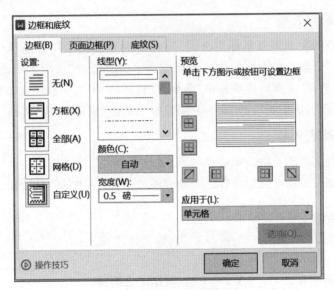

图 6-16 "边框和底纹"对话框

还可以绘制框线，在"表格样式"选项卡中选择"线型""宽度""颜色"，当鼠标光标变成"笔状"时，拖动鼠标即可绘制框线。绘制完成按 Esc 键退出。绘制错误时，单击"擦除"按钮进行擦除，如图 6-17 所示。"擦除"按钮也可用于合并单元格，绘制线条的操作也可用于拆分单元格。

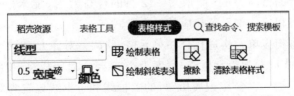

图 6-17 绘制框线

2) 设置表格底纹

选择要设置的表格、行或列，选择"表格样式"选项卡，单击"底纹"下拉按钮，在下拉菜单中选择需要的底纹颜色。

如果需要填充复杂底纹：选择要设置的表格、行或列，在"表格样式"选项卡中单击"边框"下拉按钮，在下拉菜单中选择"边框和底纹"命令，打开如图 6-16 所示的"边框和底纹"对话框，选择"底纹"选项卡，选择"填充"颜色，图案"样式"和"颜色"，单击"确定"按钮，即可完成设置。

2. 应用表格样式

WPS 文档提供了许多预设表格样式，使用预设表格样式可快速完成表格的美化操作。将鼠标定位到表格中任意位置，或选中表格，单击"表格样式"选项卡的样式库下拉按钮，在下拉面板中选择需要的表格样式，整个表格即应用了相应表格样式。

学习情境 4：表格与文本相互转换

1. 将文本转换成表格

将要转换成行的文本用段落标记分隔，要转换成列的文本用分隔符（逗号、空格、制表符、其他特定字符）分隔。选中要转换成表格的文本，在"插入"选项卡中单击"表格"下拉按钮，在下拉菜单中选择"文本转换成表格"命令，在打开的"将文字转换成表格"对话框中进行设置表格列数和行数，选中相应的"文字分隔位置"，单击"确定"按钮即可。

2. 将表格转换成文本

选中要转换为文本的表格，在"表格工具"选项卡中单击"转换成文本"按钮，打开"表格转换成文本"对话框，选择单元格内容之间的分隔符类型，单击"确定"按钮。

任务实施步骤

1. 操作要求

对照图 6-12 所示样文，新建 WPS 文档，制作个人简历。

（1）插入表格，并输入相应内容。

（2）标题"个人简历"，字体为宋体，字号为小二号，加粗，居中对齐。表格中文本字体为宋体，字号为五号。

（3）表格第 1 列、第 5 列的列宽为 2.3 厘米；第 2～4 列和第 6 列的列宽为 1.9 厘米，第 7 列的列宽为 2.8 厘米。

（4）表格 1～8 行的行高为 1.1 厘米，9～12 行的行高为 2.3 厘米。

（5）对照样文，将相应文本设置相应的对齐方式。

（6）对照样文，将相应单元格进行合并单元格，并调整对齐方式。

（7）将表格外框线设置为粗细框线，宽度为 2.25 磅。对照样文，相应单元格的底纹设置为白色，背景 1，深色 15％。将"个人履历"行的上框线和下框线设置为双线。

2. 操作步骤

第 1 步：打开 WPS Office 2019 软件，在首页单击"新建"按钮，然后单击"新建文字"/"新建空白文字"按钮。

第 2 步：在文档的第一行输入表格标题"个人简历"。

第 3 步：按 Enter 键，另起一行，在"插入"选项卡中单击"表格"下拉按钮，在下拉菜单中选择"插入表格"命令，打开"插入表格"对话框，在其中的"列数"文本框中输入"7"，"行数"文本框中输入"12"，单击"确定"按钮。

第 4 步：在表格中输入如图 6-18 所示的内容。

个人简历						
姓名		性别		出生年月		照片
民族		籍贯		政治面貌		
身高		体重		健康状况		
学历		专业		毕业院校		
英语等级				计算机水平		
联系电话				E-mail		
求职意向						
个人履历						
专业技能						
社会实践						
获奖情况						
自我评价						

图 6-18　表格输入内容

第 5 步：选中标题"个人简历"，在"开始"选项卡中，单击"字体"下拉按钮选择"宋体"；单击"字号"下拉按钮选择"小二"；单击"加粗"按钮；单击"居中对齐"按钮。

第 6 步：单击表格左上角的"十字框"标记，选中表格，在"开始"选项卡中，单击"字体"下拉按钮选择"宋体"；单击"字号"下拉按钮选择"五号"。

第 7 步：选中表格第 1 列，按住 Ctrl 键，选中第 5 列，在"表格工具"选项卡中，"宽度"文本框中输入"2.3 厘米"。同样的方法，将第 2～4 列和第 6 列"宽度"设置为"1.9 厘米"，第 7 列"宽度"设置为 2.8 厘米。

第 8 步：选中表格 1～8 行，在"表格工具"选项卡中，"高度"文本框中输入"1.1 厘米"。选中表格 9～12 行，在"表格工具"选项卡中，"高度"文本框中输入"2.3 厘米"。

第 9 步：单击表格左上角的"十字框"标记，选中表格，在"表格工具"选项卡中单击"对齐方式"下拉按钮，在下拉菜单中选择"水平居中"命令。

第 10 步：选中"照片"单元格，在"表格工具"选项卡中单击"文字方向"下拉按钮，在下拉菜单中选择"垂直方向从左往右"命令。

第 11 步：对照图 6-12 所示内容，输入表中其余内容。

第 12 步：选中"英语等级"后的三个单元格，在"表格工具"中单击"合并单元格"按钮，按照此方法，对照图 6-12 所示样文，依次完成"照片""计算机水平""联系电话"等单元格的合并居中，并调整文本对齐方式。执行完一个"合并居中"操作，可以按 F4 键重复执行"合并居中"操作，注意中间不能被打断。

第 13 步：单击表格左上角的"十字框"标记，选中表格，在"表格样式"选项卡中单击"边框"下拉按钮，在下拉菜单中选择"边框和底纹"命令，打开"边框和底纹"对话框，在"边框"选项卡中对照图 6-12 所示样文，分别设置选择"自定义"，线型选择"粗细线"，宽度下拉选择"2.25 磅"，在预览框中单击 4 条外框线，单击"确定"按钮。

第 14 步：选中第 1 列、第 3 列、第 5 列和第 8 行，在"表格样式"选项卡中单击"底纹"下拉按钮，在下拉菜单中选择"白色，背景 1，深色 15％"。

第 15 步：选中"个人履历"行，在"表格样式"选项卡中单击"线型"下拉按钮，选择"双线"，当鼠标光标变成"笔状"时，拖动鼠标，绘制"个人履历"行上下框线为双线。

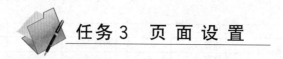

任务 3　页面设置

知识目标

- 了解 WPS 文档的纸张大小、纸张方向、页边距等页面布局。
- 掌握页面背景、页面边框的应用。
- 掌握分栏的应用和注意事项。
- 掌握插入艺术字、图片、形状、智能图形、文本框等图形对象的方法。

技能目标

- 能够熟练设置纸张的大小、方向、页边距等页面布局。
- 能够熟练设置页面背景颜色、页面填充效果、页面边框、艺术字等。
- 能够熟练设置分栏。
- 能够插入艺术字、图片、形状、智能图形、文本框等，并进行相应自定义设置。

学习资源

任务导入

为了树立学生环保意识，学校计划在 2021 年全国节能宣传周时面向全校学生开展"节能环保宣传海报设计大赛"，评选的优秀作品将在学校宣传平台发布。小李是一名会计系的学生，积极踊跃地报名参赛，但是不会专业的设计软件，突然想起用 WPS 文档的图文混排功能也可以制作简单的宣传海报。宣传海报样文如图 6-19 所示。

学习情境 1：页面布局

制作文档时，首先应根据需要对文档的页面方向、大小、页边距进行设置，有的文档还需添加水印或背景效果。

1. 设置页面规格

1）纸张大小

在"页面布局"选项卡中单击"纸张大小"下拉按钮，在下拉菜单中选择需要的纸张规格。如果需要自定义"纸张大小"，在下拉菜单中选择"其他页面大小"，打开图 6-20 所示的"页面设置"对话框，在"纸张"选项卡的"宽度"和"高度"文本框中输入数值，单击"确定"按钮即可。

图 6-19　宣传海报样文

2）纸张方向

WPS 文档默认纸张方向为纵向，如需设置为横向，在"页面布局"选项卡中，单击"纸张方向"下拉按钮，在下拉菜单中选择"横向"。

3）页边距

页边距是页面的正文区域与纸张边缘之间的空白距离，包括上、下、左、右四个方向的边距以及装订线的距离。

在"页面布局"选项卡中单击"页边距"下拉按钮，在下拉菜单中可以看到"上次的自定义设置""普通""窄""适中""宽"等已预设好的页边距选项，单击相应的页边距即可。

如果没有需要的页边距，可以直接在"页边距"按钮右侧的"上""下""左""右"的文本框中输入数值。或者在如图 6-20 所示的"页面设置"对话框中，在"页边距"选项卡中的上、下、左、右的数值框中输入数值，如果有装订线位置，还应设置"装订线位置"和"装订线宽"。

2. 设计页面

1）页面背景

WPS 文档的页面颜色默认为白色，如果需要设置页面颜色或设置其他背景效果。

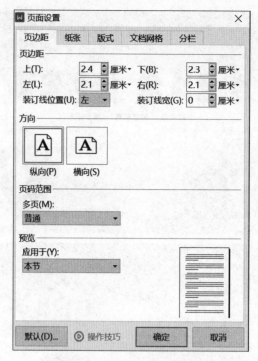

图 6-20 "页面设置"对话框

在"页面布局"选项卡中单击"背景"下拉按钮,在下拉菜单中可以在"主题颜色""标准色""渐变填充"板块中选择。如果没有满足需要的,可以单击"其他填充颜色",在打开的"颜色"对话框中选择或自定义颜色;或者选择"取色器"命令,在屏幕中选取需要的颜色。

如果需要将图片作为文档背景,则选择"图片背景"命令,打开"填充效果"对话框,在"图片"选项卡中选择图片打开即可。

如果需要为文档设置"渐变""纹理""图案"等填充效果,选择"其他背景"命令的任意子菜单,打开"填充效果"对话框,在其中根据需要进行设置。

2)页面边框

在"页面布局"选项卡中单击"页面边框"按钮,打开"边框和底纹"对话框,在"页面边框"选项卡中进行设置,页面边框的设置可以参照任务 2 表格边框设置的操作步骤。

3)添加水印

添加水印是指将文本或图片以虚影的方式设置为页面背景。

在"页面布局"选项卡中单击"背景"下拉按钮,在下拉菜单中选择"水印"命令。或者在"插入"选项卡中单击"水印"按钮。WPS 文档内置了一些常用的水印样式,单击即可应用。还可以自定义水印,在"水印"菜单中选择"插入水印"命令,打开"水印"对话框,勾选"图片水印"或"文字水印"复选框,根据需要进行相应设置,单击"确定"按钮。

学习情境 2:分栏

分栏是将选定内容设置为两栏或多栏的效果,一般用于报纸、杂志排版等。

选中需要分栏的段落,在"页面布局"选项卡中单击"分栏"下拉按钮,在下拉菜单中可以直接选择"一栏""两栏""三栏"。更多分栏设置选择"更多分栏"命令,打开"分栏"对话框,设置栏数、宽度和间距。注意,当栏宽不相等时,一定要取消"栏宽相等"前复选框中的"√",两栏之间需要添加分隔线,勾选"分隔线"复选框,单击"确定"按钮,如图 6-21 所示。

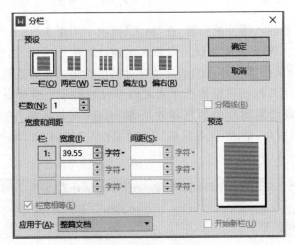

图 6-21 "分栏"对话框

学习情境 3:插入艺术字

制作海报和宣传册时,为了使文档更美观,经常在文档中插入一些具有艺术效果的文字,即艺术字。

1. 创建艺术字

创建艺术字的方法有两种,一种是选中文字套用 WPS 文档预设的艺术字样式;另一种是直接插入艺术字。

(1)选中需要制作艺术字的文本,在"插入"选项卡中单击"艺术字"下拉按钮,在下拉菜单中选择艺术字样式,选中的文本就应用了艺术字样式。

(2)如果需要插入艺术字,在"插入"选项卡中单击"艺术字"下拉菜单中预设的艺术字样式,将插入对应的艺术字编辑框"请在此处放置您的文字",在编辑框中输入文字,输入的文字即为艺术字。

2. 编辑艺术字

选中需要编辑的艺术字,在"绘图工具"选项卡中进行艺术字文本框的设置,在"文本工具"选项卡中进行艺术字文本的设置,如图 6-22 所示。也可以单击"任务窗格"中的"属性"按钮,打开如艺术字的"属性"窗格,在其中进行自定义设置。

图 6-22 "绘图工具"和"文本工具"选项卡

学习情境4：插入图形对象

1. 插入图片

将光标定位在需要插入图片的位置，在"插入"选项卡中单击"图片"下拉按钮，在弹出的菜单中选择图片来源。WPS 文档不仅可以插入本地计算机中的图片，还可以插入稻壳商城提供的图片，也还支持从扫描仪导入的图片及通过微信扫描二维码连接手机上传的图片。

在文档中插入的图片默认按原始尺寸或文档可容纳的最大空间显示，如需对图片的尺寸和角度进行调整，或设置图片的颜色和效果等，则在"图片工具"选项卡中进行设置，如图 6-23 所示。或选中图片，单击"任务窗格"中的"属性"按钮，打开"属性"窗格，在其中进行自定义设置。

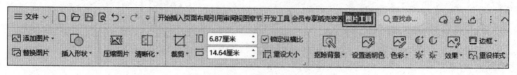

图 6-23 "图片工具"选项卡

2. 插入形状

将光标定位在插入形状的位置，在"插入"选项卡中单击"形状"下拉按钮，在下拉列表中选择需要的形状。当鼠标光标变成 + 时，按住鼠标左键拖动到合适大小后释放即可。绘制时按住 Shift 键，可以绘制出规整的形状。

在形状中添加文本时，右击形状，在右击菜单中选择"添加文字"命令，即可在形状中输入文本。在如图 6-22 所示的"绘图工具"选项卡和"文本工具"选项卡中进行形状设置和文本设置。

3. 插入智能图形

智能图形是用来表示结构、关系或过程的图表，插入智能图形首先要确定图形的类型和布局。

将光标定位在插入形状的位置，在"插入"选项卡中单击"智能图形"下拉按钮，在下拉列表中选择需要的图形类型，即可在文档中插入选中的智能图形。

智能图形与普通的图形一样，可以为其设置样式、布局等格式，还可以更改智能图形颜色、添加或删除形状、编辑文本格式等。

选择已插入的智能图形，在"设计"选项卡中编辑智能图形的外观效果，在"格式"选项卡中编辑智能图形的文本格式，如图 6-24 所示。

图 6-24 "设计"和"格式"选项卡

4. 插入文本框

文本框可以容纳文字、图片、图形等多种页面对象，可以像图片、图形一样添加填充、轮廓等效果。

将光标定位在需要插入文本框的位置，在"插入"选项卡中，单击"文本框"下拉按钮，在下拉菜单中选择相应命令。选取文本框类型后，当鼠标指针变成 + 时，按住鼠标左键拖动到合适大小后释放即绘制了一个文本框，可在其中输入文本或插入图片等。

对文本框进行编辑，先选中文本框，在对应的"绘图工具"选项卡和"文本工具"选项卡中进行设置。

任务实施步骤

1. 操作要求

打开"素材库/项目 6/任务 3 制作宣传海报/节能减排 从我做起.docx"，按照以下要求制作海报。

(1) 纸张方向为横向。纸张大小为宽度 30 厘米，高度 20 厘米。页边距为"上""下"边距为 2 厘米，"左""右"边距为 3 厘米。

(2) 将文档中的第三段（文字：我国经济快速增长……是我们应该承担的责任。）进行分栏设置：两栏，栏宽偏左，栏间距为 2 字符，加分隔线。

(3) 页面背景为渐变双色，底纹样式为水平，变形为第 2 行第 2 列；颜色 1 为自定义 RGB 颜色 212,232,196，颜色 2 为自定义 RGB 颜色 107,164,66。

(4) 文本"节能减排 从我做起"的字体为华文行楷，"节"和"我"字号为 72 号，其余字号为 48 号。文字效果为：预设艺术字样式为矢车菊蓝，着色 1，阴影。纯色填充，颜色为暗橄榄绿，着色 6，深色 50%。阴影设置为向右偏移，颜色为白色背景 1。"我"字的字体颜色为：标准色—深红。

(5) 文本"节能减排的意义""节能减排小常识"的字体为宋体，字号四号，字体颜色为标准色—深红。

(6) 将"节能口诀"及口诀内容创建为如图 6-19 所示的智能图形。图形颜色为彩色中第二个样式。图形放置在页面右下角，衬于文字上方，根据页面适当调整图形大小。

(7) 参照图 6-19 所示样文，在页面右上角插入"节能减排.jpg"，要求图片大小缩放 20%，图片背景设置为透明色，裁剪为椭圆，环绕方式为四周型环绕。

(8) 在本页之前插入横向空白页作为封面页，在封面插入矩形，将图片"节能减排封面.jpg"填充矩形，并拖动矩形填满整个页面，矩形"轮廓"为"无边框颜色"。

(9) 参照图 6-19 样文，在封面页插入艺术字，要求艺术字样式为"矢车菊蓝，着色 1，阴影"，艺术字内容为"节能减排 绿色家园"，字体为华文行楷，字号 72 号。艺术字效果为文本填充浅绿，着色 6，深色 25%。文本轮廓：浅绿，着色 6，深色 80%。文本效果为阴影：外部—右下偏移。发光设置为浅绿，5pt 发光，着色 6；三维旋转设置为透视—前透视。转换设置为弯曲—腰鼓。水平居中对齐。

(10) 在艺术字"节能减排 绿色家园"下插入文本框，输入"节约能源 降低能耗 减少排放"，字体为黑体，字号二号。文本框填充为无填充颜色、无轮廓为无边框颜色，对齐为水平居中。

2. 操作步骤

第1步：双击打开"节能减排 从我做起.docx"文件。在"页面布局"选项卡中，单击"纸张方向"下拉按钮选择"横向"。单击"页面设置"对话框按钮，打开"页面设置"对话框，在"纸张"选项卡中的"宽度"文本框中输入"30"，在"高度"文本框中输入"20"；单击"页边距"选项卡，在"页边距"的"上""下"文本框中分别输入"2"，在"左""右"文本框中分别输入"3"，单击"确定"按钮。

第2步：选中文档第三段文字（文字：我国经济快速增长……是我们应该承担的责任。），在"页面布局"选项卡中，单击"分栏"下拉按钮，在下拉菜单中选择"更多分栏"命令，打开"分栏"对话框，选择"偏左"预设效果，在"间距"文本框中输入"2"，勾选"分隔线"复选框，单击"确定"按钮。

第3步：在"页面布局"选项卡中单击"背景"下拉按钮，在下拉菜单中单击"其他背景"命令，在子菜单中选择"渐变"命令，打开"填充效果"对话框。

第4步：在"渐变"选项卡中单击"双色"单选框；单击"水平"底纹样式单选框；单击"变形"第2排第2列选项；单击"颜色1"下拉按钮，选择"更多颜色"命令，打开"颜色"对话框，在"自定义"选项卡的"红色""绿色""蓝色"文本框中分别输入"212、232、196"，单击"确定"按钮；用同样的方法进行"颜色2"的设置，"红色""绿色""蓝色"文本框中分别输入"107、164、66"，单击"确定"按钮。

第5步：选中标题"节能减排 从我做起"，在"开始"选项卡中，单击"字体"下拉按钮选择"华文楷体"，在"字号"组合框中输入"48"。选中"节"，按住 Ctrl 键选中"我"，在"字号"组合框中输入"72"。

第6步：选中标题"节能减排 从我做起"，单击"文字效果"下拉按钮，在下拉菜单的"艺术字"子面板中选择"矢车菊蓝，着色1，阴影"艺术字效果。

第7步：在"文字效果"下拉菜单中选择"更多设置"命令，在右侧"属性"窗格中，单击"填充与轮廓"选项卡选择"文本填充"的"纯色填充"单选框；单击"颜色"下拉按钮选择"暗橄榄绿，着色6，深色50％"；单击"效果"选项卡，单击"阴影"选项卡下拉按钮，在下拉菜单中选择"向右偏移"，在"颜色"下拉菜单中选择"白色背景1"。

第8步：选中标题中"我"，在"开始"选项卡中单击"字体颜色"下拉按钮，在下拉菜单的"标准色"区域中选择"深红"。

第9步：选中"节能减排的意义"，按住 Ctrl 键选中"节能减排小常识"，在"开始"选项卡中单击"字体"下拉按钮选择"宋体"，单击"字号"下拉按钮选择"四号"，单击"字体颜色"下拉按钮，在下拉菜单的"标准色"区域中选择"深红"。

第10步：单击文档任意位置，在"插入"选项卡中单击"智能图形"，在下拉列表的"关系"选项卡中单击"分离射线"智能图形样式，在文档中插入"分离射线"智能图形。

第11步：单击"智能图形"的任意一个形状，在"设计"选项卡中，单击"添加项目"下拉按钮选择"在后面添加项目"，按此操作分别添加2个项目，智能图形达到6个形状。

第12步：对照图6-19，分别在智能图形的"形状"中输入相应文本。

第13步：选中智能图形，在"设计"选项卡中单击"更改颜色"下拉按钮，在下拉列表中选择"彩色"的第二个样式。

第 14 步：选中智能图形，单击浮动功能按钮中"布局选项"，选择"衬于文字上方"。对照图 6-19，将智能图形拖至文档右下角，并适当调整图形大小。删除文中原有的"节能口诀"及口诀内容。

第 15 步：将鼠标光标定位在文档右上角任意位置，在"插入"选项卡中单击"图片"下拉按钮，在下拉菜单中选择"本地图片"，在"插入图片"对话框中找到"节能减排.jpg"，单击"打开"按钮。

第 16 步：选中插入的图片，在"图片工具"选项卡中单击"大小和位置"对话框按钮，打开"布局"对话框，在"大小"选项卡的缩放"高度"文本框中输入"20"，单击"确定"按钮。

说明：在勾选"锁定纵横比"的情况下，设定"高度"，"宽度"会自动调整。

第 17 步：选中插入的图片，在"图片工具"选项卡中单击"设置透明色"，当鼠标指针变为"滴管"状时，单击图片背景。

第 18 步：选中插入的图片，单击浮动工具按钮中"裁剪图片"，在功能菜单中选择"椭圆"，按 Enter 键完成裁剪。

第 19 步：选中插入的图片，单击浮动功能按钮中"布局选项"，选择"四周型环绕"。对照图 6-19，将图片拖动至页面右上角。

第 20 步：将鼠标光标定位在标题之前，在"插入"选项卡中单击"空白页"下拉按钮，在下拉菜单中选择"横向"，即在该页之前插入一个空白页。

第 21 步：将鼠标光标定位在空白页中，在"插入"选项卡中单击"形状"下拉按钮，在下拉列表中单击"矩形"，当鼠标光标变成＋字时，按下鼠标左键并拖动鼠标，绘制一个矩形。

第 22 步：单击矩形，在"绘图工具"选项卡中单击"填充"下拉按钮，在下拉菜单中选择"图片或纹理"，在子菜单中单击"本地图片"，在"选择纹理"对话框中找到"节能减排封面.jpg"，单击"打开"按钮。

第 23 步：将鼠标光标定位在矩形"对角控制点"或"宽度控制点"或"高度控制点"上，当光标变成双向箭头时，拖动矩形使其填满整个页面。

说明：拖动对角控制点能同时调整矩形高度和宽度，拖动高度控制点能调整矩形高度，拖动宽度控制点能调整矩形宽度。

第 24 步：单击"矩形"，在"绘图工具"选项卡中单击"轮廓"下拉按钮，在下拉列表中选择"无边框颜色"。

第 25 步：将光标定位在第一页中，在"插入"选项卡中单击"艺术字"下拉按钮，在下拉列表中选择"矢车菊蓝，着色 1，阴影"艺术字样式，在艺术字编辑框中输入"节能减排 绿色家园"。

第 26 步：选中艺术字，在"开始"选项卡中单击"字体"下拉按钮选择"华文楷体"，在"字号"组合框中输入"72"。

第 27 步：选中艺术字，在"文本工具"选项卡中单击"文本填充"下拉按钮，在下拉菜单中选择"浅绿，着色 6，深色 25％"；单击"文本轮廓"下拉按钮，在下拉菜单中选择"浅绿，着色 6，深色 80％"。

第 28 步：选中艺术字，在"文本工具"选项卡中单击"文本效果"下拉按钮，在下拉菜单中选择"阴影"子菜单，选择"右下偏移"；在"发光"子菜单中选择"浅绿，5pt 发光，着色 6"；在"三维旋转"子菜单中选择"前透视"；在"转换"子菜单中选择"腰鼓"。

第29步：选中艺术字，在"绘图工具"选项卡中单击"对齐"下拉按钮，在下拉菜单中选择"水平居中"。对照图 6-19 所示样文，调整艺术字位置。

第30步：单击第一页任意位置，在"插入"选项卡中单击"文本框"下拉按钮，在下拉列表中选择"横向"，当鼠标光标变成字时，按住鼠标左键拖动鼠标，绘制在艺术字下绘制文本框。

第31步：在文本框中输入"节约能源 降低能耗 减少排放"，在"开始"选项卡中单击"字体"下拉按钮选择"黑体"，在"字号"组合框中输入"22"。

第32步：选中文本框，在"绘图工具"选项卡中单击"填充"下拉按钮，在下拉菜单中选择"无填充颜色"；单击"轮廓"下拉按钮，在下拉菜单中选择"无边框颜色"。

第33步：选中文本框，在"绘图工具"选项卡中单击"对齐"下拉按钮，在下拉菜单中选择"水平居中"，对照图 6-19，调整文本框位置。

第34步：单击"保存"按钮，保存文档。

任务4　文档的基本编辑

知识目标

- 了解标题级别的应用。
- 了解样式的应用。
- 了解多级编号与样式的关联应用。
- 了解分页符和分节符的应用。
- 了解页眉、页脚和页码，以及制作不同的页眉和页脚。
- 了解目录的制作及应用。
- 了解脚注、尾注、题注的应用。

学习资源

技能目标

- 能够设置和调整标题的级别，更改显示级别。
- 能够新建、应用、修改、查看和删除样式。
- 能够将多级编号和样式关联应用实现标题等级自动编号。
- 能够熟练应用分页符分页，分节符分节。
- 能够制作普通的页眉、页脚和页码，以及制作不同的页眉、页脚和页码。
- 能够插入目录和编辑目录。
- 能够插入脚注、尾注、题注。

任务导入

张小磊是一名大四学生，毕业前需要撰写一篇毕业论文。目前，已经完成了毕业论文初稿的撰写，但是在毕业论文排版时发现无法生成目录，封面、目录、正文页不能插入不同的页眉页码。因为毕业论文内容多，篇幅长，章节层次结构复杂，排版要求多，排版需要花费大量的时间。经与同学交流，了解到可以利用前期学过的标题级别、样式、多级编号、分节等操作快速完成毕业论文的排版。

学习情境1：设置标题级别

为标题设置不同的级别，可以直观地显示文档的层次结构。WPS文档提供了9级标题级别。

1. 设置标题级别

选中要设置级别的标题，在"开始"选项卡中，单击"段落"命令组右下角的对话框按钮，打开"段落"对话框，如图 6-25 所示，在"大纲级别"下拉菜单中选择相应的大纲级别，单击"确定"按钮，所选标题即应用了相应大纲级别。

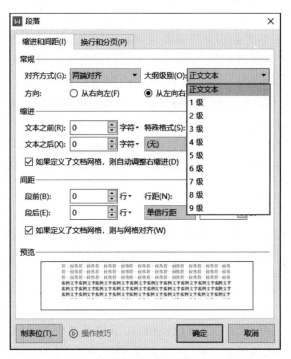

图 6-25 "段落"对话框中设置大纲级别

标题级别设置完成后，在"视图"选项卡中，单击"大纲"按钮，切换到大纲视图，可以调整标题级别、更改显示级别等，大纲视图工具按钮，如图 6-26 所示。

图 6-26 "大纲视图"工具按钮

在编辑区可以看到，不同级别的标题有不同的缩进值。级别越高，向右缩进越小，同级标题缩进对齐。

标题左侧显示"＋"号,表示该标题包含正文或级别更低的标题,显示"－"表示该标题不包含正文或级别更低的标题。

在"大纲"中,选择要编辑的标题,单击标题左侧的符号,可选中包含该标题在内的子标题和正文,如仅选中一个标题内容,则不包括其中的子标题和正文。

2.调整标题级别

在大纲视图中,选中要调整级别的标题,单击"提升"按钮或"降低"按钮,可将选中标题的层次级别提高或降低一级。单击"提升至标题1"按钮,可将选中标题升级为标题1;单击"降低至正文"按钮,可将选中标题降级为正文。也可单击"大纲级别"下拉按钮,在下拉菜单中选择需要的标题级别。

调整同级标题的排列次序,选中要调整的标题或内容,单击"上移"按钮或"下移"按钮,即可调整。

3. 更改显示级别

创建文档大纲后,可以根据需要隐藏低级别的标题,仅显示某几级的标题结构。

在大纲视图中,在"显示级别"下拉菜单中可以选择要在大纲中显示的级别。此时,只有所选级别及更高级别的标题显示在大纲中,其余内容则隐藏。如显示3级标题,即显示1～3级标题,如果选择"显示所有级别"选项,则在大纲视图中显示包括正文在内的所有内容。

包含有隐藏内容的标题下方会显示一条灰色的横线。双击下方显示有灰色横线的标题,或选中标题后单击"展开"按钮,可以显示对应标题下隐藏的内容;双击要隐藏内容的标题,或选中标题后单击"折叠"按钮,可以隐藏对应标题的下属内容。

学习情境2：应用样式

样式是集字体格式、段落格式、边框、编号等系列格式的组合,将这一组合作为集合加以命名和存储。通过应用样式可以快速完成字体格式、段落格式的编排,同时可以快速统一文档排版风格。

1. 新建样式

在"开始"选项卡中,单击"样式"下拉按钮,在下拉菜单中选择"新建样式"命令,在打开的"新建样式"对话框中设置样式名称、样式类型、样式基于、后续段落样式以及字体格式、段落格式等,设置完成,单击"确定"按钮,如图6-27所示。

2. 应用样式

选中要应用样式的文字或段落,在"开始"选项卡中单击"样式"下拉按钮,在下拉菜单中选择需要应用的样式。

注意：选中部分文字,则选中的文字应用样式,若选中段落或将鼠标定位在段落中,则该段文字应用样式。

3. 修改样式

当需要对新建的样式或内置样式进行修改时,可选定样式进行修改,修改样式后,所有应用了该样式的文本会自动更新。

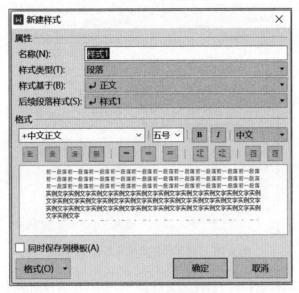

图 6-27 "新建样式"对话框

将鼠标指针指向需要修改的样式,右击,在右击菜单中选择"修改样式"命令,打开"修改样式"对话框,在其中根据需要进行修改,修改完成,单击"确定"按钮。

4. 删除样式

对于文档中多余的、无用的样式,可以删除。将鼠标指针指向需要删除的样式,单击鼠标右键,在右击菜单中选择"删除样式"命令,将弹出提示对话框询问是否要删除样式,单击"确定"按钮即可。

学习情境3:定义多级编号

1. 创建新的多级编号

第1步:在"开始"选项卡中单击"编号"下拉按钮,在下拉菜单中选择"自定义编号"命令。打开"项目符号和编号"对话框,在其中切换到"多级编号"选项卡,在编号列表中选择一种需要的编号样式(不能选择"无"),单击"自定义"按钮。

第2步:打开"自定义多级编号列表"对话框,单击"高级"按钮展开全部选项,如图6-28所示。

第3步:将"级别"中每级编号分别链接到"将级别链接到样式"下拉选项的标题级别。如1级编号链接到标题1,2级编号链接到标题2,以此类推。需要此编号之后的下一级编号重新开始编号,则勾选"在其后重新编号"复选框。需要调整编号样式,在"编号样式"下拉按钮中选择编号样式。需要调整起始编号,在"起始编号"文本框中修改。需调整编号字体格式,单击"字体"按钮,打开"字体"对话框进行设置。如需修改编号和文本的缩进位置,则分别在"编号位置"和"文字位置"区域中设置。设置完成单击"确定"按钮。

2. 修改多级编号

在"开始"选项卡中单击"编号"下拉按钮,在下拉菜单中选择"自定义编号"命令,在打开

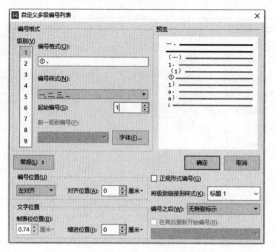

图 6-28 "自定义多级编号列表"对话框

"项目符号和编号"对话框中切换到"自定义列表"选项卡,在编号列表中找到要修改的编号,单击"自定义"按钮,打开如图 6-28 所示的"自定义多级编号列表"对话框进行设置。

学习情境 4:使用分页符和分节符

1. 使用分页符分页

分页是在文档内容不满一页需要开始新的一页时,可插入一个"分页符"进行自动分页。分页符前后的页面属性默认一致。

将光标定位在需要分页的位置,在"插入"选项卡中单击"分页"下拉按钮,在如图 6-29 所示下拉菜单中单击"分页符",即实现分页,同时产生一个分页符标记。如果要删除分页符标记,将光标定位在分页符之前,按 Delete 键。

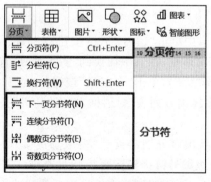

图 6-29 "分页"下拉菜单

2. 使用分节符分节

分节是需要对同一个文档中不同页面进行不同的设置,如纸张方向、页边距、不同的页眉页脚等,则需要对文档进行分节处理。默认情况下,WPS 文档整个文档视为一节,插入分节符即可将文档进行分节。分节后的文档进行不同的页面设置时,在"页面设置"对话框的

"应用于"下拉菜单中选择"本节"选项。

将光标定位在需要分节的位置,在"插入"选项卡中单击"分页"下拉按钮,在如图 6-29 所示的下拉菜单中选择需要的分节符。插入分节符后,上一节的内容结尾产生一个分节符标记。

学习情境 5:插入页眉、页脚和页码

1. 插入页眉和页脚

双击页面顶端或底端,或在"插入"选项卡中单击"页眉页脚"按钮,即可进入页眉和页脚编辑状态,并自动切换到"页眉页脚"选项卡,在"页眉页脚"选项卡中可编辑页眉和页脚,如图 6-30 所示。

图 6-30 "页眉页脚"选项卡

在"页眉页脚"选项卡中单击"页眉顶端距离"或"页脚底端距离"微调框的"－"或"＋"按钮,或直接输入数值可以调整页眉区域的高度或者页脚区域的高度。

在页眉、页脚中可以输入和编辑文本,也可以在"页眉页脚"选项卡中单击相应按钮插入页眉横线、日期和时间、图片等。页眉页脚编辑完成,单击"页眉页脚"选项卡中的"关闭"按钮,或双击文档编辑区,退出页眉页脚编辑状态。

需要删除页眉或页脚时,在"页眉"或"页脚"下拉菜单中单击"删除页眉"或"删除页脚"按钮。

2. 设置不同的页眉和页脚

进入页眉页脚编辑状态。在"页眉页脚"选项卡中单击"页眉页脚选项"按钮,打开"页眉/页脚设置"对话框,在其中根据需要进行勾选,然后单击"确定"按钮,如图 6-31 所示。

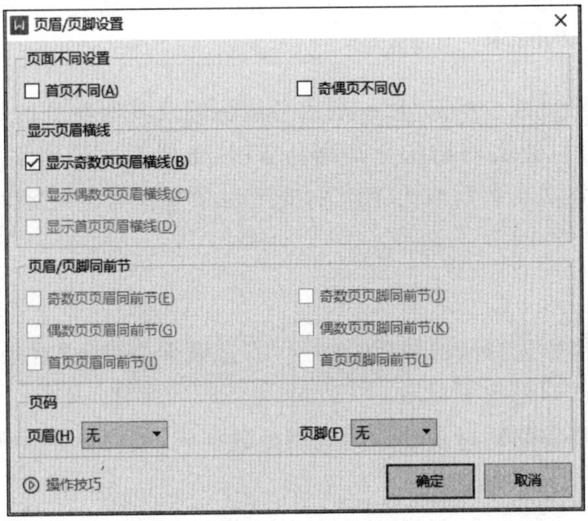

图 6-31 "页眉/页脚设置"对话框

3. 插入页码

在文档中插入页码可以统计文档的页数，同时也便于快速定位和检索。页码通常添加在页眉或页脚中。插入页码的操作如下。

在"插入"选项卡中单击"页码"下拉按钮，在下拉菜单中选中需要显示页码的位置，即可进入页眉页脚编辑状态。默认情况下，页码编号为阿拉伯数字，如需进行自定义设置，单击"页眉页脚"选项卡中的"页码"下拉按钮，在下拉菜单中选择"页码"命令，打开"页码"对话框，在其中修改页码编号样式、显示位置、起始页码、应用范围，设置完成单击"确定"按钮，如图6-32所示。

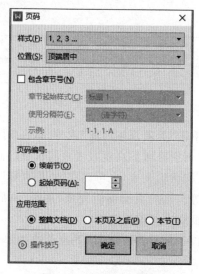

图 6-32　"页码"对话框

如需修改页码，可以双击页码，出现"重新编号""页码设置""删除页码"浮动工具按钮，单击相应按钮进行设置。

学习情境 6：插入目录

目录是长篇文档不可缺少的部分，一般由各级标题及其所在页的页码组成，有了目录便可以快速定位章节，可以让文档结构更清晰。WPS 文档通过识别文档中标题级别创建目录，如果大纲级别为"正文文本"，或大纲级别低于目录要包含的级别时，相应的标题不会被提取到目录中。

1. 创建目录

将光标定位在需要创建目录的位置，在"引用"选项卡中单击"目录"按钮，在下拉菜单中选择要插入的目录样式即创建了目录。

创建目录前必须将要创建目录的标题应用标题样式，或将标题设置相应的大纲级别。

2. 自定义目录

在"引用"选项卡中单击"目录"下拉按钮，在下拉菜单中选择"自定义目录"命令，打开

"目录"对话框,可以设置制表符前导符、显示级别、页码显示方式等,如需将目录项的级别和标题样式的级别对应起来,单击"选项"按钮,打开"目录选项"对话框,在其中进行设置,如图 6-33 所示。

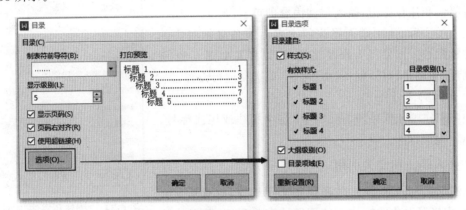

图 6-33 自定义目录

3. 更新目录

当对文档目录结构或标题内容进行了修改,或者文档页码发生了变化,应更新目录。操作方法如下。

在目录中右击,在弹出的快捷菜单中选择"更新域"命令,或在"引用"选项卡中单击"更新目录"按钮,或直接按 F9 键,打开"更新目录"对话框,在其中根据需要选择"只更新页码"或"更新整个目录",单击"确定"按钮。

文档目录结构和内容没有改动,选择"只更新页码"单选项。如果修改了文档结构和标题内容,则选择"更新整个目录"单选项。

4. 删除目录

创建的目录不满足需要或不再需要时,可选中目录,按 Delete 键删除。或者选中目录,在"引用"选项卡中单击"目录"下拉按钮,在下拉菜单中选择"删除目录"命令。

学习情境 7:插入脚注、尾注、题注

1. 插入脚注、尾注

脚注一般位于文档页面底端,用于注释当前页中难以理解,或补充的内容。尾注应该位于文档末尾,用于列出引文的出处等。

1)插入脚注

将光标定位在需要插入脚注的位置,在"引用"选项卡中,单击"插入脚注"按钮,光标会自动跳转到该页的底端,显示一条分隔线和注释标记,输入脚注内容即可。

插入脚注后,会在插入脚注的文本右上角显示对应的脚注注释标号。如果要修改脚注文本,直接在脚注编辑区修改文本内容。如果要修改脚注格式和布局,则在"引用"选项卡中,单击"脚注和尾注"对话框按钮,在如图 6-34 所示的"脚注和尾注"对话框中修改脚注显示位置、编号格式、起始编号、编号方式和应用范围。

2）插入尾注

将光标定位在需要插入尾注的位置,在"引用"选项卡中单击"插入尾注"按钮,光标会自动跳转到文档末尾,显示一条分隔线和注释标记,输入尾注内容即可。

插入尾注后,会在插入尾注的文本右上角显示对应的尾注注释标号。如果需要修改尾注,可以打开如图 6-34 所示的"脚注和尾注"对话框,选中"尾注"单选项进行设置。

3）删除脚注、尾注

如要删除脚注或尾注,在文档中选中脚注或尾注标号,按 Delete 键删除。

2. 插入题注和交叉引用

题注由题注标签、流水号和说明文字组成,通常作为文档图片、表格等对象的标注。使用题注交叉引用,可以快速定位到所需的题注位置。

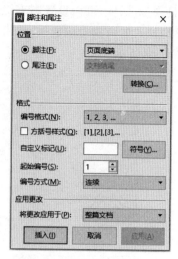

图 6-34 "脚注和尾注"对话框

1）插入题注

将光标定位在需要插入题注的位置,在"引用"选项卡中单击"题注"按钮,打开"题注"对话框。在"题注"对话框的"标签"下拉菜单中选择相应的选项,如需新建,则单击"新建标签"按钮,打开"新建标签"对话框,输入内容进行添加。如需设置题注编号格式,可单击"编号"按钮,在"题注编号"对话框中设置编号格式,如题注需要包含章节编号,须勾选"包含章节编号"复选框,如图 6-35 所示。

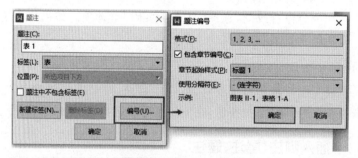

图 6-35 "题注"对话框

2）创建交叉引用

将光标定位在需要创建交叉引用的位置,在"引用"选项卡中单击"交叉引用"按钮,打开"交叉引用"对话框。在"引用类型"下拉菜单中选择引用类型,在"引用内容"下拉菜单中选择引用的内容,设置完成,单击"插入"按钮,关闭"交叉引用"对话框。

任务实施步骤

1. 操作要求

打开"素材库/项目 6/任务 4 制作毕业论文/毕业论文.docx",按照以下要求进行毕业论文优化。

(1) 页面设置：纸张大小为 A4 纸，页边距为：上边距 2.5 厘米，下边距 2.5 厘米，左边距 3.5 厘米，右边距 2 厘米。

(2) 创建论文样式，如表 6-4 所示。

表 6-4　创建样式

样　　式	要　　求
一级标题	样式基于标题1，后续段落样式论文正文，黑体，四号，居中对齐，段前、段后各1行，单倍行距
二级标题	样式基于标题2，后续段落样式论文正文，宋体，小四号，加粗，左对齐，段前、段后各0.5行，行距固定值22磅
三级标题	样式基于标题3，后续段落样式论文正文，宋体，小四号，加粗，左对齐，段前、段后各0.5行，行距固定值22磅
论文正文	样式基于正文，后续段落样式论文正文，宋体，小四号，首行缩进2字符，行距固定值22磅
摘要和关键字	"摘要"和"关键字"文本样式基于正文，后续段落样式为论文正文，宋体，小四号，加粗，左对齐，段前段后各1行，行距固定值22磅。摘要、关键字内容样式为论文正文
参考文献和致谢	"参考文献"和"致谢"文本样式基于正文，后续段落样式为论文正文，黑体，四号，居中对齐，段前段后各1行，行距固定值22磅，大纲级别为1级。摘要、关键字正文样式为论文正文

(3) 标题编号：应用多级编号与样式关联，自动编号替换标题原有编号。标题编号样式为：一级标题为第 1 章、第 2 章……，二级标题为 1.1、1.2……，三级标题为 1.1.1、1.1.2……。

(4) 插入目录：在英文摘要页之后插入空白页，在其中创建目录。目录内容按三级标题编写，目录标题与页码之间用虚线连接。"目录"二字为四号，黑体。

(5) 插入页眉和页码，宋体，五号，居中对齐，要求：封面页无页眉，其余页的页眉为"贵州××学院毕业论文"（不包含引号），页眉下画线为单横线。封面页无页码，摘要和关键字页、目录页的页码用罗马数字Ⅰ、Ⅱ、Ⅲ……，正文页的页码用阿拉伯数字 1、2、3……。

(6) 更新目录，使目录与正文一致。完善毕业论文封面信息。

2. 操作步骤

第 1 步：双击打开素材"毕业论文.docx"。

第 2 步：在"页面布局"选项卡中单击"纸张大小"下拉按钮，在下拉菜单中选择"A4"命令；在"上、下"页边距文本框中分别输入"2.5"，在"左"页边距文本框中输入"3.5"，在"右"页边距文本框中输入"2"。

第 3 步：在"开始"选项卡中单击"样式"下拉按钮，在下拉菜单中选择"新建样式"命令，在打开的"新建样式"对话框中，在"名称"文本框中输入"论文正文"；单击"格式"区域中的"字体"下拉按钮，选择"宋体"，单击"字号"下拉按钮，选择"小四"；单击"格式"下拉按钮，在下拉菜单中选择"段落"命令，打开"段落"对话框，在"缩进和间距"选项卡中，单击"特殊格式"下拉按钮选择"首行缩进"，在"度量值"文本框中输入"2"；单击"行距"下拉按钮，选择"固定值"，在"设置值"文本框中输入"22"，单击"确定"按钮和"新建样式"对话框中的"确定"按钮。

第4步：在"开始"选项卡中单击"样式"下拉按钮，选择"新建样式"命令，在打开的"新建样式"对话框中，在"名称"文本框中输入"一级标题"，单击"样式基于"下拉按钮，选择"标题1"，单击"后续段落样式"下拉按钮，选择"论文正文"；单击"格式"的"字体"下拉按钮，选择"黑体"，单击"字号"下拉按钮，选择"小三"；单击"格式"下拉按钮，选择"段落"命令，打开"段落"对话框，在"缩进和间距"选项卡中，在"间距"的"段前"文本框中输入"1"，单位下拉选择"行"，在"段后"文本框中输入"1"，单位下拉选择"行"；单击"行距"下拉按钮，在下拉菜单中选择"单倍行距"，在"设置值"文本框中输入"1"，单击"确定"按钮和"新建样式"对话框中的"确定"按钮。

按照以上新建样式的方法，完成"二级标题""三级标题""摘要和关键字""参考文献和致谢"的样式新建。

第5步：在"开始"选项卡中单击"编号"下拉按钮，在下拉菜单中选择"自定义编号"命令。在打开的"项目符号和编号"对话框中切换到"多级编号"选项卡，在编号列表中选择"第一章、1.1、1.1.1"的编号样式，单击"自定义"按钮。

第6步：打开"自定义多级编号列表"对话框，单击"高级"按钮展开全部选项。在"级别"列表中选择"1"，单击"将级别链接到样式"下拉按钮选择"一级标题"，单击"编号位置"下拉按钮，在下拉菜单中选择"居中"。

第7步：选择"级别"列表中"2"，单击"将级别链接到样式"下拉按钮，在下拉菜单中选择"二级标题"。选择"级别"列表中"3"，单击"将级别链接到样式"下拉按钮，在下拉菜单中选择"三级标题"，单击"确定"按钮。

第8步：删除毕业论文正文中原有标题编号。完成多级编号的设置，单击"视图"选项卡中的"导航窗格"按钮，打开"目录"窗格，可以看到章节目录。

第9步：将鼠标光标定位在英文关键字之后，在"插入"选项卡中单击"分页"下拉按钮，在下拉菜单中选择"分页符"，生成一个空白页。

第10步：将鼠标光标定位在空白页中，在"引用"选项卡中单击"目录"下拉按钮，在"智能目录"列表中选择符合要求的三级目录样式，单击即插入目录。

第11步：选中"目录"二字，在"开始"选项卡中单击"字体"下拉按钮，选择"黑体"，单击"字号"下拉按钮，选择"四号"。

第12步：将鼠标光标分别定位在封面"贵州××学院"之后和目录之后，在"插入"选项卡中单击"分页"下拉按钮，选择"下一页分节符"。插入分节符后，将文档分为了3节，分别是封边页为第1节，摘要、关键字和目录页为第2节，论文正文为第3节。

第13步：在"插入"选项卡中单击"页眉页脚"按钮，进入页眉页脚编辑状态。将鼠标光标定位在"中文摘要"页的页眉处，输入页眉内容"贵州××学院毕业论文"。选中"贵州××学院毕业论文"，在"开始"选项卡中单击"字体"下拉按钮，选择"宋体"，单击"字号"下拉按钮，选择"五号"，单击"居中对齐"按钮。在"页眉页脚"选项卡中单击"页眉横线"下拉按钮，选择"单横线"。

第14步：将鼠标光标定位在"中文摘要"页面页脚处，单击"插入页码"浮动功能按钮，在如图6-32所示的对话框中，单击"样式"下拉按钮，选择"Ⅰ，Ⅱ，Ⅲ，…"，在位置列表中选择"居中"，在"应用范围"中单击"本节"单选按钮，单击"确定"按钮。

第 15 步：按照第 14 步方法，单击"第 1 章"页面页脚位置插入页码，页码样式为"1，2，3，…"，居中，应用于本节。在"页眉页脚"选项卡中单击"页码"下拉按钮，在下拉菜单中选择"页码"命令，打开"页码"对话框，单击"起始页码"单选按钮，在文本框中输入"1"，应用范围单击"本节"单选按钮，单击"确定"按钮。

第 16 步：在"页眉页脚"选项卡中单击"关闭"按钮，或双击文档编辑区，退出页眉页脚编辑状态。

第 17 步：选中"目录"，在"引用"选项卡中单击"更新目录"按钮，在"更新目录"对话框中选择"更新整个目录"，单击"确定"按钮。

第 18 步：完善封面信息，单击"保存"按钮保存文档。

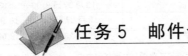

任务 5　邮件合并与编辑

知识目标

- 了解邮件合并的主文档模板和数据源的制作。
- 了解邮件合并的操作步骤。
- 了解带照片的邮件合并的域的编辑。

技能目标

- 能够制作主文档模板和数据源。
- 能够插入邮件合并域和编辑照片的合并域代码。
- 能够熟练进行邮件合并。

任务导入

小刘是教务处的老师，现需安排"政治理论""英语""管理学"这三门课的期末考试，需要为每一位考生制作一份准考证，准考证的框架结构一样，只需要填入学生的准考证号、考生姓名、身份证号、班级、考试地点信息，为了方便辨识，还需要在每一份准考证上印上学生的 1 英寸照。准考证数量多，一份一份地排版制作太麻烦，经与同事交流了解到可以用邮件合并的方法批量制作准考证，既省时也省力。准考证样文如图 6-36 所示。

在进行邮件合并前，需要用 WPS 文档制作主文档模板，用 WPS 表格制作数据源。制作照片的邮件合并时，需要编辑照片的域，应注意细节和操作步骤。

学习情境 1：制作准考证主文档模板

邮件合并的主文档模板须在 WPS 文档中制作。

要制作准考证主文档模板，首先应在 WPS 文档中插入表格，并按照图 6-36 所示准考证样文，调整表格结构，并输入相应内容。操作步骤如下。

贵州XX学院2021—2022学年第一学期期末考试 准 考 证			
准考证号	213111651513		
考生姓名	李潇		
身份证号码	110104198710261727		
班级	2021级电子商务2班		
考试地点	哲学楼302		
考试安排	考试时间	科目	
	政治理论	12月27日9:00—12:00	
	英语	12月27日14:00—16:30	
	管理学	12月28日9:00—12:00	
考生须知	1. 准考证正面和背面均不得额外书写任何文字,背面必须保持空白。 2. 考试开始前20分钟考生凭准考证和有效证件(身份证等)进入规定考场对号入座,并将准考证和有效证件放在考桌左上角,以便监考人员查验。考试开始指令发出后,考生才可开始答卷。 3. 考生在入场时除携带必要的文具外,不准携带其他物品(如:书籍、资料、笔记本和自备草稿纸以及具有收录、存储、记忆功能的电子工具等)。已携带入场的应按指定位置存放。		

图 6-36　准考证样文

第1步:打开 WPS Office 2019 软件,在"首页"单击"新建"按钮,然后单击"新建文字"/"新建空白文字"。

第2步:应用表格编辑的知识,在文档中插入3列、12行的表格。将表格第1行的高度设置为2.5厘米,2~6行的高度设置为1厘米,7~11行的高度设置为0.6厘米,第12行的高度设置为6厘米。将表格第1列的宽度设置为3厘米,第2列的宽度设置为8.3厘米,第3列的宽度设置为3.6厘米。分别合并第1行的第1~3列,2~6行的第3列,7~11行的第1列,第12行的第2~3列。

第3步:选中7~11行的第2列,将鼠标指针放置在第2列右侧的列线上,当鼠标指针变为"两条短线有左右双向箭头"标记时,按住鼠标左键拖动列线,将7~11行的列宽拆分为宽度相等的2列。

第4步:按照图6-37所示,输入相应内容,并设置文本格式。其中"贵州××学院2021—2022学年第一学期期末考试准考证"的字体为微软雅黑,字号为三号;其余内容字体为宋体,字号为五号。"考生须知"的文字方向为垂直方向从右往左,考生须知的内容应用编号,编号样式为1.、2.、3.……。

第5步:保存主文档模板为"准考证.docx"。

<table>
<tr><td colspan="4" align="center">贵州XX学院2021—2022学年第一学期期末考试
准 考 证</td></tr>
<tr><td>准考证号</td><td colspan="3"></td></tr>
<tr><td>考生姓名</td><td colspan="2"></td><td rowspan="4"></td></tr>
<tr><td>身份证号</td><td colspan="2"></td></tr>
<tr><td>班级</td><td colspan="2"></td></tr>
<tr><td>考试地点</td><td colspan="2"></td></tr>
<tr><td rowspan="4">考试安排</td><td>考试时间</td><td colspan="2">科目</td></tr>
<tr><td>政治理论</td><td colspan="2">12月27日9:00—12:00</td></tr>
<tr><td>英语</td><td colspan="2">12月27日14:00—16:30</td></tr>
<tr><td>管理学</td><td colspan="2">12月28日9:00—12:00</td></tr>
<tr><td>考生须知</td><td colspan="3">1. 准考证正面和背面均不得额外书写任何文字，背面必须保持空白。
2. 考试开始前20分钟考生凭准考证和有效证件（身份证等）进入规定考场对号入座，并将准考证和有效证件放在考桌左上角，以便监考人员查验。考试开始指令发出后，考生才可开始答卷。
3. 考生在入场时除携带必要的文具外，不准携带其他物品（如：书籍、资料、笔记本和自备草稿纸以及具有收录、存储、记忆功能的电子工具等）。已携带入场的应按指定位置存放。</td></tr>
</table>

图 6-37 主文档模板为"准考证.docx"

学习情境 2：制作准考证数据源

WPS 文档的邮件合并数据源一般用电子表格文件做数据源。数据源必须包含表头。在保存数据源表时注意，数据源表格的文件类型必须是"Microsoft Excel 97—2003 文件（*.xls）"。制作数据源表格的操作步骤如下。

第 1 步：打开 WPS Office 2019 软件，在"首页"单击"新建"按钮，然后单击"新建表格"/"新建空白表格"。

第 2 步：在新建工作簿的 sheet1 表中，按照图 6-38 所示，依次输入相应内容，并保存为"考生名单.xls"。

	A	B	C	D	E	F
1	准考证号	考生姓名	身份证号码	班级	考试地点	照片
2	213111651513	李潇	110████0261727	2021级电子商务2班	哲学楼302	01.jpg
3	213114070910	杨瑛敏	412████1247324	2021级电子商务1班	哲学楼305	02.jpg
4	213121090428	韩智源	342████4260444	2021级电子商务6班	思源楼402	03.jpg
5	213132153117	刘蕾琳	110████5240421	2021级电子商务4班	致远楼505	04.jpg
6	213133711918	李梦丽	110████0234811	2021级电子商务3班	致远楼305	05.jpg

图 6-38 数据源表格"考生名单.xls"

学习情境 3：插入邮件合并域

在进行邮件合并前，必须将邮件合并的主文档模板、数据源表格以及相应的照片放在一个文件夹中，且照片文件名必须与数据源表格中的照片名称一致。

先将主文档"准考证.docx"、数据源"考生名单.xls"和照片"01.jpg～05.jpg"（照片在"素材库/项目6/任务5 批量制作带照片的准考证/学习情景3 插入邮件合并域"文件夹中）放在一个文件夹中。插入邮件合并域的操作步骤如下。

第1步：打开主文档模板"准考证.docx"，在"引用"选项卡中单击"邮件"按钮，激活"邮件合并"选项卡。

第2步：在"邮件合并"选项卡中单击"打开数据源"下拉按钮，在下拉菜单中选择"打开数据源"命令，在弹出的"选取数据源"对话框中找到数据源"考生名单.xls"所在位置，单击"打开"按钮。

第3步：将光标定位到要插入"准考证号"的位置，在"邮件合并"选项卡中单击"插入合并域"，弹出"插入域"对话框，在其中的"域"列表中选择"准考证号"，单击"插入"按钮，再单击"关闭"按钮。按此操作步骤，依次完成"考生姓名""身份证号码""班级""考试地点"的"插入合并域"。

第4步：将光标定位到插入照片的位置，在"插入"选项卡中单击"文档部件"下拉按钮，在下拉菜单中选择"域"，打开"域"对话框，如图 6-39 所示，在"域名"列表中选择"插入图片"，在"域代码"文本框中将图片位置路径复制粘贴在"INCLUDEPICTURE"之后，同时在路径外添加英文双引号，将所有"\"改为"\\"，在路径最后添加双斜线"\\"并输入一张图片名称（包含图片扩展名），如"域代码"修改为 INCLUDEPICTURE "C:\\Users\\Administrator\\Desktop\\批量制作准考证\\01.jpg"，其中"01.jpg"为文件夹中图片名称，单击"确定"按钮。此时插入合并域的表格如图 6-40 所示，在照片框内会显示出 01.jpg 的图片。

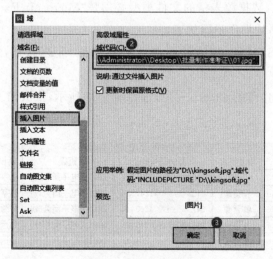

图 6-39 "域"对话框

第5步：在文档"准考证.docx"中，按 Alt＋F9 组合键将图片变成域代码格式，选中域代码中"01.jpg"，然后在"邮件合并"选项卡中单击"插入合并域"，再在"插入域"对话框的"域"

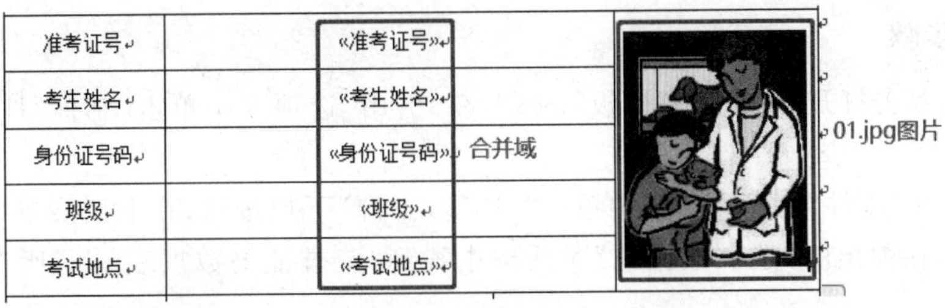

图 6-40　插入合并域

列表中选择“照片”，单击“插入”按钮和“关闭”按钮，再按 Alt+F9 组合键变回图片。

插入合并域完成，在“邮件合并”选项卡中单击“查看合并数据”即可预览邮件合并的效果，单击“上一条”或“下一条”按钮，预览其余数据邮件合并效果。

学习情境 4：批量生成准考证

第 1 步：在“邮件合并”选项卡中单击“合并到新文档”按钮，打开“合并到新文档”对话框，在“合并记录”中选择“全部”或根据需要选择其他选项，单击“确定”按钮，即可看到所有准考证合并到新建文档中。

第 2 步：在新建文档中，按 Ctrl+A 组合键全选所有页面，再按 F9 键刷新文档，即可看见邮件合并完成后的准考证，如图 6-36 所示。

第 3 步：在新建文档中，单击“保存”按钮，在打开的“另存文件”对话框中选择保存位置、输入文件名和选择保存文档类型，单击“保存”按钮。

任务实施步骤

1. 操作要求

打开“素材库/项目 6/任务 5 批量制作带照片的准考证/”，使用文件夹“任务实施：制作荣誉证书”中的“荣誉证书模板.docx”“荣誉证书数据表.xls”制作如图 6-41 所示的荣誉证书，邮件合并结果另存为“荣誉证书.docx”，存放在“任务实施：制作荣誉证书”文件夹中。

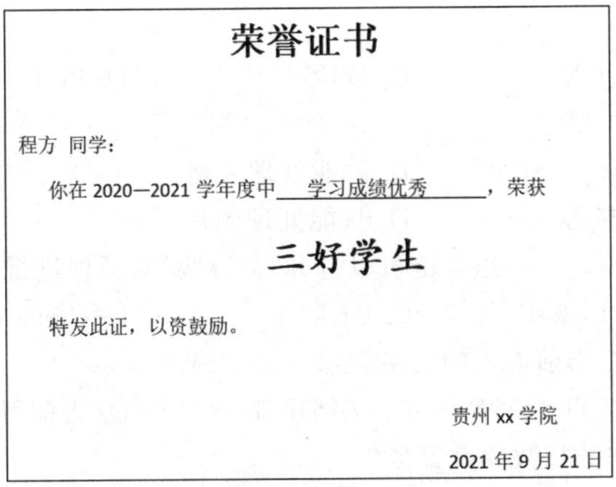
荣誉证书

程方 同学：

你在 2020—2021 学年度中 学习成绩优秀 ，荣获

三好学生

特发此证，以资鼓励。

贵州 xx 学院

2021 年 9 月 21 日

图 6-41　荣誉证书样文

学习资源

2. 操作步骤

第 1 步：双击打开"荣誉证书模板.docx"，在"引用"选项卡中单击"邮件"按钮，激活"邮件合并"选项卡。

第 2 步：在"邮件合并"选项卡中单击"打开数据源"下拉按钮，在下拉菜单中选择"打开数据源"命令，在弹出的"选取数据源"对话框中找到"荣誉证书数据表.xls"所在位置，单击"打开"按钮。

第 3 步：将光标定位到"同学"前，在"邮件合并"选项卡中，单击"插入合并域"，弹出"插入域"对话框，在"域"列表中选择"姓名"，单击"插入"按钮和"关闭"按钮。按照同样的方法分别插入"题目""奖项"的合并域。插入合并域后结果如图 6-42 所示。

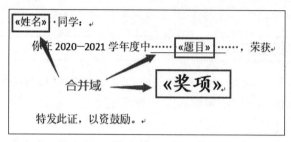

图 6-42　插入"合并域"

第 4 步：在"邮件合并"选项卡中单击"合并到新文档"按钮，打开"合并到新文档"对话框，在"合并记录"中选择"全部"命令，单击"确定"按钮，合并到新建文档中。

第 5 步：在新建文档中单击"保存"按钮，打开"另存文件"对话框，在打开的"另存文件"对话框中选择"任务实施：制作荣誉证书"文件夹位置，文件名为"荣誉证书.docx"，单击"保存"按钮。

 学习效果自测

一、单选题

1. WPS 文档默认的扩展名是（　　）。
　　A. TXT　　　　　　B. DOCX　　　　　　C. WPS　　　　　　D. PPT

2. WPS 文档（　　）。
　　A. 只能处理文字　　　　　　　　B. 只能处理表格
　　C. 可以处理文字、图形、表格等　　D. 只能处理图片

3. 在新建的 WPS 文档中，按下（　　）组合键可以打开"另存为"对话框进行文档保存。
　　A. Ctrl+A　　　　　B. Ctrl+S　　　　　C. Ctrl+P　　　　　D. Ctrl+C

4. 在 WPS 文档中输入文本时，当前输入的文字显示在（　　）。
　　A. 当前行首　　　　B. 插入点　　　　　C. 文档尾部　　　　D. 当前行尾

5. WPS 文档中，能指定每页中的行数的设置是（　　）。
　　A. 标尺　　　　　　B. 网格线　　　　　C. 文档网格　　　　D. 无法设置

6. WPS 文档中,以"号"为计量单位的字号,数字越大,表示字体越( )。
   A. 大　　　　　B. 小　　　　　C. 不变　　　　　D. 都不对
7. 在撰写长文档时,要各章的内容从新的页面开始,最佳的操作方法是( )。
   A. 按回车键使插入点定位到新的页面
   B. 在每一章的结尾插入一个分页符
   C. 在每一章的标题处插入一个分页符
   D. 在每一章的结尾插入一个分节符
8. WPS 文档中,如需快速选取一个较长的文字段落,最快捷的操作方法是( )。
   A. 直接用鼠标拖动选择整个段落
   B. 在段首单击,按住 Shift 键不放单击段尾
   C. 在段落左侧空白处双击鼠标
   D. 在断手单击,按住 Shift 键不放再按 End 键
9. 在 WPS 文档中,不可直接操作的是( )。
   A. 插入图表　　　B. 制作条形码　　　C. 录制视频　　　D. 插入智能图形

二、多选题

1. 要快速调整文档中字号,可以执行的操作是( )。
   A. 按住 Shift+Ctrl 组合键的同时按">"或"<"
   B. 使用 Ctrl+]或 Ctrl+[组合键
   C. 单击"字体"命令组中的"增大字号"或"减小字号"按钮
   D. 拖动状态栏中的显示比例按钮
2. WPS 文档的对齐方式有( )。
   A. 左对齐　　　　B. 居中对齐　　　C. 两端对齐　　　D. 分散对齐
3. 编辑 WPS 文档时,使用标尺能改变( )。
   A. 首行缩进位置　　　　　　B. 左缩进位置
   C. 悬挂缩进位置　　　　　　D. 对齐方式
4. WPS 文档中,页面布局选项卡中能设置的是( )。
   A. 页面水印　　　B. 页面边框　　　C. 页面颜色　　　D. 网格线
5. 在 WPS 文档中,以下操作描述对的是( )。
   A. 按 Backspace 键,删除插入点之前文本
   B. 按 Delete 键,删除插入点之后的文本
   C. 选中表格时,按 Delete 键,能删除整个表格
   D. 绘制形状时,按住 Shift 键,可以绘制出规整的形状

三、操作题

打开"素材库/项目 6/学习自测/牡丹.docx",按下列要求进行编辑。(本题源于 2021 年 3 月国家级计算机等级考试二级真题。)

(1) 将文档中第一行内容(即文章标题)的格式设置为:隶书、加粗、二号字,居中对齐。
(2) 将文中的脚注全部转换为尾注,且将尾注的"编号格式"设置为大写罗马数字"Ⅰ、Ⅱ……"。

(3) 对文中第二自然段(即：花色泽艳……故又有"国色天香"之称。)进行以下操作。

① 将字体设置为"仿宋"，字体颜色设置为标准颜色"蓝色"。

② 将内容分为栏宽相等的两栏，"栏间距"为 1.5 个字符，加分隔线。

(4) 为文档第 1 页中的红色文本，添加"自定义项目符号"📖。(提示：特殊符号📖包含在符号字体"Wingdings"中。)

(5) 为文档设置页眉，具体要求如下。

① 奇数页的页眉为"国色天香"，"对齐方式"为"居中对齐"，且"页眉横线"为单细线。

② 偶数页的页眉为"牡丹"，"对齐方式"为"居中对齐"，且"页眉横线"为单细线。

(6) 在页脚插入页码，奇数页与偶数页的页码"对齐方式"均为"居中对齐"，且"样式"都设置为"-x-"。

(7) 插入"文字水印"，水印内容为"考试专用"、字体为"楷体"、版式为"倾斜"、透明度为 60％，其余参数取默认值。

(8) 文档的标题样式需要修改，具体要求如下。

① 将"标题 1"样式设置为"单倍行距"，段前和段后间距都是 3 磅，三号字，其他参数取默认值。

② 将"标题 2"样式设置为"单倍行距"，段前和段后间距都是 0 磅，四号字，其他参数取默认值。

③ 将"标题 3"样式设置为"单倍行距"，段前和段后间距都是 0 磅，小四号字，其他参数取默认值。

(9) 文中的各级标题已经按下表要求，预先应用了对应的标题样式，但现在发现有漏掉设置的情况，具体为"七、繁殖方式"及其下的三个内容"(一) 分株和嫁接""(二) 扦插、播种和压条"和"(三) 组织培养"，请将它们按表 6-5 要求设置。

表 6-5　各级标题要求

内　容	样式	示　例
"一、……""二、……"	标题 1	一、植物学史
"(一) ……""(二) ……"	标题 2	(一) 株型
"1. ……""2. ……"	标题 3	1. 历史沿革

(10) 在文档最前面(即第一行文章标题之前)创建"自定义目录"，将"制表符前导符"设置为实线，"显示级别"设置为 3，其他参数取默认值。

(11) 文档中多处出现了方括号中有一位数字或两位数字的内容(例如：[3]、[15]等)，共计 42 处，请将文档中的这类内容全部删除。(提示：使用"替换"功能实现)

项目素材

项目 7

WPS 电子表格

项目简介

WPS 表格是金山办公软件套件的一个重要组成部分,是一个功能强大、应用广泛的电子表格软件,具有强大的数据计算、数据管理和数据分析功能。使用 WPS 表格可以快速、高效地对数据进行加工、计算、排序、筛选和统计分析,并能用各种图表对数据进行可视化处理,直观形象地表示数据。本项目通过使用 WPS 表格完成 5 个任务,学习在 WPS 表格中进行数据输入和编辑、设置表格格式、数据计算和查询、数据管理与分析、数据可视化以及数据保护和共享的基本操作。

能力培养目标

- 掌握行、列和单元格的选定、复制、移动、删除等操作。
- 掌握单元格字体格式、数字格式、对齐方式、边框和底纹的设置方法。
- 掌握工作表的选择、插入、重命名、删除、移动、复制等操作。
- 掌握利用常用公式和函数对工作表数据进行计算与分析的操作。
- 掌握相对引用、绝对引用、混合引用以及工作表外单元格的引用方法。
- 掌握利用排序、筛选、分类汇总、图表和透视表对数据进行管理与分析的操作。
- 掌握设置工作表页眉和页脚的操作,能够根据需要打印工作表。

素质培养目标

- 能够使用恰当的方式捕获、提取和分析信息。
- 能够利用各种信息资源、科学方法和信息技术工具解决实际问题。
- 具备团队协作精神,善于与他人合作、共享信息。
- 具备务实肯干、坚持不懈、精益求精的敬业精神。
- 具备独立思考和主动探究能力,为职业能力的持续发展奠定基础。

课程思政培养目标

课程思政及素养培养目标如表 7-1 所示。

表 7-1　课程内容与课程思政及素养培养目标关联表

知识点	知识点诠释	思政元素	培养目标及实现方法
美化员工信息表和工资表	美化工作表的作用是使单元格中的内容排列更加整洁、美观	工作表的美化，犹如人在不同场合的服装礼仪	通过工作表的美化培养学生的审美意识，理解人在不同场合应该有与之适应的着装要求
统计和计算学生成绩	学生成绩的统计需要根据学生的平时考勤、作业情况和期末考试成绩，使用公式和函数进行统计和计算	学生成绩由学生的平时考勤、作业情况、课堂表现和期末考试按比例构成	通过统计和计算学生成绩，培养学生遵规守纪、按时出勤和认真学习的规则意识，为学生树立正确的竞争意识，培养力争上游的奋进精神
打印工作表	打印工作表用来按用户指定的参数对工作表进行打印输出	打印数据会消耗纸张、电能和打印机耗材	通过打印工作表，在打印时通过合理设置可以减少资源浪费，培养学生节约资源、爱护环境的意识
保护工作表	保护工作表用来根据不同的使用场景对数据加以保护，不让其他用户编辑或查看	安全在工作和学习中无处不在，在数据管理中也要特别重视	通过保护工作表，培养学生的数据安全意识，能够通过所学知识进行敏感数据的保护
制作国产办公软件销售情况统计图表	图表用来直观显示数据之间的差异或变化趋势	国家的软件技术水平体现国家的科技实力	通过收集制作国产办公软件近 5 年的销售业绩统计图，培养学生关心我国科技发展的意识，激发爱国热情

任务 1　WPS 电子表格的创建与保存

知识目标

- 认识电子表格中的数据类型及表示方式。
- 了解文件保存的三要素：位置、文件名和文件类型。
- 了解数据有效性的作用和局限。

技能目标

- 能够创建和保存工作簿。
- 能够熟练输入各种类型的数据，并能够通过查找替换实现数据修改。
- 能够熟练使用序列填充、智能填充和自定义序列填充。
- 熟练掌握工作表、行、列和单元格的选定、复制、移动、删除等操作。
- 能够正确设置数据有效性验证，能制作下拉列表。

学习资源

 任务导入

小吴在一家汽车 4S 店做文员，需要做一张员工信息表，用来登记员工的基本信息。还要根据员工信息表中的信息创建一张员工工资表,以便计算员工工资。

员工信息表中包含员工的各种基本信息,在录入信息时要掌握各种数据类型的正确录入和编辑方法。可以利用数据填充功能来填充员工编号,用数据有效性设置来限制非法数据录入,提高数据录入的准确性。

学习情境1:创建和保存工作簿

1. 创建工作簿

单击"开始"按钮,选择W→WPS Office,打开WPS Office软件。在首页中单击"新建"按钮,然后单击"新建表格"→"新建空白表格",即可打开WPS表格工作窗口,并创建一个名为"工作簿1"的空白工作簿。

2. 保存工作簿

在工作簿中进行编辑后,需要经过保存操作给文件取一个直观易记的文件名,将内存中的文件存放到磁盘上指定的文件夹中,便于以后使用。WPS表格可以将工作簿另存为Excel工作簿、网页、文本、PDF等文件,还可以将工作簿输出为高清图片和长图,方便在社交网络上发布。在数据编辑过程中经常性地使用Ctrl+S组合键来执行保存操作可以避免由于系统崩溃、停电故障等造成的数据丢失。

学习情境2:输入和编辑单元格数据

1. 数据类型

在WPS表格中,用户可以在单元格中输入各种类型的数据,如文本、数值、日期和时间等,每种数据都有特定的格式。

(1)文本型数据:文本是指汉字、英文,或由汉字、英文、数字组成的字符串。默认情况下,输入文本时沿单元格左侧对齐。

(2)数值型数据:数值型数据由数字0~9、正号"+"、负号"-"、小数点"."、分数号"/"、百分号"%"、指数符号"E"或"e"、货币符号"¥"或"$"和千位分隔号","等组成。默认情况下,输入数值型数据时沿单元格右侧对齐。

(3)日期和时间数据:WPS表格将日期和时间视为数字,整数1表示1900年1月1日。

2. 输入数据

(1)输入文本数据

选择一个单元格后,可以直接从键盘上输入文本,输入完毕后,按Enter键选定下方单元格为活动单元格。按Tab键选定右侧单元格为活动单元格。除了Enter键和Tab键,还可以用方向键选定其他单元格为活动单元格。

(2)输入日期和时间数据

在表格中输入日期时使用英文状态下的"-"或"/"分隔日期的年、月、日,输入时间时用英文状态下的":"分隔时、分、秒,日期和时间中间用英文空格分隔。年份通常用两位数表示,如果输入时省略年份,则以当前年份为默认值输入。

(3) 输入纯数字文本

在 WPS 表格的常规格式单元格中输入小于或等于 5 位的以 0 开头的纯数字时会自动将左侧的 0 去掉,转换为数值。例如输入"01001"会变成"1001"。如果要保留输入数据左侧的 0,则需要在输入内容的最左侧加一个英文状态下的"'"将数值强制转换为文本。也可以将单元格的数字格式设置为文本格式再输入。当输入大于 5 位的数字时,表格会自动将数字强制转换为文本。

3. 编辑数据

需要对单元格中现有的内容进行编辑时,可以选择单元格后,在编辑栏中编辑单元格内容;也可以双击单元格内容,在单元格中编辑。编辑过程中可以按 Backspace 键删除光标左侧文本,按 Delete 键删除光标右侧文本。使用"查找和替换"对话框可以查找字符串并使用其他字符串替换找到的字符串。

4. 编辑单元格批注

在表格中处理数据时,可使用批注对单元格内容进行说明。例如:为单元格 D2 加上批注内容"此号码需要进一步核实",操作步骤如下。

第 1 步:右击 D2 单元格,在快捷菜单中单击"插入批注"弹出批注框。

第 2 步:在批注框中输入"此号码需要进一步核实",然后单击任意单元格,即可完成。

学习情境 3:操作行、列、单元格

1. 选择行、列、单元格和区域

将光标移到行号处,当光标变成➡时,单击鼠标选择一行,拖动鼠标可选择连续的多行;将光标移到列标处,当光标变成⬇时,单击鼠标选择一列,拖动鼠标可选择连续的多列;将光标移到单元格中,当光标变成✥时,单击鼠标选择当前单元格,拖动鼠标向任意方向滑动即可选择连续单元格区域。

选择第一个行、列或单元格区域后,按住 Ctrl 键不放,再选择其他区域,即可选择不连续的单元格区域;按住 Shift 键不放,再选择其他区域,即可选择连续的单元格区域。单击行号和列标交叉处的全选按钮或按 Ctrl+A 组合键可以选择全部单元格。

在名称框中输入单元格或区域地址后按 Enter 键可以快速选择单元格或区域。例如,在名称框中输入"A1:G2",按 Enter 键则可选择该区域。

2. 插入行、列或单元格

在表格中可以根据需要插入一行或多行,操作方法是右击插入位置的单元格,在快捷菜单中的"插入"→"插入行"数值框中输入需要插入的行数,按 Enter 键即可在当前单元格的上方插入指定数量的行。

插入列和插入单元格的方法与插入行的方法相同,在插入单元格时要注意活动单元格的移动方向。

3. 删除行、列或单元格

表格中不再需要的行、列或单元格,可以将其删除。操作方法是右击要删除的行,在快捷菜单中单击"删除"即可。

删除列和删除单元格的方法与删除行的方法相同,在删除单元格时要注意选择是当前单元格下方单元格上移,还是右侧单元格左移。

4. 移动行、列或单元格

移动行、列或单元格的方法有以下两种。

方法 1:选择要移动的行、列或单元格,将光标移到选择区域的边沿,当光标变成 ![] 时,拖动到目标区域释放鼠标。

方法 2:选择要移动的行、列或单元格,按 Ctrl+X 组合键,选择目标区域,按 Ctrl+V 组合键。

5. 复制行、列或单元格

复制行、列或单元格的方法有以下两种。

方法 1:选择要复制的行、列或单元格,将光标移动到选择区域的边沿,当光标变成 ![] 时,按住 Ctrl 键拖动到目标区域。

方法 2:选择要复制的行、列或单元格,按 Ctrl+C 组合键,选择目标区域,按 Ctrl+V 组合键。

学习情境 4:填充单元格数据

1. 使用填充柄填充

例如,在 A1:A10 单元格区域中填充数字 1~10,操作步骤如下。

第 1 步:在单元格 A1 中输入数字"1"。

第 2 步:将光标移动到 A1 单元格右下角,当光标变成 ![] 时,按住鼠标左键向下拖动到 A10 单元格。

2. 自定义序列填充

在 WPS 表格中进行序列填充时,除了按系统预设的序列填充外,还可以按用户自定义序列进行填充。

例如,设置自定义序列"财务部,行政部,客服部,销售部"的操作步骤如下。

第 1 步:单击"文件"→"选项",弹出选项对话框。

第 2 步:在"选项"对话框中单击"自定义序列"按钮,在"输入序列"编辑框中输入"财务部,行政部,客服部,销售部",每输入一项按 Enter 键,输入完成后单击"添加"按钮将其添加到自定义序列,单击"确定"按钮,如图 7-1 所示。

当我们在表格中输入"财务部",下拉填充柄时,所设置的序列就会填充到表格中。

3. 智能填充

智能填充功能可以根据用户创建的模式比对表格中现有字符串之间的关系,分析和感知用户的想法,从而根据最符合用户需要的一种填充规则自动填充数据。

例如,在图 7-2 所示学生信息表中,根据"姓名电话"和"身份证号"两列中的数据填充"姓名""出生日期""隐藏部分身份证号"和"手机号码"等内容,操作步骤如下。

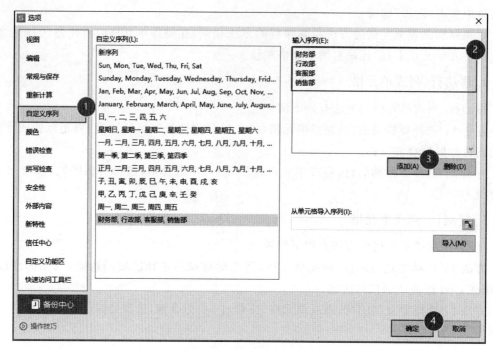

图 7-1 添加自定义序列

姓名电话	身份证号	姓名	出生日期	隐藏部分身份证号	手机号码
孙礼杰18212340006	522602197909238171	孙礼杰	19790923	522602******8171	18212340006
陈程燕18212340002	522602201402056140				
褚枫18212340008	52260220150112177X				
范心敏18212340007	522602197701223413				
冯宗莉18212340005	522602193908157988				

图 7-2 学生信息表

第 1 步:打开"素材库\项目 7\学生信息表.xlsx"文件。

第 2 步:在"姓名"列标题下的第 1 个单元格中输入"孙礼杰",按 Ctrl+E 组合键。

第 3 步:在其余各列标题下的第 1 个单元格中输入第 1 个结果,按 Ctrl+E 组合键。

学习情境 5:设置数据有效性验证

在 WPS 表格中输入数据之前,对指定区域设置数据有效性,可以验证输入的数据是否有效,避免输入无效数据。例如,设置 H2:H87 单元格区域中只能在 2015 年 10 月 1 日以后,操作步骤如下。

第 1 步:选定 H2:H87 单元格区域,在"数据"选项卡中单击"有效性"按钮,打开"数据有效性"对话框。

第 2 步:在"设置"选项卡的"允许"组合框中选择"日期",从"数据"组合框中选择"大于",在"开始日期"编辑框中输入"2015/10/1",单击"确定"按钮,如图 7-3 所示。

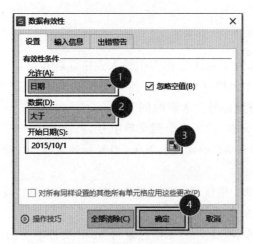

图 7-3　设置日期有效性

学习情境 6：操作工作表

在 WPS 表格中经常需要插入、删除、隐藏或取消隐藏、重命名工作表、移动或复制现有工作表。

单击工作表标签栏中的加号图标 +，即可插入一张新工作表。单击"开始"选项卡中的"工作表"按钮或右击工作表标签，在快捷菜单中单击相应的命令即可执行删除工作表、隐藏或取消隐藏工作表、重命名工作表、移动或复制工作表等操作。例如，将 Sheet1 工作表复制为 Sheet1(2) 并放置在最后面，操作步骤如下。

第 1 步：右击 Sheet1 工作表标签，在快捷菜单中单击"移动或复制工作表"。

第 2 步：在"工作簿"列表中选择当前工作簿"任务 1-员工信息素材.xlsx"，在"下列选定工作表之前"列表中选择"(移至最后)"，勾选"建立副本"复选框，单击"确定"按钮，如图 7-4 所示。

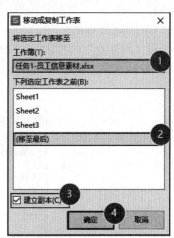

图 7-4　复制工作表

任务实施步骤

1. 创建和保存员工信息表

创建新工作簿并保存为"员工信息表.xlsx"，操作步骤如下。

第 1 步：单击"开始"菜单，选择 W→WPS Office→WPS Office，打开 WPS Office 2019 软件。单击"新建"按钮，然后单击"新建表格"→"新建空白表格"按钮。

第 2 步：单击"文件"→"保存"按钮，打开"另存文件"对话框。

第 3 步：在"另存文件"对话框中选择保存路径为"WPS 网盘"，在"文件名"编辑框中输入文件名"员工信息表"，在"文件类型"编辑框中选择"Microsoft Excel 文件(＊.xlsx)"，单击

"确定"按钮。

2. 输入员工信息数据

在员工信息表工作簿的 sheet1 工作表中输入表格标题和第 1 行数据,操作步骤如下。

第 1 步:在 A1:H1 单元格区域中输入各列的标题文本"员工编号""部门""姓名""性别""学历""联系电话""身份证号""入职时间"。

第 2 步:选择 A2 单元格,输入一个英文单引号,再输入"01001",按 Enter 键。

第 3 步:将光标移动到 A2 单元格右下角,当光标变成 ╋ 时,按住鼠标左键向下拖动到 A87 单元格。

第 4 步:在 B2:H2 单元格区域中依次输入"财务部""施荷""女""本科""13500001234""520805199810208593""2020-9-1"。

第 5 步:参照"素材库\项目 7\员工信息素材.xlsx"文件中的内容,将其余员工信息输入员工信息表中。

3. 设置数据有效性验证

(1) 设置"学历"列中只能从下拉列表中选择输入"本科""专科""高中""中专",操作步骤如下。

第 1 步:选定单元格区域 E2:E87。在"数据"选项卡中单击"下拉列表"按钮,打开"插入下拉列表"对话框。

第 2 步:在"手动添加下拉选项"编辑框的第一行输入"本科",单击上方的"增加"按钮增加一行,在第二行中输入"专科",依次添加"高中""中专",如图 7-5 所示,单击"确定"按钮。

图 7-5 设置学历下拉列表

(2) 设置"入职日期"只能在 2015 年 10 月 1 日以后,操作步骤如下。

第 1 步:选定单元格区域 H2:H87。在"数据"选项卡中单击"数据有效性"按钮,打开"数据有效性"对话框。

第 2 步:在"设置"选项卡的"允许"组合框中选择"日期",从"数据"组合框中选择"大于",在"开始日期"编辑框中输入"2015-10-1",单击"确定"按钮。

4. 创建员工工资表

由于员工工资表中也包含员工信息表中的员工编号、部门和姓名,因此可以直接复制 Sheet1 工作表,稍加修改即可得到员工工资表。操作步骤如下。

第 1 步:按住 Ctrl 键不放,拖动 Sheet1 工作表标签,工作表标签栏内出现一个黑色小三角用来定位新工作表的位置,松开 Ctrl 键和鼠标即复制出一张 Sheet1(2)工作表。

第 2 步:在工作表标签栏双击 Sheet1 工作表标签,输入新工作表名"员工信息表",按 Enter 键。

第 3 步:在工作表标签栏双击 Sheet1(2)工作表标签,输入新工作表名"员工工资表",按 Enter 键。

第 4 步:单击"员工工资表"工作表标签,选择 D 列至 H 列,右击,在快捷菜单中单击"删除"。

第 5 步:在 D1:H1 单元格区域中分别输入"绩效评分""岗位工资""绩效奖金""工资总额""工资等级"。

第 6 步:参照"素材库\项目 7\员工信息素材"文件,输入员工的绩效评分和岗位工资到 D2:E87 单元格。结果如图 7-6 所示。

	A	B	C	D	E	F	G	H
1	员工编号	部门	姓名	绩效评分	岗位工资	绩效奖金	工资总额	工资等级
2	01001	财务部	施荷	84	3800			
3	01002	财务部	陈娟	61	3500			
4	01003	财务部	蒋珍	94	3400			
5	01004	财务部	卫金花	97	3800			
6	01005	行政部	姜杰	88	3100			

图 7-6 员工工资表

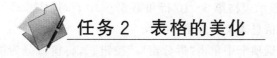

任务 2 表格的美化

知识目标

- 了解窗口拆分和窗口冻结的作用和区别。
- 了解阅读模式和护眼模式的作用。
- 了解单元格数字格式对单元格数值显示和计算的影响。
- 了解条件格式的含义和应用场景。
- 了解表格样式和单元格样式实际上是预定义的格式。

技能目标

学习资源

- 能够在窗口拆分和冻结模式下对工作表进行编辑。
- 熟练掌握阅读模式和护眼模式的设置方法。
- 熟练掌握单元格格式的设置、复制和清除操作。
- 熟练掌握单元格条件格式的设置。
- 学会使用表格和单元格样式,并能修改样式。

 任务导入

小吴制作好员工信息表和员工工资表后,还需要对员工信息表和员工工资表进行美化,使其更加美观,便于阅读。

在 WPS 表格中可以通过合并单元格,设置单元格边框、填充颜色、字体格式、数字格式以及对齐方式来对工作表进行美化。也可以使用系统预设的单元格样式和表格样式对表格进行美化,使表格中的数据更加整洁美观。

学习情境 1:管理工作窗口

1. 冻结窗口

在浏览数据较多的表格时,可以通过冻结窗格功能冻结表头标题行或标题列,使表格标题行和标题列始终显示。例如,在员工信息表中,冻结第 1 行和前 3 列的操作步骤如下。

第 1 步:打开"素材库\项目 7\员工信息表.xlsx"文件。

第 2 步:选择第 1 行下方和第 3 列右侧的第 1 个单元格 D2 单元格。

第 3 步:在"视图"选项卡中单击"冻结窗格"→"冻结至第 1 行 C 列"按钮。

第 4 步:当滚动浏览表格时,第 1 行和前 3 列始终显示。

2. 拆分窗口

通过拆分窗口功能可以把窗口拆分为两个或者四个窗口,在每个窗口中都有独立的滚动条控制窗口的显示内容,可以同时查看同一工作表的不同区域。例如,将员工信息表窗口拆分为两个窗口,分别显示表格第 5~10 行和第 35~40 行,操作步骤如下。

第 1 步:选择员工信息表工作表第 11 行。

第 2 步:在"视图"选项卡中单击"拆分窗口"按钮,将窗口分为两部分,窗口中出现了两个垂直滚动条,分别滚动两个滚动条使两个窗口分别显示表格的第 5~10 行和第 35~40 行,如图 7-7 所示。

3. 阅读模式

WPS 表格的阅读模式可以高亮显示与活动单元格处于同一行和同一列的数据。当滚动浏览表格时,可以快速定位想要查看的内容。

单击"视图"选项卡中的"阅读模式"按钮,即可启用阅读模式。在此模式下,与当前活动单元格处于同一行、列的数据都被填充颜色突出显示。

	A	B	C	D	E	F	G	H
5	01004	财务部	卫金花	女	专科	13500001330	520821198106219188	2019/4/1
6	01005	行政部	姜杰	女	本科	13500001292	520804198603114198	2014/4/1
7	01006	行政部	钱大芬	男	专科	13500001310	520822199806278447	2019/9/1
8	01007	行政部	卫之柔	男	本科	13500001334	52088119860927057X	2018/3/1
9	01008	行政部	陈红恋	女	中专	13500001280	520831199101153848	2012/5/1
10	01009	行政部	吴翠红	男	专科	13500001338	520881199408232116	2014/7/1
35	01034	销售一部	冯远琴	女	本科	13500001286	520826199511196759	2020/11/1
36	01035	销售一部	尤梦娇	女	专科	13500001350	520823198801066472	2018/12/1
37	01036	销售一部	吕敏	男	中专	13500001303	520827200010169664	2019/6/1
38	01037	销售一部	戚佳	男	中专	13500001308	520801198209209695	2018/4/1
39	01038	销售一部	王大芬	女	高中	13500001325	520802199404215413	2016/12/1

图 7-7　拆分窗口

4. 护眼模式

长时间用计算机办公会让眼睛疲劳。此时，使用 WPS 的护眼模式，可以缓解用眼疲劳，操作步骤如下。

单击"视图"选项卡中的"护眼模式"按钮👁，或者在 WPS 表格状态栏右侧单击👁图标，即可开启护眼模式。

学习情境 2：设置单元格格式

1. 设置对齐方式

在员工信息表中，为了使两个字的员工姓名和三个字的员工姓名能够对齐，需设置"姓名"列的对齐方式为"分散对齐"→"缩进 1 字符"，操作步骤如下。

第 1 步：打开"素材库\项目 7\员工信息表.xlsx"文件。

第 2 步：选择员工信息表中的 C 列，按 Ctrl+1 组合键。

第 3 步：在"对齐"选项卡的"水平对齐"组合框中选择"分散对齐（缩进）"，在"缩进"数值框中输入数值 1，如图 7-8 所示，单击"确定"按钮。

2. 设置日期格式

在单元格中输入的数字，默认按常规格式显示，但在实际工作中这种默认格式可能无法满足用户需求。例如，将员工信息表中"入职时间"列的日期格式设置为"2020 年 9 月 1 日"的格式，操作步骤如下。

第 1 步：选择员工信息表中的 H2:H87 单元格区域。

第 2 步：按 Ctrl+1 组合键，打开"单元格格式"对话框。

第 3 步：在"数字"选项卡的"分类"列表中选择"日期"，在"类型"列表中选择"2001 年 3 月 7 日"，即可在示例处查看设置效果，如图 7-9 所示，单击"确定"按钮。

3. 设置人民币大写格式

WPS 表格中的数值型数据可以通过设置数字格式来改变其显示方式。例如，将员工工

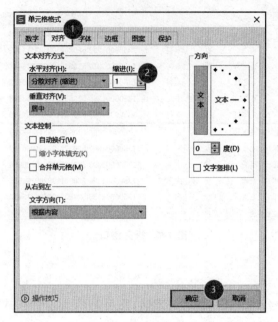

图 7-8　设置对齐方式

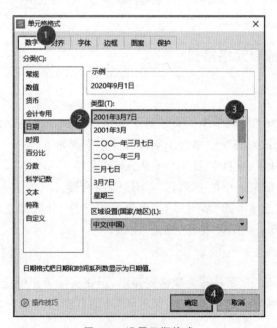

图 7-9　设置日期格式

资表中"岗位工资"列的数字格式设置为人民币大写格式,操作步骤如下。

第 1 步：选择员工信息表工作表中的 E2:E87 单元格区域。

第 2 步：按 Ctrl+1 组合键,打开"单元格格式"对话框。

第 3 步：在"数字"选项卡的"分类"列表中选择"特殊",在"类型"列表中选择"人民币大写",即可在示例处查看设置效果,单击"确定"按钮。

4. 调整行高和列宽

在 WPS 表格中,可以根据表格内容调整表格的行高和列宽,也可以指定表格的行高和列宽。例如,设置员工信息表中所有行的行高为 20 磅,A 列至 H 列的列宽为最合适的列宽,操作步骤如下。

第 1 步:单击员工信息表工作表行号和列标交叉处的全选按钮全选表格。

第 2 步:在选择区域中右击,在快捷菜单中单击"行高"按钮,在"行高"对话框中输入数值"20",单击"确定"按钮。

第 3 步:选中 A 列至 H 列,将光标移到列标 A 和 B 之间的分隔线上,当光标变成双向箭头时双击,即可调整各列的列宽为最合适的列宽。

5. 复制单元格格式

在 WPS 表格中可以使用"格式刷"和"选择性粘贴"功能来复制单元格格式。例如,将员工信息表的格式复制到员工工资表中,操作步骤如下。

第 1 步:选择员工信息表的 A:H 列,按 Ctrl+C 组合键。

第 2 步:选择员工工资表工作表的 A:H 列,右击,在快捷菜单中单击"选择性粘贴"→"仅粘贴格式"按钮。

6. 清除单元格格式

当某些单元格格式不再需要时,可以将其清除,操作方法是选择要清除格式的单元格,依次单击"开始"→"单元格"→"清除"→"格式"按钮即可。

学习情境 3:设置和清除条件格式

条件格式是指在单元格数值满足指定条件时,WPS 表格自动应用于单元格的格式。使用条件格式可以为某些符合条件的单元格应用某种特殊格式,还可以使用数据条、图标集和色阶来表示单元格数值的大小。

1. 设置条件格式

例如,在员工工资表中将岗位工资前 3 名的数据设置为红色字体。操作步骤如下。

第 1 步:打开"素材库\项目 7\员工信息表.xlsx"文件。

第 2 步:选中员工工资表中的 E2:E87 单元格区域。

第 3 步:单击"开始"→"条件格式"→"项目选取规则"→"前 10 项"按钮。

第 4 步:将左侧最大值改为 3,在"设置为"组合框中选择"自定义格式"。

第 5 步:在"字体"选项卡中设置"颜色"为"红色",单击"确定"按钮。

2. 清除条件格式

当表格中不再需要条件格式时,可以将其删除,操作步骤如下。

第 1 步:选中员工工资表中的 E2:E87 单元格区域。

第 2 步:单击"开始"→"条件格式"→"清除规则"→"清除所选单元格的规则"按钮即可清除条件格式。

学习情境 4：使用样式美化表格

WPS 表格中预定义了表格样式和单元格样式，输入数据并进行各种编辑处理后，可以使用表格样式和单元格样式快速设置表格的外观。如果对现有表格样式不满意，还可以新建或修改表格样式。

1. 应用表格样式

例如，为员工信息表应用"表样式浅色 7"，操作步骤如下。

第 1 步：打开"素材库\项目 7\员工信息表.xlsx"文件。

第 2 步：在员工信息表中的数据区域中单击任意单元格。

第 3 步：在"开始"选项卡中单击"表格样式"→"浅色系"→"表样式浅色 7"按钮。

第 4 步：在"套用表格样式"对话框中选择"转换成表格，并套用表格样式"，勾选"表包含标题"和"筛选按钮"复选框，然后单击"确定"按钮，结果如图 7-10 所示。

图 7-10　应用表格样式的效果

提示：将区域转换成表格后，当选择表格区域中的单元格时，功能区会显示"表格工具"选项卡，通过其中的命令按钮可以将表格转换为区域，添加表格切片器，设置表格镶边行等操作。

2. 应用单元格样式

例如，为员工信息表的 A1:H1 单元格区域应用单元格样式"强调文字颜色 6"，操作步骤如下。

第 1 步：选中员工信息表的 A1:H1 单元格区域。

第 2 步：在"开始"选项卡中单击"单元格样式"→"强调文字颜色 6"按钮。

任务实施步骤

1. 对员工信息表应用样式

为员工信息表应用表格样式"表样式中等深浅 7"，操作步骤如下。

第 1 步：打开"素材库\项目 7\员工信息表.xlsx"文件。

第 2 步：在员工信息表的数据区域中单击任意单元格。

第 3 步：在"开始"选项卡中单击"表格样式"→"中色系"→"表样式中等深浅 7"按钮。

第4步：在"套用表格样式"对话框中单击"确定"按钮。

2. 设置对齐方式

在员工信息表中设置"姓名"列的对齐方式为"分散对齐—缩进1字符"，标题行单元格的对齐方式为水平居中，除入职时间以外各列数据水平居中对齐，操作步骤如下。

第1步：在员工信息表中右击列标C，在快捷菜单中单击"设置单元格格式"，打开"单元格格式"对话框。在"对齐"选项卡的"水平对齐"组合框中选择"分散对齐（缩进）"，在"缩进"数值框中输入数值1，单击"确定"按钮。

第2步：选择A1:H1单元格区域，单击"开始"选项卡中的"水平居中"按钮。

第3步：选择A:B列，按住Ctrl键不放再选择D:G列，单击"开始"选项卡中的"水平居中"按钮。

3. 复制单元格格式

将员工信息表中A:D列的单元格格式复制到员工工资表的A:D列，操作步骤如下。

第1步：选择员工信息表中的A:D列，单击"开始"选项卡中的"格式刷"按钮 ￼。

第2步：单击员工工资表标签，此时光标变成刷子形状 ，拖动鼠标选择员工工资表的A:D列。

4. 设置数字格式

将员工工资表中E2:G87单元格区域的数字格式设置为"货币"格式、两位小数，操作步骤如下。

第1步：选择员工工资表中的E2:G87单元格区域，右击，在快捷菜单中单击"设置单元格格式"，打开"单元格格式"对话框。

第2步：在"数字"选项卡的"分类"列表中选择"货币"，在"小数位数"数值框中输入2，在"货币符号"下拉列表中选择"￥"，即可在示例处查看设置效果，单击"确定"按钮。

第3步：选择A:H列，将光标移到A:H列中任意两列的列标分隔线上双击，调整列宽为最合适的列宽。

任务3　函数与公式的应用

知识目标

- 认识运算符及其在混合运算中的运算顺序。
- 了解公式的组成和常用函数的结构。
- 了解单元格绝对引用、相对引用、混合引用的概念和区别。
- 了解页面设置和工作表打印的相关参数及作用。

技能目标

- 能够熟练使用运算符和单元格引用编辑简单的计算公式。

学习资源

- 能够熟练使用平均值、最大值、最小值、求和、计数等常用函数。
- 能够在公式中灵活使用相对引用、绝对引用和混合引用。
- 能够熟练进行页面布局、打印预览和打印操作的相关设置。

任务导入

小吴做好员工工资表后,需要根据员工的绩效评分计算其绩效奖金,再计算工资总额和工资等级。然后根据工资表中的数据完成图 7-11 所示的工资统计表。最后需要将员工工资表用 A4 纸打印出来。

部门	人数	平均工资	工资等级A的人数	工资等级A的比例
财务部	4	¥7,125.00	3	75.00%
行政部	5	¥6,340.00	1	20.00%
客服部	6	¥5,850.00	2	33.33%
维修部	12	¥5,358.33	1	8.33%
销售一部	16	¥5,643.75	4	25.00%
销售二部	21	¥6,004.76	4	19.05%
销售三部	22	¥6,068.18	6	27.27%

图 7-11 工资统计表

要计算员工工资和统计员工工资数据,可以使用 WPS 表格提供的公式和函数功能。在使用公式和函数计算表格数据时,可以灵活使用单元格引用方式和自动填充功能快速填充一组相似的公式。使用 WPS 表格提供的打印设置功能可以对纸张大小、纸张方向、页边距、打印标题、页眉、页脚等打印参数进行设置。

学习情境 1:认识公式和函数

1. 公式的组成

公式以英文状态下的"="开头,后面是参与计算的运算数和运算符,每个运算数可以是常量、单元格或区域的引用、名称或函数。如图 7-12 所示公式的含义是:求以 A2 单元格的值为半径的圆的面积,即用 PI 函数求出圆周率乘以 A2 的 2 次方。

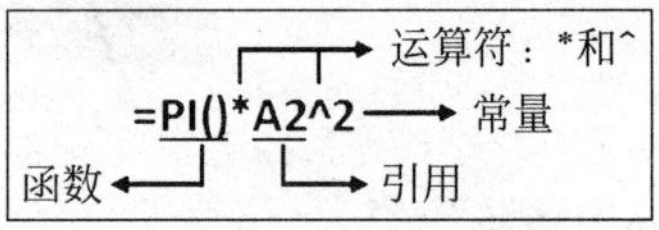

=PI()*A2^2 (运算符:*和^;常量;函数;引用)

图 7-12 公式的组成

2. 函数的组成

函数是一些预定义公式,使用时必须被包含在公式中。它使用一些称为参数的特定数据,按特定顺序或结构来执行计算。函数通常由函数名称、左括号、参数列表和右括号构成。

3. 运算符及优先顺序

运算符是对公式中的元素进行特定类型运算的符号。WPS 表格中包含 4 种类型的运算符:引用运算符、算术运算符、比较运算符和文本运算符。WPS 表格中的运算符及优先顺序如表 7-2 所示。

表 7-2　WPS 表格中的运算符及优先顺序

优先级	运算符	说明	示例
1	:和,	引用运算符	=SUM(A1:A5,A8)
2	—	算术运算符：负号	=3*—5
3	%	算术运算符：百分比	=80*5%
4	^	算术运算符：乘幂	=3^2
5	*和/	算术运算符：乘和除	=3*10/5
6	+和—	算术运算符：加和减	=3+2-5
7	&	文本运算符：连接符	="Excel"&"2016"
8	=、<>、<、>、<=、>=	比较运算符：等于、不等于、小于、大于、小于或等于、大于或等于	=A1=A2 =B1<>"性别"

学习情境2：认识单元格引用

1. 单元格和区域地址

WPS 表格使用字母标识列，使用数字标识行，这些字母称为列标，数字称为行号。引用某个单元格时使用列标加行号，例如 A3。引用单元格区域时，则使用引用运算符连接单元格区域的起止单元格地址，各种引用示例及含义如表 7-3 所示。

表 7-3　单元格和区域引用示例

引用示例	引用位置
A10	A 列中第 10 行的单元格
A10:A20	A 列中第 10 行到第 20 行之间的区域
B15:E15	第 15 行中 B 列到 E 列之间的区域
A10:E20	A 列到 E 列中第 10 行到第 20 行之间的区域
5:5	第 5 行中的全部单元格
5:10	第 5 行到第 10 行之间的全部单元格
H:H	H 列中的全部单元格
H:J	H 列到 J 列之间的全部单元格

如果要引用工作簿外的数据，需要在单元格或区域引用前面加上工作簿名称和工作表标签。引用格式如下：

'[工作簿名]工作表标签'！单元格或区域引用

2. 相对引用与绝对引用

WPS 表格公式中的单元格引用分为相对引用、绝对引用和混合引用。各种引用方式的特点如表 7-4 所示。将公式复制到目标位置时，公式中有"＄"符号的行或列不变化，无＄符号的行或列则会变化,具体变化情况如表 7-5 所示。

表 7-4　各种引用方式的特点

引用类型	规　则	表示方式	公式复制时特点
相对引用	列标和行号前都不加"$"	A1	行和列都变
绝对引用	列标和行号前都加"$"	\$A\$1	行和列都不变
混合引用	只有列标前加"$"	\$A1	列不变,行变
	只有行号前加"$"	A\$1	行不变,列变

技巧:按 F4 键可以在各种引用方式之间快速切换。

表 7-5　公式复制时引用的变化情况

复制位置	公　式	移动方式	粘贴位置	粘贴后的公式
D3	=C3-\$C\$10	向右移 2 列	F3	=E3-\$C\$10
		向下移 2 行	D5	=C5-\$C\$10
		下移 3 行右移 4 列	H6	=H6-\$C\$10

学习情境 3:WPS 表格中的函数

在 WPS 表格中,函数可以分为常用函数、财务函数、日期与时间函数、数学与三角函数、统计函数、逻辑函数、文本函数、信息函数、查找与引用函数和数据库函数,合理使用函数,特别是函数的嵌套,能够更好地发挥函数的作用。表 7-6 列出了常用的函数类型和使用范例。

表 7-6　常用的函数类型和使用范例

函数类型	函数名称及功能	使 用 范 例
常用函数	SUM(求和)、AVERAGE(求平均值)、MAX(求最大值)、MIN(求最小值)、COUNT(数值计数)等	=AVERAGE(E2:I2) 计算 E2:I2 单元格区域中数值的平均值,文本、逻辑值和空白单元格将被忽略
日期与时间函数	YEAR(求年份)、MONTH(求月份)、DAY(求天数)、TODAY(返回当前日期)、NOW(返回当前时间)、DATEDIF(返回两个日期之间的天数、月数或年数)等	=DATEDIF("2010-1-5","2021-12-6","Y") 计算 2010 年 1 月 5 日和 2021 年 12 月 6 日之间相差的整数,结果为 11。其中第 3 个参数"Y"不区分大小写
数学与三角函数	ABS(求绝对值)、INT(求整数)、ROUND(求四舍五入)、SQRT(求平方根)、RANDBETWEEN(求随机数)等	=ROUND(1234.567,2) 把 1234.567 保留 2 位小数,结果为 1234.57
统计函数	RANK(求大小排名)、SUMIF(单条件求和)、COUNTIF(单条件计数)、AVERAGEIF(单条件平均值)、COUNTIFS(多条件计数)、SUMIFS(多条件求和)等	=COUNTIFS(H3:H13,">=90",C3:C13,"男") 统计 H3:H13 中数据大于或等于 90,且 C3:C13 中为"男"的数据行数
逻辑函数	AND(与)、OR(或)、NOT(非)、FALSE(假)、TRUE(真)、IF(条件函数)、IFS(多条件判断)等	=IF(A3>=60,"及格","不及格") 判断 A3 是否大于或等于 60,若是就返回"及格",否则返回"不及格"

续表

函数类型	函数名称及功能	使用范例
文本函数	LEFT(求左子串)、RIGHT(求右子串)、MID(求子串)、LEN(求字符串长度)、EXACT(求两个字符串是否相同)、TEXT(数值转文本)等	=LEN("计算机应用基础") 计算文本长度为7； =TEXT("2021-2-5","yyyymmdd") 将"2021-2-5"转换为"20210205"
信息函数	ISBLANK(判断是否为空单元格)、ISEVEN(判断是否为偶数)、ISERROR(判断是否为错误值)等	=ISEVEN(G4) 判断G4单元格的值是否为偶数
查找与引用函数	ROW(求行序号)、COLUMN(求列序号)、VLOOKUP(在表区域首列搜索满足条件的单元格,返回指定列的值)、HLOOKUP(在表区域首行搜索满足条件的单元格,返回指定行的值)等	=ROW() 求当前单元格的行序号

学习情境4：打印工作表

1. 设置打印标题

当表格内容超过1页时,通常需要在每页的顶端或左侧打印表格标题,以方便阅读。例如,要在打印员工信息表时每页打印第一行标题,操作步骤如下。

第1步：打开"素材库\项目7\员工信息表.xlsx"文件,单击员工信息表工作表。

第2步：在"页面布局"选项卡中单击"打印标题"按钮。

第3步：在"页面设置"对话框的"工作表"选项卡中单击"顶端标题行"编辑框,用鼠标选择表格的第1行,单击"确定"按钮。

2. 设置页眉和页脚

页眉和页脚可以用来打印表格的名称、页码、总页数、打印时间等信息。例如,在员工信息表的页眉显示"员工信息表",页脚显示"第1页,共?页",操作步骤如下。

第1步：在"页面布局"选项卡中单击"页眉页脚"按钮,打开"页面设置"对话框。

第2步：在"页眉/页脚"选项卡的"页脚"组合框中选择"第1页,共?页",如图7-13所示。

第3步：单击"自定义页眉"按钮,打开"页眉"对话框,在"中(C)："编辑框中输入"员工信息表",选择"员工信息表"文本,单击"字体"按钮,设置"字型"为"粗体","字号"为"22",如图7-14所示,单击"确定"按钮。

3. 设置页面

在打印WPS表格时,默认纸张为A4,纸张方向为纵向,页边距为常规(上下边距2.54厘米、左右边距1.91厘米、页眉和页脚1.27厘米)。如果要改变默认设置,可以在"页面布局"选项卡中的"页边距""纸张方向"和"纸张大小"处进行设置。

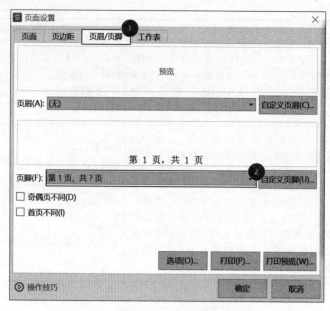

图 7-13　插入页脚

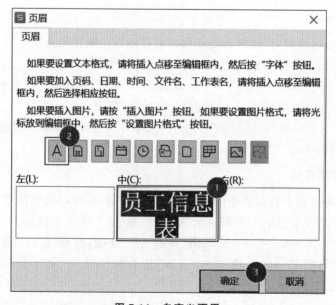

图 7-14　自定义页眉

4. 打印预览和打印

完成初步的打印设置后,单击"快速访问工具栏"中的"打印预览"按钮,进入"打印预览"窗口。在"份数"框中输入打印份数,单击"直接打印"按钮,即可按照当前的设置进行打印。单击"上一页"和"下一页"按钮可以预览每一页的最终打印效果。单击"页边距"按钮会显示页边距线,拖动页边距线可以对页边距进行调整。

任务实施步骤

1. 计算绩效奖金、工资总额和工资等级

在员工工资表中,计算每个员工的绩效奖金并填入 F2:F87 单元格区域。绩效奖金计算规则为:绩效评分大于或等于 90,绩效奖金为 4500;大于或等于 80,为 3500;大于或等于 70 为 2500;大于或等于 60 为 1500;小于 60 为 800。计算每个员工的工资总额并填入 G2:G87 单元格区域;计算每个员工的工资等级并填入 H2:H87 单元格区域,当工资总额大于或等于 7000 时,工资等级为 A,否则工资等级为 B,操作步骤如下。

第 1 步:打开"素材库\项目 7\员工工资表.xlsx"文件,单击员工工资表。

第 2 步:在 F2 单元格中输入公式"=IFS(D2>=90,4500,D2>=80,3500,D2>=70,2500,D2>=60,1500,D2<60,800)",按 Enter 键。

第 3 步:在 G2 单元格中输入公式"=E2+F2"。

第 4 步:在 H2 单元格中输入公式"=IF(G2>=7000,"A","B")"。

第 5 步:选中 F2:H2 单元格区域,拖动填充柄将公式填充到 F87:H87 单元格。公式如图 7-15 所示。

	A	B	C	D	E	F	G	H
1	员工编号	部门	姓名	绩效评分	岗位工资	绩效奖金	工资总额	工资等级
2	01001	财务部	施荷	84	¥3,800.00	=IFS(D2>=90,4500,D2>=80,3500,D2>=70,2500,D2>=60,1500,D2<60,800)	=E2+F2	=IF(G2>=7000,"A","B")

图 7-15 员工绩效奖金、工资总额和工资等级计算公式

2. 使用删除重复项功能提取部门名称

从部门列中提取各部门名称填入 K17:K23 单元格区域,操作步骤如下。

第 1 步:选中员工工资表工作表中的 B2:B87 单元格区域,按 Ctrl+C 组合键。

第 2 步:选中 K17 单元格,按 Ctrl+V 组合键。

第 3 步:在"数据"选项卡中单击"重复项"→"删除重复项"按钮。

第 4 步:在"删除重复项警告"对话框中选择"当前选定区域",单击"删除重复项"按钮,在"删除重复项"对话框中单击"删除重复项"按钮。

第 5 步:系统提示"发现 79 个重复项,已将其删除,保留 7 个唯一值",单击"确定"按钮。

3. 统计各部门人数、平均工资、工资等级 A 的人数和比例

统计各部门人数、平均工资、工资等级 A 的人数和比例的操作步骤如下。

第 1 步:在 L17 单元格中输入公式"=COUNTIF($B$2:$B$87,K17)"。

第 2 步:在 M17 单元格中输入公式"=AVERAGEIF($B$2:$B$87,K17,$G$2:$G$87)"。

第 3 步:在 N17 单元格中输入公式"=COUNTIFS($B$2:$B$87,K17,$H$2:$H$87,"A")"。

第 4 步:在 O17 单元格中输入"=N17-L17"。

第 5 步：选中 L17:O17 单元格区域，拖动填充柄将公式填充到 L23:O23 单元格。

4. 使用 VLOOKUP 函数查询工资

在工资查询工作表中，使用公式和函数实现工资查询操作，当输入员工编号时，自动显示对应员工的工资信息。操作步骤如下。

第 1 步：在工资查询工作表中的 B2 单元格中输入"＝VLOOKUP()"，单击"插入函数"按钮 fx。

第 2 步：在"函数参数"对话框中输入各参数，如图 7-16 所示，单击"确定"按钮。

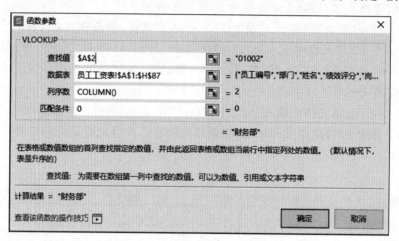

图 7-16　VLOOKUP 函数参数设置

第 3 步：选中 B2 单元格，拖动填充柄将公式填充到 H2 单元格。

第 4 步：在 A2 单元格中输入不同的员工编号，即可显示对应员工的工资数据。

5. 制作工资条

为了便于打印和裁减员工工资信息，需要为每位员工制作一个工资条，操作步骤如下。

第 1 步：按住 Ctrl 键不放，拖动"工资查询"工作表标签，工作表标签栏内出现一个黑色小三角用来定位新工作表的位置，松开 Ctrl 键和鼠标即复制出一张"工资查询(2)"工作表。

第 2 步：双击"工资查询(2)"工作表标签，输入新工作表名"工资条"，按 Enter 键。

第 3 步：在"工资条"工作表的 A2 单元格中输入第一位员工编号"01001"。

第 4 步：选择 A1:H3 单元格区域，拖动填充柄将公式填充到 A257:H257 单元格。结果如图 7-17 所示。

6. 打印员工工资表

打印员工工资表 A1:H87 单元格区域中的内容，每页打印第一行标题，并设置页眉为"2021 年 12 月员工资表"，页脚为"第 1 页，共 ? 页"。操作步骤如下。

第 1 步：选中员工工资表 A1:H87 单元格区域。

第 2 步：在"页面布局"选项卡中单击"打印区域"→"设置打印区域"按钮。

第 3 步：在"页面布局"选项卡中单击"打印标题"按钮。在"页面设置"对话框的"工作表"选项卡中单击"顶端标题行"编辑框，用鼠标选择表格的第 1 行。

员工编号	部门	姓 名	绩效评分	岗位工资	绩效奖金	工资总额	工资等级
01001	财务部	施 荷	84	3800	3500	7300	A

员工编号	部门	姓 名	绩效评分	岗位工资	绩效奖金	工资总额	工资等级
01002	财务部	陈 娟	61	3500	1500	5000	B

员工编号	部门	姓 名	绩效评分	岗位工资	绩效奖金	工资总额	工资等级
01003	财务部	蒋 珍	94	3400	4500	7900	A

员工编号	部门	姓 名	绩效评分	岗位工资	绩效奖金	工资总额	工资等级
01004	财务部	卫金花	97	3800	4500	8300	A

图 7-17 员工工资条

第 4 步：单击"页眉/页脚"选项卡，在"页脚"组合框中选择"第 1 页，共?页"选项。

第 5 步：单击"自定义页眉"按钮，打开"页眉"对话框，在"中（C）:"编辑框中输入"2021 年 12 月员工工资表"，选择"2021 年 12 月员工工资表"文本，单击"字体"按钮，设置"字型"为"粗体"，"字号"为"22"，单击两次"确定"按钮。

第 6 步：单击"打印预览"按钮进入"打印预览"窗口预览打印效果，在"份数"框中输入打印份数，单击"直接打印"按钮，即可按照当前设置进行打印。

任务 4　筛选和排序的应用

知识目标

- 了解 WPS 表格数据的排序规则。
- 了解 WPS 表格中自动筛选和自定义筛选的作用。
- 了解 WPS 表格中分类汇总和合并计算功能的作用。
- 了解单元格锁定和允许用户编辑区域在工作表保护中的作用。

技能目标

- 掌握单关键字排序、多关键字排序及自定义序列排序的操作方法。
- 掌握自动筛选、自定义筛选的操作方法。
- 掌握分类汇总和合并计算操作方法。
- 熟练掌握单元格的锁定、单元格公式的隐藏和工作表的保护操作。

学习资源

任务导入

小吴完成员工工资计算和统计后，需要利用工资表中的数据制作工资条，筛选指定数据和统计各部门工资情况,以便为公司决策提供参考数据;对工资表中的数据进行保护后将其存放到网络存储空间,以便其他同事对表格进行编辑。具体要求如下。

(1) 为每位员工制作一份工资条,显示该员工本月的工资详细信息。

(2) 在员工工资表中筛选出工资总额为前5名的员工工资信息。

(3) 汇总各部门的工资总额。

(4) 保护工作表,不允许查看员工工资表"绩效奖金""工资总额""工资等级"列中的公式。只允许修改员工工资表"姓名"列中的数据。允许输入密码"123"后,可以修改"绩效评分"列,其余信息不允许修改。

WPS表格提供了排序、筛选、分类汇总和合并计算等数据管理功能。根据员工工资表制作工资条,先复制标题行,然后借助辅助列对标题、数据和空行进行编号,再用WPS表格提供的排序功能以辅助列为关键字进行排序得出工资条。利用自动筛选功能可以快速隐藏不满足条件的数据行,显示满足指定条件的数据行。分类汇总功能能够快速地以某一字段为分类项,对数据清单中的数值字段进行各种统计计算并分级显示汇总结果。为了防止工作表中的重要数据被他人修改或删除,可以利用WPS表格提供的保护功能对工作表的全部或部分单元格进行锁定,以保护工作表。

学习情境1:数据排序

1. 单关键字排序

单关键字排序是指以数据清单中某一列(单关键字)的值为依据排序,关键字相同的记录相对位置不变。

例如,在员工工资表中按"工资总额"进行降序排序,操作步骤如下。

第1步:打开"素材库\项目7\管理员工工资.xlsx"文件。

第2步:选择"工资总额"列中的任意单元格。

第3步:在"数据"选项卡中单击"排序"→"降序"按钮。

2. 多关键字排序

多关键字排序是指以数据清单中某几列(多关键字)的值为依据排序,这些列分别称为主要关键字和次要关键字。排序时按主要关键字的值进行排序,主要关键字相同的根据次要关键字的值进行排序。

例如,在员工工资表中以"部门"升序排序,部门相同的按照"工资总额"降序排序。操作步骤如下。

第1步:选择员工工资表数据区域中的任意单元格。

第2步:在"数据"选项卡中单击"排序"→"自定义排序"按钮。

第3步:在"排序"对话框中设置"主要关键字"为"部门","排序依据"为"数值","次序"为"升序";单击"添加条件"按钮;设置"次要关键字"为"工资总额","排序依据"为"数值","次序"为"降序",然后单击"确定"按钮,如图7-18所示。

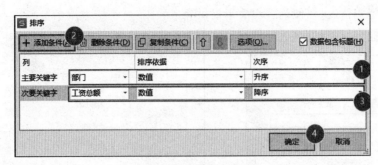

图 7-18　多关键字排序

3. 自定义序列排序

在 WPS 表格中对数据清单进行排序时，除了按默认的排序次序进行排序外，还可以对文本按自定义顺序排序。

例如，在员工工资表中按"部门"进行排序，排序顺序为行政部、财务部、客服部、销售一部、销售二部、销售三部、维修部。操作步骤如下。

第 1 步：选择员工工资表数据区域中的任意单元格。

第 2 步：在"数据"选项卡中单击"排序"→"自定义排序"按钮。

第 3 步：在"排序"对话框中设置"主要关键字"为"部门"，"排序依据"为"数值"，在"次序"组合框中选择"自定义序列"。

第 4 步：在"自定义序列"对话框的"输入序列"编辑框中输入"行政部,财务部,客服部,销售一部,销售二部,销售三部,维修部"，每输入一项按 Enter 键，输入完成后单击"添加"按钮。然后单击"确定"按钮即可。

学习情境 2：筛选数据

数据筛选是通过隐藏不满足条件的数据行，显示满足指定条件的数据行来完成数据筛选的目的。使用数据筛选可以快速显示满足条件的数据，提高工作效率。

例如，在员工工资表中筛选出部门包含"销售"，"工资总额"大于 8000 或者小于 4000 的员工工资信息，操作步骤如下。

第 1 步：打开"素材库\项目 7\管理员工工资.xlsx"文件。

第 2 步：选择员工工资表数据区域中的任意单元格。

第 3 步：在"开始"选项卡中单击"筛选"按钮。

第 4 步：单击"部门"右侧的自动筛选按钮，在搜索框中输入"销售"，列表中自动显示包含"销售"的选项并将其全选，如图 7-19 所示，单击"确定"按钮。

第 5 步：单击"工资总额"右侧的自动筛选按钮，在自动筛选列表中单击"数字筛选"→"自定义筛选"按钮，如图 7-20 所示。

第 6 步：在"自定义自动筛选方式"对话框中，设置大于 8000 或小于 4000，如图 7-21 所示，单击"确定"按钮。

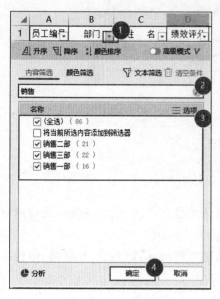

图 7-19 自动筛选

图 7-20 自定义筛选

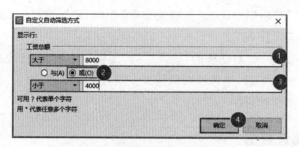

图 7-21 自定义自动筛选方式

学习情境 3：分类汇总

分类汇总功能能够快速地以某一字段为分类项，对数据清单中的数值字段进行各种统计计算（如求和、计数、平均值、最大值、最小值等），并分级显示汇总结果。

使用分类汇总功能之前，必须以分类字段为关键字对数据清单进行升序或降序排序，将分类字段值相同的行排列在一起，才能得出正确的分类汇总结果。

例如，在员工工资表中统计各工资等级的平均工资，操作步骤如下。

第 1 步：打开"素材库\项目 7\管理员工工资表.xlsx"文件。

第 2 步：选择员工工资表"工资等级"列中的任意单元格。

第 3 步：在"数据"选项卡中单击"排序"→"升序"按钮。

第 4 步：在"数据"选项卡中单击"分类汇总"按钮，出现"分类汇总"对话框。

第 5 步：在"分类字段"组合框中选择"工资等级"字段，在"汇总方式"组合框中选择"平均值"。在"选定汇总项"列表框中勾选"工资总额"，单击"确定"按钮，如图 7-22 所示。

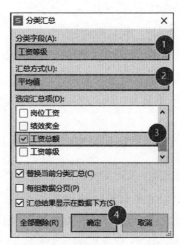

图 7-22 创建分类汇总

第 6 步：单击列标题左侧分级显示符号中的数字"2"隐藏第 3 级明细数据。

学习情境 4：保护工作表

当工作表中的某些单元格不希望被其他用户编辑，或单元格中的公式不想被其他用户查看时，可以通过先设置单元格的保护选项为锁定和隐藏，然后保护工作表来实现。

1. 取消单元格锁定

默认情况下，工作表中的所有单元格都是锁定的，要使某些单元格在工作表保护状态下能够被编辑，则需要在保护工作表之前取消这些单元格的锁定。

例如，取消员工工资表 C2:C87 单元格区域的锁定，操作步骤如下。

第 1 步：打开"素材库\项目 7\管理员工工资表.xlsx"文件。

第 2 步：选定员工工资表 C2:C87 单元格区域。

第 3 步：在"审阅"选项卡中单击"锁定单元格"按钮 。当"锁定单元格"按钮不再高亮显示时，表示单元格未锁定。

2. 隐藏单元格公式

例如，在员工工资表中，设置工作表保护状态下不允许查看"绩效奖金""工资总额"和"工资等级"列中的公式，操作步骤如下。

第 1 步：选择员工工资表 F2:H87 单元格区域，按 Ctrl+1 组合键。

第 2 步：在"单元格格式"对话框中单击"保护"选项卡，勾选"锁定"和"隐藏"复选框，单击"确定"按钮。

3. 设置允许用户编辑区域

除了取消单元格锁定，还可以通过设置允许用户编辑区域来使某些单元格在工作表保护时能够编辑，或者设置为输入密码后可以编辑。

例如，将员工工资表中"绩效评分"列设置为在工作表保护状态下，输入密码"123"后才能编辑,操作步骤如下。

第 1 步:选定员工工资表 D2:D87 单元格区域。

第 2 步:在"审阅"选项卡中单击"允许用户编辑区域"按钮。

第 3 步:在"允许用户编辑区域"对话框中单击"新建"按钮,在"新区域"对话框中已经默认填写标题为"区域 1",引用单元格为"＄D＄2:＄D＄87",在"区域密码"编辑框中输入密码"123",单击"确定"按钮。

第 4 步:在"确认密码"对话框中再次输入密码"123",单击"确定"按钮。

4. 保护工作表

保护工作表可以使工作表中锁定单元格区域的数据不被别人修改。

例如,保护员工工资表,并设置取消保护密码为"456",操作步骤如下。

第 1 步:在"审阅"选项卡中单击"保护工作表"按钮。

第 2 步:在"保护工作表"对话框的"密码"编辑框中输入密码"456",单击"确定"按钮。在"确认密码"对话框中输入"456",单击"确定"按钮。

任务实施步骤

1. 利用排序功能制作工资条

为每位员工制作一份工资条,每份工资条均显示各列标题和该员工的工资信息,操作步骤如下。

第 1 步:打开"素材库\项目 7\管理员工工资表.xlsx"文件。

第 2 步:按下 Ctrl 键,用鼠标拖动"员工工资表"的工作表标签建立"员工工资表(2)",并改变工作表名为"工资条"。

第 3 步:在工资条工作表中选择第 1 行,按 Ctrl＋C 组合键复制。选择第 2～86 行,右击,在快捷菜单中单击"插入复制单元格"即可。

第 4 步:在 I1:I86,I87:I172,I173:L96 单元格区域中分别填充序号 1～86。

第 5 步:选中 I 列中任意单元格,在"数据"选项卡中单击"排序"→"升序"按钮。

第 6 步:删除 I 列。

第 7 步:选择 A1:H1 单元格区域,在"开始"选项卡中单击"填充颜色"按钮,在列表中选择"浅绿"。

第 8 步:选择 A:H 列,在"开始"选项卡中单击"边框"→"无框线"按钮。

第 9 步:选择 A1:H2 单元格区域,在"开始"选项卡中单击"边框"→"所有框线"按钮。

第 10 步:选择 A1:H3 单元格区域,在"开始"选项卡中单击"格式刷"按钮。

第 11 步:当光标变成 形状时,选择 A4:H257 单元格区域,效果如图 7-23 所示。

2. 筛选工资总额前 5 名数据

在员工工资表中筛选出工资总额为前 5 名的员工工资信息,操作步骤如下。

第 1 步:按下 Ctrl 键,用鼠标拖动"员工工资表"的工作表标签,建立"员工工资表(2)",并改变工作表名为"工资筛选"。

员工编号	部门	姓　名	绩效评分	岗位工资	绩效奖金	工资总额	工资等级
01001	财务部	施　荷	84	¥3,800.00	¥3,500.00	¥7,300.00	A

员工编号	部门	姓　名	绩效评分	岗位工资	绩效奖金	工资总额	工资等级
01002	财务部	陈　娟	61	¥3,500.00	¥1,500.00	¥5,000.00	B

员工编号	部门	姓　名	绩效评分	岗位工资	绩效奖金	工资总额	工资等级
01003	财务部	蒋　珍	94	¥3,400.00	¥4,500.00	¥7,900.00	A

图 7-23　工资条效果

第 2 步：选择工资筛选工作表数据区域的任意单元格，在"数据"选项卡中单击"自动筛选"按钮。

第 3 步：单击"工资总额"右侧的自动筛选按钮，在自动筛选列表中单击"数字筛选"→"前十项"按钮。在"自动筛选前 10 个"对话框中，修改为最大的 5 项，单击"确定"按钮，如图 7-24 所示。

图 7-24　筛选工资总额前 5 名的员工信息

3. 汇总部门工资总额合计

使用分类汇总功能汇总各部门的工资总额合计，操作步骤如下。

第 1 步：按下 Ctrl 键，用鼠标拖动"员工工资表"的工作表标签建立"员工工资表(2)"，并改变工作表名为"工资分类汇总"。

第 2 步：选择"工资分类汇总"工作表"部门"列中的任意单元格，在"数据"选项卡中单击"排序"→"升序"按钮。

第3步：在"数据"选项卡中单击"分类汇总"按钮，打开"分类汇总"对话框。

第4步：在"分类字段"组合框中选择"部门"字段，在"汇总方式"组合框中选择"求和"。在"选定汇总项"列表框中选择"工资总额"，单击"确定"按钮。

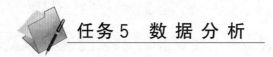

任务5　数据分析

知识目标

- 理解迷你图作为单元格图表的作用。
- 认识常见图表类型的特点和组成元素。
- 理解组合图表的结构和组成元素。
- 理解数据透视表和数据透视图的作用和布局。

学习资源

技能目标

- 能够利用表格数据制作迷你图和常用图表，并根据需要对图表元素进行编辑。
- 掌握数据透视表的创建、字段布局等操作。
- 能够根据需要改变数据透视表值字段的显示方式和字段值组合方式。
- 能够利用数据透视表创建数据透视图。

任务导入

小吴需要根据销售业绩表中第四季度各部门的销售业绩制作销售统计图。还要根据销售明细表中的数据统计各销售员的销售额总和，并能够按月查看统计数据。

WPS表格提供了类型丰富的图表以图形化的方式直观形象地表示工作表中的数据，使用户能够更加方便地查看数据的差异、比例和变化趋势。用户可以先根据现有数据创建默认图表，再根据需要设置图表元素格式。

WPS表格提供的数据透视表功能可以从不同的视角对数据进行比较、揭示和分析，从而将数据转化成有意义的信息。创建数据透视表后，可以更改数据透视表中字段的布局、数值汇总方式和显示方式，对字段进行分组来查看不同的汇总结果。还可以使用报表筛选或切片器对数据报表进行分割。

学习情境1：制作迷你图

迷你图可以在工作表数据附近的单元格中直观地表示数据的变化趋势、最大值和最小值，以增强数据的视觉冲击力。

1. 创建迷你图

例如，根据销售业绩表中"2020年销售业绩统计表"中的数据创建折线迷你图，操作步骤如下。

第1步：打开"素材库\项目7\销售业绩表.xlsx"文件，选中 F3:F5 单元格区域。

第2步：在"插入"选项卡中单击"迷你折线图"按钮 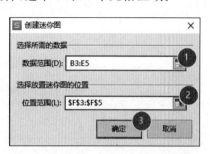。

第3步：将光标定位在"数据范围"编辑框中，选中 B3:E5 单元格区域，单击"确定"按钮，完成迷你图创建，如图 7-25 所示。

2. 标记迷你图的最高点

例如，用红色点标记迷你图的最高点，操作步骤如下。

图 7-25　创建迷你图

第1步：选中 F3:F5 单元格区域。

第2步：在"迷你图工具"选项卡中单击"标记颜色"下拉按钮，在列表中单击"高点"，在颜色框中选择"红色"，结果如图 7-26 所示。

2020年销售业绩统计表					
部门	第一季	第二季	第三季	第四季	
销售一部	6423000	4365000	6423000	8581000	
销售二部	8942000	9491000	10171000	8253000	
销售三部	8262000	11063000	10927000	11596000	

图 7-26　折线迷你图

学习情境 2：创建和编辑柱形图

在 WPS 表格中创建图表，可以先创建默认的图表，再对默认图表中的图表元素进行调整和格式化设置，改变图表的外观。

1. 创建图表

例如，根据销售业绩表中"2020 年销售业绩统计表"中的数据创建簇状柱形图，操作步骤如下。

第1步：打开"素材库\项目7\销售业绩表.xlsx"文件，选中 A2:E5 单元格区域。

第2步：在"插入"选项卡中单击"插入柱形图"按钮。

第3步：在图表列表中选择"簇状柱形图"，完成默认柱形图创建，如图 7-27 所示。

提示：选择数据后，按 Alt+F1 组合键或 F11 键，可以在当前工作表中快速创建默认的簇状柱形图。

2. 移动图例到图表右侧

例如，将上述簇状柱形图的图例移到图表右侧，操作步骤如下。

第1步：单击图表。

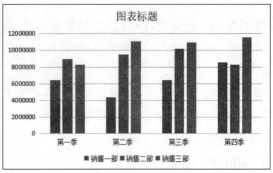
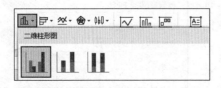

图 7-27 创建柱形图

第 2 步：单击图表右上角的"图表元素"按钮，然后单击"图例"右侧的扩展按钮，在列表中单击"右"即可将图例移动到图表右侧，如图 7-28 所示。

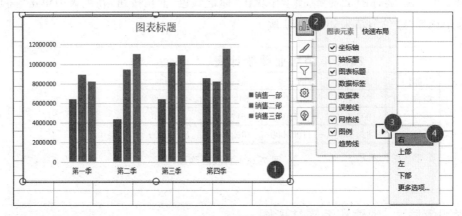

图 7-28 移动图例位置

3. 添加坐标轴标题

例如，为上述图表添加主要纵坐标轴标题"销售额"，操作步骤如下。

第 1 步：选中图表，单击图表右上角的"图表元素"按钮，然后单击"轴标题"右侧的扩展按钮，在子菜单中选择"主要纵坐标轴"。

第 2 步：单击坐标轴标题两次，更改坐标轴标题为"销售额"。

第 3 步：右击坐标轴标题，在快捷菜单中单击"设置坐标轴标题格式"按钮。

第 4 步：在右侧属性窗格中单击"文本选项"→"文本框"按钮，在"文字方向"组合框中选择"竖排"，如图 7-29 所示。

4. 设置图表区格式

例如，设置上述图表的图表区填充格式为"渐变填充"，操作步骤如下。

第 1 步：选中图表，在"图表工具"选项卡中选择当前图表元素为"图表区"。

第 2 步：在"属性"窗格中单击"图表选项"→"填充与线条"按钮，选择"渐变填充(G)"单选按钮；在"渐变样式"列表中单击"矩形渐变"→"中心辐射"按钮，如图 7-30 所示。

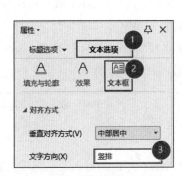

图 7-29　改变文字方向

图 7-30　设置图表区格式

5. 更改图表类型

设置完图表格式后,更改图表的类型不会影响图表元素的格式和布局。例如,更改上述图表类型为折线图,操作步骤如下。

第1步:选中图表,在"图表工具"选项卡中单击"更改类型"按钮。

第2步:在"更改图表类型"对话框中单击"折线图"→"带数据标记的折线图"按钮,如图 7-31 所示。

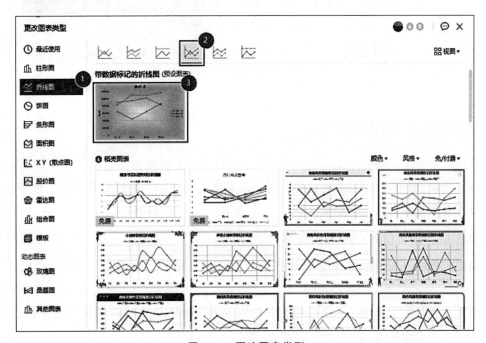

图 7-31　更改图表类型

学习情境 3：制作组合图表

组合图表是指在同一个图表中包含两种以上图表类型的图表。例如，根据销售业绩表中"2020 年销售业绩统计表"中的数据创建组合图表，操作步骤如下。

第 1 步：打开"素材库\项目 7\销售业绩表.xlsx"文件，选中 A2:E5 单元格区域。

第 2 步：在"插入"选项卡中单击"全部图表"按钮。

第 3 步：在"图表"对话框中单击"组合图"→"簇状柱形图-折线图"按钮，选择"销售三部"的图表类型为"折线图"，单击"插入预设图表"按钮，如图 7-32 所示。

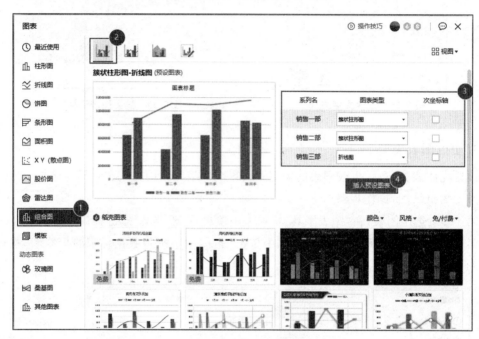

图 7-32 创建组合图表

学习情境 4：创建数据透视表

数据透视表是一种交互式报表，可快速合并和比较大量数据。它通过从不同的视角对数据进行比较、揭示和分析，从而将数据转化成有意义的信息。通过简单地拖动鼠标更改布局可以查看数据的不同汇总结果。

1. 汇总各销售员各产品的销售额

根据销售明细表中的数据创建数据透视表统计各销售员各产品的销售额，操作步骤如下。

第 1 步：打开"素材库\项目 7\销售明细表.xlsx"文件，选中数据区域中的任意单元格，在"插入"选项卡中单击"数据透视表"按钮。

第 2 步：在"创建数据透视表"对话框中单击"确定"按钮，新建一张 Sheet1 工作表，并显示"数据透视表字段"列表。

第 3 步:在"数据透视表字段"列表中,勾选"销售员""品名"和"求和项:销售额"字段。得到各销售员各产品的销售额及总销售额,如图 7-33 所示。

图 7-33　创建数据透视表

第 4 步:单击行区域中的"品名"按钮,然后在列表中单击"添加到列标签"按钮,将"品名"中的每一种产品显示为一列。

2. 使用筛选器按部门查看透视表

为了方便查看汇总数据,可以使用筛选器按部门查看数据透视表,操作步骤如下。

第 1 步:单击数据透视表区域中任意单元格。

第 2 步:在"数据透视表字段"列表中,将"部门"字段拖动到"筛选器"中。

第 3 步:单击 B1 单元格中的筛选按钮,在筛选列表中单击"销售一部"按钮,单击"确定"按钮,即可显示销售一部的汇总数据,如图 7-34 所示。

3. 使用切片器按部门查看汇总数据

除了使用报表筛选器按部门查看数据透视表外,还可以使用切片器按部门查看数据透视表,操作步骤如下。

第 1 步:单击数据透视表区域中任意单元格。

第 2 步:在"分析"选项卡中单击"插入切片器"按钮。

第 3 步:在"插入切片器"对话框中勾选"部门"复选框,单击"确定"按钮,在"部门"切片器中单击"销售二部"按钮,如图 7-35 所示。

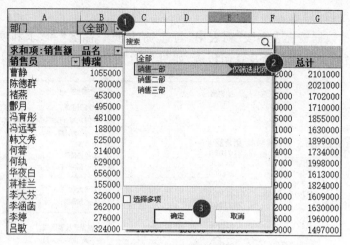

图 7-34 使用报表筛选

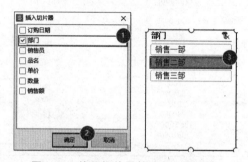

图 7-35 使用切片器筛选数据透视表

提示：如果要删除切片器，在切片器上单击选择后，按 Delete 键即可。

4. 创建产品销售季报表

根据销售明细表中的数据创建数据透视表，统计各季度销售额合计及其占销售额总计的百分比，操作步骤如下。

第 1 步：打开"素材库\项目 7\销售明细表.xlsx"文件，选中数据区域中的任意单元格，在"插入"选项卡中，单击"数据透视表"按钮 。

第 2 步：在"创建数据透视表"对话框中单击"确定"按钮，新建一张 Sheet1 工作表，并显示"数据透视表字段"列表。

第 3 步：在"数据透视表字段"列表中勾选"订购日期"和求和项："销售额"复选框。

第 4 步：从"数据透视表字段"列表中拖动和求和项："销售额"字段到"值"区域得到"求和项：销售额 2"。

第 5 步：选择数据透视表"订购日期"列中的任意单元格，在"分析"选项卡中单击"组选择"按钮 ，打开"组合"对话框。

第 6 步：在"组合"对话框中选中"季度"，清除其他选项，单击"确定"按钮，如图 7-36 所示。

第 7 步：在数据透视表"求和项：销售额 2"列中，右击任意一个值，在快捷菜单中单击

图 7-36 日期字段分组

"值显示方式"→"总计的百分比"按钮,结果如图 7-37 所示。

注意:创建数据透视表后,如果改变数据透视表数据源中某些单元格的值,数据透视表中的数据不会自动更新,要使数据透视表中的数据与源区域保持一致,可以在"分析"选项卡中,单击"刷新"按钮,刷新透视表中的数据。

图 7-37 显示总计的百分比

5. 创建数据透视图

数据透视图是根据数据透视表中的数据创建的图表,数据透视图中的数据与其相关联的数据透视表同步更新,当更改数据透视表的布局时,数据透视图也会随之改变。

例如,根据图 7-37 所示的数据透视表创建组合图表,操作步骤如下。

第 1 步:单击数据透视表数据区域中的任意单元格。

第 2 步:在"分析"选项卡中单击"数据透视图"按钮。

第 3 步:在"图表"对话框中,单击"组合图"→"簇状柱形图-折线图"按钮,选择"求和项:销售额 2"的图表类型为"折线图",勾选"求和项:销售额 2"数据系列的"次坐标轴"复选框,单击"插入预设图表",结果如图 7-38 所示。

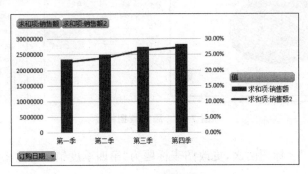

图 7-38 数据透视图

任务实施步骤

1. 创建第四季度销售统计图

根据销售业绩表中第四季度各部门的销售业绩制作销售统计饼图,操作步骤如下。

第 1 步:打开"素材库\项目 7\销售明细表.xlsx"文件,选择 A2:A5 单元格区域;按下 Ctrl 键不放,选择 E2:E5 单元格区域。

第 2 步:在"插入"选项卡中单击"插入饼图或圆环图"按钮,在图表列表中选择"三维饼图",完成默认三维饼图的创建,如图 7-39 所示。

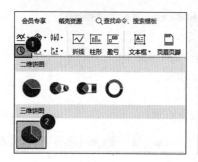
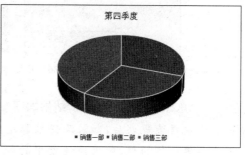

图 7-39 插入三维饼图

第 3 步:单击选择图表,单击图表右上角的"图表元素"按钮,然后单击"数据标签"右侧的扩展按钮,在列表中单击"更多选项"按钮,在"属性"窗格中勾选"百分比"和"显示引导线"复选框,选中"数据标签外"单选按钮,如图 7-40 所示。

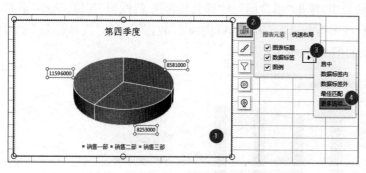

图 7-40 添加数据标签

第 4 步:单击图表标题两次,更改图表标题为"第四季度销售统计图"。

2. 创建销售数据月报表

根据销售明细表中的数据统计各销售员的销售额总和,并能够按月查看统计数据。操作步骤如下。

第 1 步:打开"素材库\项目 7\销售明细表.xlsx"文件,选中数据区域中的任意单元格,在"插入"选项卡中单击"数据透视表"按钮。

第 2 步:在"创建数据透视表"对话框中单击"确定"按钮,新建一张 sheet1 工作表,并显示"数据透视表字段"列表。

第 3 步:在"数据透视表字段"列表中勾选"订购日期""销售员"和"销售额"复选框。

第 4 步:选择数据透视表"订购日期"列中的任意单元格,在"分析"选项卡中单击"组选择"按钮,打开"组合"对话框。

第 5 步:在"组合"对话框中选择"月",清除其他选项,单击"确定"按钮。

第 6 步:将"订购日期"字段从"行"区域拖动到"筛选器"区域。

第 7 步:单击 B1 单元格中的筛选按钮,在筛选列表中单击需要查看的月份"2 月",单击"确定"按钮,即可显示 2 月的汇总数据。

学习效果自测

一、单选题

1. 在 WPS 表格中,关于行和列说法正确的是( )。
   A. 都可以被隐藏 　　　　　　　　B. 只能隐藏列不能隐藏行
   C. 都不可以被隐藏 　　　　　　　D. 只能隐藏行不能隐藏列
2. 在 WPS 表格中,A1 单元格的数字格式为整数,当输入 33.51 时,显示为( )。
   A. 33.51 　　　B. 33 　　　C. 34 　　　D. ERROR
3. 在学生成绩单中,对不及格的成绩用不同的格式显示,下列可用的方法是( )。
   A. 查找 　　　B. 条件格式 　　　C. 数据筛选 　　　D. 定位
4. 在 WPS 表格中,能在同一个单元格中显示多个段落的方法是( )。
   A. 合并单元格 　　　　　　　　B. 按 Enter 键
   C. 按 Alt 键 　　　　　　　　　D. 按 Alt+Enter 组合键
5. 在 WPS 表格中创建好表格后,会出现( )功能区选项卡。
   A. 图片工具 　　　B. 表格工具 　　　C. 绘图工具 　　　D. 其他工具
6. 在 WPS 表格中,若单元格 A1 和 A2 中分别存放数值 10 和字符"A",则 A3 中公式"=COUNT(10,A1,A2)"的计算结果是( )。
   A. 1 　　　B. 2 　　　C. 3 　　　D. 10
7. 在 WPS 表格中,求 C4 至 C8 的和的表达式为( )。
   A. =SUM(C4:C8) 　　　　　　　B. SUM(C4:C8)
   C. =SUM(C4-C8) 　　　　　　　D. SUM(C4,C8)
8. 在 WPS 表格的函数中,显示当前日期的函数是( )。

A. DATE B. TODAY C. YEAR D. COUNT

9. 在 WPS 表格中,公式必须以( )符号开头。

A. = B. @ C. — D. *

10. 在 WPS 表格中使用分类汇总功能时,必须先对数据清单进行( )。

A. 筛选 B. 求和 C. 排序 D. 汇总

二、多选题

1. 可以对 WPS 表格单元格边框进行的设置有( )。

A. 边框线形 B. 边框颜色 C. 边框样式 D. 无边框

2. 在 WPS 表格中创建图表后,可以更改的图表属性有( )。

A. 图表标题 B. 图表类型 C. 图表颜色 D. 图表样式

3. 在 WPS 表格中,有关图表说法正确的有( )。

A. 删除数据源对图表没有影响

B. "图表"命令在"插入"选项卡下

C. 删除图表对数据源没有影响

D. 折线图可以直观地反映出数据变化趋势

4. 在 WPS 表格的"页面设置",可以设置( )。

A. 纸张大小 B. 每页字数 C. 页眉和页脚 D. 打印区域

5. 在 WPS 表格中,利用填充功能可以方便地实现( )的填充。

A. 等差数列 B. 等比数列 C. 多项式 D. 方程组

6. 下列选项中属于 WPS 表格编辑栏的是( )。

A. 插入函数按钮 B. 取消按钮

C. 输入按钮 D. 全选按钮

7. 在 WPS 表格中输入公式时,公式中可包含( )。

A. 常数 B. 函数 C. 运算符 D. 单元格引用

8. WPS 表格中数据透视表的汇总方式有( )。

A. 计数 B. 计算偏差 C. 平均值 D. 求和

9. 在 WPS 表格中,可以用"撤销"按钮恢复的操作有( )。

A. 插入工作表 B. 删除工作表 C. 删除单元格 D. 插入单元格

10. 向 WPS 表格中任意单元格输入内容后,都必须确认,确认的方法有( )。

A. 双击单元格 B. 按回车键 C. 按方向键 D. 单击另一单元格

三、操作题(1~3 题来源于全国计算机等级考试二级 WPS 高级应用真题。)

1. 打开"素材库\项目 7\奥运会金牌获奖统计表.xlsx"文件。根据给出的资料,完成下列操作。

(1) 复制 B 列信息到 H 列,删除 H 列重复项。

(2) 替换"第 26 届 1996 年亚特兰大实运会金牌榜"为"第 26 届 1996 年亚特兰大奥运会金牌榜"。

(3) 完成删除重复项后,在 I2:I13 区域计算金牌总数。

(4) 对 H2:I13 区域数据,按照"金牌总数"完成"降序"排列。

(5) 筛选出"第 29 届 2008 年北京奥运会金牌榜"中"中国"的奖牌信息,并将信息填列在 M14:P14 区域。

2. 打开"素材库\项目 7\数据透视表.xlsx"文件。完成下列操作。

(1) 在现有工作表的 H15 单元格建立数据透视表,字段按顺序,依次选择"奥运会金牌榜""国家或地区""金牌""银牌""铜牌""总计"。

(2) 在 H13 单元格设置"奥运会金牌榜"为"筛选器",选择"第 29 届 2008 年北京奥运会金牌榜",显示第 29 届 2008 年北京奥运会的金牌数据。

3. 根据"素材库\项目 7\允许他人编辑被保护的工作表.xlsx"文件中的资料。完成操作:设置允许输入密码"123"后,可以修改"总计"列,其余信息不允许修改。

4. 打开"素材库\项目 7\学生期末成绩统计.xlsx"文件。完成下列操作。

(1) 使用函数计算作业平均成绩填列在 N2:N51 区域。

(2) 使用公式计算考勤成绩填列在 O2:O51 区域。

(3) 使用公式计算总评成绩填列在 P2:P51 区域。

5. 查询当前主流的国产办公软件有哪些？WPS 软件在国内市场的情况,收集 WPS 软件近 5 年的销售情况,建立一张数据表,并创建饼图和簇状柱形图。

项目素材

项目 8

WPS演示文稿

项目简介

WPS 演示文稿作为 WPS Office 的三大核心组件之一,主要用于制作与播放幻灯片,并能够应用到各种需要演讲、演示的场合。该软件能够整合图片、音频、视频等多媒体展现复杂的内容,帮助用户制作图文并茂、富有感染力的演示文稿,让演讲或演示的内容更容易被观众理解和记忆。本项目将具体介绍 WPS 演示文稿的操作方式和具体应用。

能力培养目标

- 掌握 WPS 演示文稿的基本操作。
- 掌握 WPS 演示文稿设置背景和应用设计方案的操作方法。
- 掌握在幻灯片中插入图形、图片、形状、音频和视频等对象的操作方法。
- 熟悉幻灯片母版编辑、动画设置和幻灯片切换效果的操作方法。
- 熟练掌握交互式幻灯片的制作方法。
- 掌握 WPS 演示文稿其他高级设置的操作方法。

素质培养目标

- 具备综合运用信息技术的知识和技能解决实际问题,激发学习信息技术学科的兴趣。
- 掌握协作学习的技巧,培养强烈的社会责任心,学会与他人合作沟通。
- 具备自主发现、自主探索的学习方法。
- 具备在学习中反思、总结、调整自己的学习目标,在更高水平上获得发展。

课程思政培养目标

课程思政及素养培养目标如表 8-1 所示。

表 8-1 课程内容与课程思政及素养培养目标关联表

知 识 点	知识点诠释	思 政 元 素	培养目标及实现方法
创建演示文稿		以某一城市(如"贵阳")的旅游景点推介为例激发读者对自己家乡的回忆,激励读者为自己家乡做宣传	培养学生对家乡的热爱,发掘家乡的美,从而产生回报家乡、推动家乡发展的理想

续表

知 识 点	知识点诠释	思 政 元 素	培养目标及实现方法
创建演示文稿动画和交互效果	演示文稿动画和交互效果可突出显示或表达出创作者的想法或重点信息	没有动画和交互效果的演示文稿很难吸引观众的目光,而通过添加适当的动画能很好地起到突出、震撼效果	培养学生在学习和生活中,能把握主次,能在关键时刻突出主要的;能发现自己的优缺点,能让自己的优点更突出,缺点逐步向优点靠近,做一个积极向上、心有阳光的人
放映和输出演示文稿	演示文稿创作之后,需要进行"宣传",如何将演示文稿进行大范围传播,以及如何将演示文稿进行输出和放映	鼓励读者有创意、亮点,并大胆实施、实现创意	培养读者在学习或生活中,思考怎样将自己的意愿表达出来,更能获得关注,更能解决问题

任务 1　WPS 演示文稿的简介

知识目标

- 了解演示文稿和幻灯片的基本操作。
- 掌握插入图形、表格、图表、音频和视频等对象的方法。

技能目标

- 掌握演示文稿的基本操作。
- 熟练掌握幻灯片中对象的插入及编辑方法。

学习资源

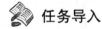 任务导入

新学期开始,为了进一步提升学院旅游社团整体队伍素质,打造高水平、了解贵阳旅游景点的管理队伍,学院团委将为社团工作人员进行一次业务培训,主题为"贵阳主要景点介绍",包括文字、图片、音频等内容。请完成如图 8-1 所示的演示文稿的制作。

要完成如图 8-1 所示的图文并茂的演示文稿,就需要掌握演示文稿的创建,演示文稿中文字录入,图片、音频等对象的插入及编辑等操作。

学习情境 1:创建演示文稿

1. 创建空白演示文稿

双击计算机桌面的 WPS Office 图标或者开始菜单中的 W→WPS Office→WPS Office,启动 WPS Office。

在启动之后的界面左侧单击"新建"按钮,在弹出的界面中单击左侧"新建演示"按钮后,

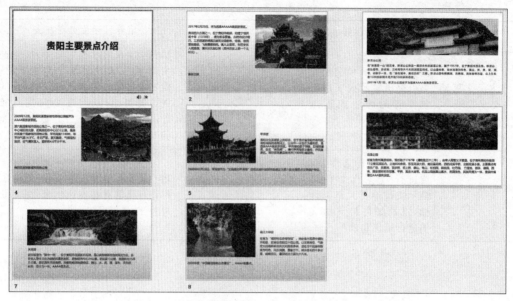

图 8-1 "贵阳主要景点介绍"演示文稿最终效果

在右侧窗格中单击"新建空白演示"按钮后即可新建空白演示文稿,如图 8-2 所示。

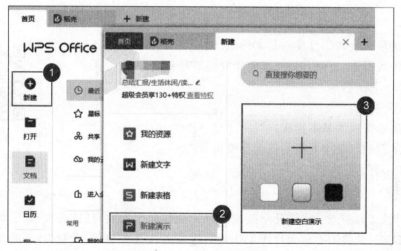

图 8-2 新建空白演示文稿

2. 依据模板创建演示文稿

WPS 演示文稿提供了多种类型的模板,依据这些模板可快速创建各种专业的演示文稿。启动 WPS 之后,单击"新建"按钮后,再单击"新建演示"按钮,在随后弹出的界面搜索框中输入关键字,比如"毕业答辩",单击"搜索"按钮,如图 8-3 所示。将显示与关键词相关的模板,单击模板缩略图,在打开的界面中可浏览整个模板,如果确定要使用,单击"立即下载"按钮,即可下载使用,如图 8-4 所示。

注意:WPS Office 2019 提供了许多精美的模板,用户可根据需要通过付费或者购买会员使用。

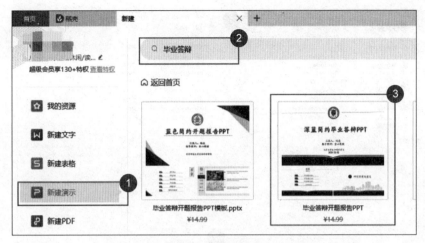

图 8-3　搜索模板

图 8-4　浏览下载 WPS 模板

3. 保存演示文稿

经过前面的学习,我们已经创建了演示文稿,在演示文稿编辑完成之后需要进行保存。第一次保存演示文稿通过"文件"→"保存"命令或按下 Ctrl+S 组合键即可弹出"另存为"对话框,设置保存路径、文件名、文件类型之后单击"保存"按钮,即可保存,如图 8-5 所示。

如果演示文稿修改之后,不想改变原有演示文稿中的内容,可执行"文件"→"另存为"命令,在打开的"另存为"对话框中重新设置文件路径、文件名,单击"保存"按钮即可。

学习情境 2:切换演示文稿的视图模式

WPS 演示文稿为用户提供了普通视图、幻灯片浏览视图、备注页视图、阅读视图、幻灯片母版视图等视图模式。每种视图都有特定的工作区、工具栏、相关的命令按钮。用户可以在状态栏中单击相应的视图切换按钮或者在"视图"选项卡中单击相应的视图切换按钮进入相应的视图。在每一种视图下对演示文稿的操作都会对编辑文稿生效,且会反映到其他视图中。

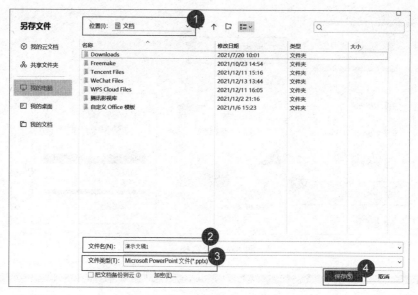

图 8-5 "另存为"对话框

1. 普通视图

普通视图是演示文稿的默认视图模式,打开演示文稿即可进入普通视图模式,单击状态栏右下角的"普通视图"按钮也可进入普通视图模式,普通视图模式是编辑幻灯片最常用的视图模式。

2. 幻灯片浏览视图

单击状态栏右侧的"幻灯片浏览"按钮或者在"视图"选项卡中单击"幻灯片浏览"按钮,即可进入幻灯片浏览视图模式,如图 8-6 所示。在该视图模式中,可以浏览演示文稿中所有幻灯片的整体效果,也可对其进行调整,如更改幻灯片的顺序、移动复制幻灯片等。

图 8-6 幻灯片浏览视图模式

3. 阅读视图

单击状态栏右侧的"阅读视图"按钮,或者在"视图"选项卡中单击"阅读视图"按钮,即可进入阅读视图模式,如图 8-7 所示。在该视图模式中,可以查看演示文稿的放映效果。在幻灯片上右击,在弹出的快捷菜单中选择"结束放映"命令,即可退出阅读视图模式。

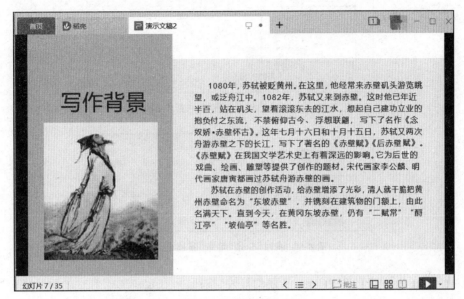

图 8-7　阅读视图模式

4. 备注页视图

在"视图"选项卡中,单击"备注页"按钮,即可进入备注页模式。在备注页视图中,文档编辑窗口分为上、下两部分：上面部分是幻灯片缩略图,下面是备注文本框,可以更加方便地编辑备注内容。

学习情境 3：幻灯片的基本操作

演示文稿创建完成之后,需要对幻灯片进行操作,幻灯片的操作有新建、选择、移动、复制、删除、隐藏及更改幻灯片的版式等。

1. 新建幻灯片

默认情况下,新建的空白演示文稿只有一张幻灯片,而演示文稿一般都需要使用多张幻灯片,这时就需要新建幻灯片,新建幻灯片的方法如下。

方法 1：将鼠标移至幻灯片视图窗格的缩略图中,在出现的"＋"号按钮上单击,即可在该幻灯片之后新建一张幻灯片,如图 8-8 所示。

方法 2：将鼠标移至某幻灯片窗格的缩略图中,单击,选中该幻灯片,按下 Enter 键,即可快速在该幻灯片之后新建一张幻灯片。

方法 3：在"开始"菜单中单击"新建幻灯片"按钮,可在定位的幻灯片之后新建一张幻灯片,如图 8-9 所示。

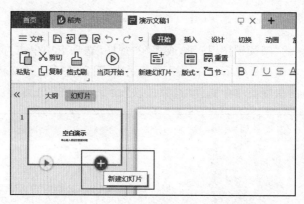

图 8-8　通过幻灯片视图窗格新建幻灯片

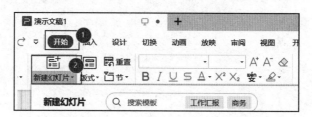

图 8-9　通过"开始"菜单"新建幻灯片"

方法 4：在"插入"菜单中单击"新建幻灯片"按钮，可在定位的幻灯片之后新建一张幻灯片，如图 8-10 所示。

图 8-10　通过"插入"菜单"新建幻灯片"

方法 5：将鼠标移至幻灯片窗格的缩略图中，右击，在弹出的快捷菜单中选择"新建幻灯片"按钮，即可在该幻灯片之后新建一张幻灯片。

方法 6：按下 Ctrl＋M 组合键，即可在选择的幻灯片之后新建一张幻灯片。

2. 选择幻灯片

在演示文稿的编辑过程中，对幻灯片的操作需要先选择幻灯片，选择幻灯片的方法如下。

方法 1：选择单张幻灯片，在幻灯片窗格中单击某张幻灯片，即可选中该幻灯片，同时在幻灯片编辑区显示该幻灯片。

方法 2：选择多张连续的幻灯片，在幻灯片窗格中单击第一张幻灯片后，按下 Shift 键的同时，单击最后一张幻灯片，即可选中此两张幻灯片及其之间的幻灯片。

方法3：选择多张不连续的幻灯片，在幻灯片窗格中单击第一张幻灯片后，按下Ctrl键的同时，依次单击其他幻灯片，即可选中所需幻灯片。

方法4：选择全部幻灯片，在幻灯片窗格中，按下Ctrl+A组合键，即可选中当前演示文稿中的全部幻灯片。

3. 移动幻灯片

在演示文稿的编辑过程中，有时需要移动幻灯片的顺序，方法如下。

方法1：在幻灯片窗格中，选择需要移动的幻灯片，按下鼠标左键，拖动到目标位置，释放鼠标即可。

方法2：在幻灯片浏览视图模式中，选择需要移动的幻灯片，按下鼠标左键，拖动到目标位置，释放鼠标即可。

4. 复制幻灯片

在演示文稿的编辑过程中，有时需要复制版式相同或者将幻灯片复制到另外的演示文稿中，方法如下。

方法1：在幻灯片窗格中，选择需要复制的幻灯片，右击，选择"复制"命令，定位至目标位置，右击，选择"粘贴"命名即可。

方法2：在幻灯片窗格中，选择需要复制的幻灯片，单击"开始"选项卡中的"复制"按钮。定位到目标位置，单击"开始"选项卡中的"粘贴"按钮，即可复制幻灯片，如图8-11所示。

方法3：在幻灯片窗格中，选择需要复制的幻灯片，右击，选择"复制幻灯片"命令，即可在选中的幻灯片后面自动粘贴所需幻灯片。但此种方法复制的幻灯片不能粘贴到其他演示文稿中。

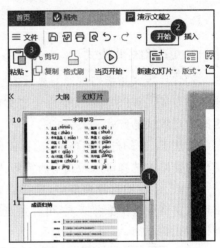

图8-11 "开始"→"粘贴"幻灯片

方法4：在幻灯片窗格中，选择需要复制的幻灯片，按下Ctrl+C组合键定位至目标位置，按下Ctrl+V组合键即可。

5. 删除幻灯片

在演示文稿的编辑过程中，特别是利用模板创建的演示文稿，需要将多余的幻灯片删除，方法如下。

方法1：在幻灯片窗格中，选择需要删除的幻灯片，右击，选择"删除幻灯片"命令，即可删除幻灯片。

方法2：在幻灯片窗格中，选择需要删除的幻灯片，按下Delete键（删除键）即可删除幻灯片。

6. 隐藏幻灯片

在演示文稿的编辑过程中，如果有幻灯片不需要但是又不想删除，可以隐藏该幻灯片，方法如下。

在幻灯片窗格中选择需要隐藏的幻灯片，右击，选择"隐藏幻灯片"按钮，或在"幻灯片放映"选项卡中，单击"隐藏幻灯片"按钮，即可隐藏幻灯片。在幻灯片窗格中可看到隐藏的幻灯片淡化显示，且幻灯片编号上显示一条斜向的删除线，如图 8-12 所示。

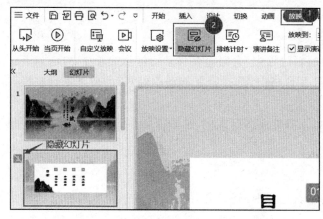

图 8-12　隐藏幻灯片

7. 更改幻灯片版式

幻灯片版式是指幻灯片上显示的所有内容的格式、位置和占位符，用来确定幻灯片页面排版和布局。WPS 演示文稿内置了多种母版版式和推荐排版，用户在编辑幻灯片时，可以更改幻灯默认的版式，方法如下。

方法 1：在幻灯片窗格中，选择需要更改版式的幻灯片，右击，选择"版式"命令，在随后出现的窗格中选择母版版式中所需版式，单击即可应用该版式。

方法 2：在幻灯片窗格中，选择需要更改版式的幻灯片，右击，选择"版式"命令，在随后出现的窗格中选择推荐版式，可在预览窗格中查看版式，若需要，则单击"应用"按钮，即可下载该版式并应用，如图 8-13 所示。

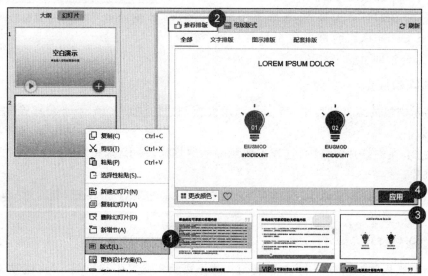

图 8-13　更改幻灯片"推荐排版"

注意：WPS演示文稿中的推荐版式有些需要通过购买会员或者付费使用。

学习情境4：编辑和美化幻灯片

演示文稿创建好之后，用户可根据需要对幻灯片的大小、主题、配色、背景等进行设置，也可在幻灯片中录入文本等操作。

1. 更改幻灯片大小

WPS演示文稿中的幻灯片大小有标准(4∶3)、宽屏(16∶9)和自定义三种模式。默认的幻灯片大小是宽屏，调整为其他大小的方法如下。

单击"设计"选项卡中的"幻灯片大小"下拉按钮，在弹出的下拉菜单中选择"标准(4∶3)"选项，打开"页面缩放选项"对话框，选择"确保适合"选项或单击"确保合适"按钮，即可看到演示文稿已经更改为标准(4∶3)。

2. 更改幻灯片配色

WPS演示文稿内置多种配色方案，用户可按颜色、按色系和按风格进行选择应用，操作方法如下。

单击"设计"选项卡中的"配色方案"按钮，在弹出的下拉菜单中选择一种预设颜色方案，即可在当前幻灯片中显示预览效果，如图8-14所示。单击该颜色方案，即可在演示文稿中应用该颜色方案。

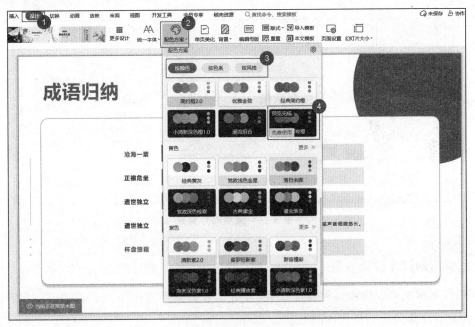

图8-14 更改配色方案

3. 设置幻灯片背景

WPS演示文稿幻灯片的背景默认是黑白渐变，用户可以通过设置幻灯片背景美化幻灯片，操作方法如下。

单击"设计"选项卡中的"背景"按钮,在弹出的下拉菜单中选择"背景"命令,在弹出的"对象属性"窗格中选择"图片或纹理填充",再单击"请选择图片"下拉按钮,选择"在线图片"弹出图片选择框,切换至"办公专区"选项卡,选择需要的图片,单击图片即可查看图片详情,如图 8-15 所示,单击"插入图片"按钮,即可将该图片设置为幻灯片的背景,如图 8-16 所示。

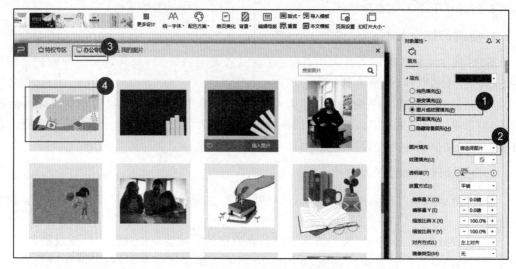

图 8-15　选择图片背景

图 8-16　应用图片背景

4. 应用幻灯片设计方案

WPS 演示文稿中内置多种设计方案,若对已有的设计方案不满意,那么可以使用内置的设计方案快速美化幻灯片,方法如下。

单击"设计"选项卡中的"更多设计"按钮,在弹出的"全文美化"对话框中可根据需要进行搜索或者浏览选择设计方案,单击某设计方案缩略图,可在"全文美化"对话框右侧查看"美化预览"和"模板详情",可单击"应用美化"按钮,确认应用该设计方案,如图 8-17 所示。操作完成之后,即可看到演示文稿已经应用了所选设计方案。

图 8-17 应用设计方案

5. 编辑幻灯片

编辑幻灯片是演示文稿主要的操作步骤,即用户可以在幻灯片中录入文本、图形、音视频等对象。文本是幻灯片的重要组成部分内容。在幻灯片中录入文本的方法如下。

方法 1:在占位符中录入文本,新建演示文稿或者插入新的幻灯片之后,在幻灯片里通常会有两个或者多个虚线边框,即占位符。占位符有文本占位符和项目占位符两种,单击占位符即可录入文本;项目占位符通常包含"插入图片""插入表格""插入图表""插入视频"等项目,单击相应的图表,可插入相应的对象。

方法 2:在幻灯片中除了可在占位符中录入文本之外,还可在文本框中录入文本。单击"插入"选项卡中的"文本框"按钮,在其下拉菜单中选择预设文本框中"横向文本框"或"竖向文本框",在幻灯片空白处绘制文本框之后,即可在文本框中录入文字。

方法 3:在幻灯片中录入文本除上述方法外,还可通过插入闭合形状,然后在形状上右击,选择"编辑文字"命令即可录入文本。

6. 插入和编辑图片

在制作幻灯片时,图片是必不可少的元素,图文并茂的幻灯片不仅形象生动,更容易引起观众的兴趣,还能更准确地表达演讲者的思想。在 WPS 演示文稿中插入图片与编辑图片大部分操作与在 WPS 文字中插入与编辑图片相同,但 WPS 演示文稿对图片的要求更高,编辑图片的操作也更加复杂和多样。

(1) 插入图片,操作方法如下。

方法 1:选中要插入图片的幻灯片,单击"插入"选项卡中的"图片"按钮,在弹出的下拉菜单中单击"本地图片"选项,如图 8-18 所示,弹出"插入图片"对话框,选择所需图片,单击"打开"按钮,即可将图片插入。

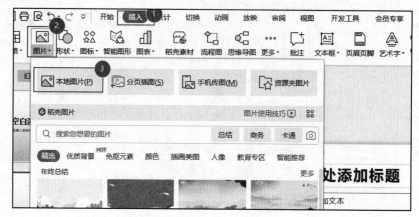

图 8-18 插入本地图片

方法 2:可直接单击幻灯片中项目占位符中"插入图片"按钮,可打开"插入图片"对话框,选择所需图片即可。

(2)裁剪图片。在幻灯片中插入的图片会保持默认的形状,为了让图片更具艺术性,可对图片进行裁剪,图片裁剪方式有形状裁剪、比例裁剪和创意裁剪,操作方法如下。

方法 1:形状裁剪,选中图片,单击"图片工具"选项卡中的"裁剪"按钮,在弹出的下拉菜单中选择"裁剪"按钮,在弹出的下拉菜单中选择"按形状裁剪"选项中的"太阳形"后,如图 8-19 所示,返回图片,按 Enter 键确认裁剪,所选图片即可按照选中的形状进行裁剪,如图 8-20 所示。

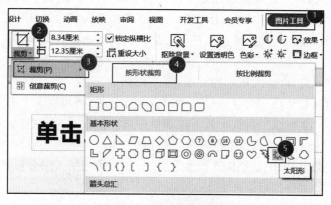

图 8-19 按形状裁剪图形

方法 2:比例裁剪,选中图片,单击"图片工具"选项卡中的"裁剪"按钮,在弹出的下拉菜单中选择"裁剪"按钮,在弹出的下拉菜单中选择"按比例裁剪"选项中的比例后,在图片上按住鼠标左键拖动鼠标,即可按照所选比例对图片进行裁剪。

方法 3:创意裁剪,选中图片,单击"图片工具"选项卡中的"创意裁剪"按钮,在弹出的下拉菜单中选择一种创意形状,如图 8-21 所示。单击创意形状即可看到选中的图片已经按照所选样式裁剪,如图 8-22 所示。

图 8-20　按"太阳形"裁剪后的图形

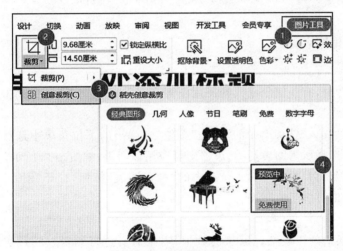

图 8-21　创意裁剪图片

图 8-22　创意裁剪后的图片

7. 插入和编辑表格

1) 插入表格

在制作幻灯片时,有些信息或数据不适合用文字或图片来表示,在信息或数据比较繁多时,可以用表格将数据分类存放在表格中。插入表格的方法如下。

方法1:单击"插入"选项卡中的"表格"按钮,拖动鼠标选择所需行列数,或者选择"插入表格"命令,在弹出的"插入表格"对话框中输入所需的行列数后,单击"确定"按钮,即可插入所需表格。

方法2:单击幻灯片中的项目占位符中的"插入表格"按钮,在弹出的"插入表格"对话框中输入所需行列数,单击"确定"按钮即可。

2) 编辑表格

在幻灯片中对表格的编辑与在WPS文字中对表格的编辑一致,可参照WPS文字处理章节。

8. 插入和编辑图表

1) 插入图表

在制作幻灯片时,有些信息或数据需用图表表示。在WPS演示文稿中,插入图表的方法如下。

方法1:单击"插入"选项卡中的"图表"按钮,在弹出的下拉菜单中选择"图表"命令,打开"图表"对话框,选择所需图表类型,单击即可应用该图表,如图8-23所示。

方法2:单击幻灯片中的项目占位符中的"插入图表"按钮,打开"图表"对话框,选择所需图表类型,单击即可应用该图表。

2) 编辑图表

在幻灯片中插入的图表都是默认的数据,需要对其进行编辑以满足实际需要,方法如下:选中该图表,激活"图表工具"选项卡,如图8-24所示,单击"选择数据"或"编辑数据"都可以打开WPS图表,删除默认数据,输入要在图表中显示的数据,单击"关闭"按钮,关闭WPS图表即可。

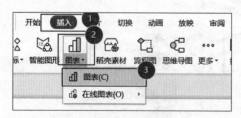

图8-23 "插入"图表

图8-24 "图表工具"选项卡

对图表的其他编辑与在WPS表格中对图表的编辑一致,可参照WPS表格处理章节。

9. 插入和编辑音视频

1) 插入和编辑音频

为了增强演示文稿的感染力,WPS演示文稿中可添加音频文件,音频文件添加后,还可以编辑音频,如美化音频文件图片、裁剪音频等。在演示文稿中插入音频的方法如下。

单击"插入"选项卡中的"音频"按钮,在弹出的下拉菜单中选择"嵌入音频"命令,打开"插入音频"对话框,选择所需音频文件后,单击"打开"按钮,即可将音频插入幻灯片中,并激活"图片工具"和"音频工具"两个选项卡,如图8-25所示。用户可以通过"音频工具"选项卡设置音频的音量、开始时间及裁剪音频、淡入、淡出效果等。如果想自动循环播放至幻灯片结束,单击"设为背景音乐"按钮即可。

图8-25 "音频工具"选项卡

2)插入和编辑视频

在演示文稿中,可以添加视频,用于补充说明演示内容。在演示文稿中添加视频的方法如下。

单击"插入"选项卡中的"视频"按钮,在弹出的下拉菜单中选择"嵌入本地视频"命令,打开"插入视频"对话框,选择所需视频文件后,单击"打开"按钮,即可将视频插入幻灯片中,并激活"图片工具"和"视频工具"两个选项卡,如图8-26所示。通过"视频工具"选项卡可以设置视频的音量、裁剪视频及播放设置等。

图8-26 "视频工具"选项卡

任务实施步骤

1. 任务目标

根据"素材库\项目8\贵阳主要景点介绍.docx"中的文字,创建贵阳主要景点介绍的演示文稿,要求包括文字、图片、音频等内容。

2. 任务要求

(1)新建演示文稿,并以"贵阳主要景点介绍.pptx"为文件名,保存至我的文档中。

(2)第一张标题幻灯片中的标题设置为"贵阳主要旅游景点介绍"。

(3)在第一张幻灯片中插入歌曲"素材库\项目8\背景音乐.mp3",设置为自动播放,并设置声音图标,在放映时隐藏。

(4)从第二至第八张幻灯片开始按照图片青岩古镇、黔灵山公园、贵阳花溪国家城市湿地公园、甲秀楼、花溪公园、天河潭、南江大峡谷的顺序依次介绍贵阳各主要景点,相应的文字素材"贵阳主要景点介绍.docx"以及图片均存放于素材库\项目8中。

任务实施步骤如下。

第1步:新建空白演示文稿,单击"文件"选项卡中的"保存"按钮,选择保存路径为"我的文档",录入文件名为"贵阳主要景点介绍",最后单击"保存"按钮。

第 2 步：在"空白演示"文本占位符中录入"贵阳主要景点介绍",删除多余的占位符。新建幻灯片,设置版式为"仅标题"的版式。单击"插入"选项卡中的"音频",选择"嵌入音频"("素材库\项目 8\背景音乐.mp3"),将背景音乐插入第一张幻灯片中,然后单击"音频工具"选项卡,设置背景音乐自动播放,并设置声音图标在播放时隐藏,如图 8-27 所示。

图 8-27 设置"背景音乐"自动播放及放映时隐藏声音图标

第 3 步：单击"视图"选项卡,选择"幻灯片母版",进入幻灯片母版编辑视图,设置"仅标题版式：由幻灯片 2 使用"标题字体为"微软雅黑(正文)",字号为 14 磅,取消"加粗",然后单击"幻灯片母版"工具栏中的"关闭"按钮,退出幻灯片母版视图。

第 4 步：将幻灯片视频切换至"大纲视图",将光标定位于第二张幻灯片的后面,如图 8-28 所示。然后将文字素材"贵阳主要景点介绍.docx"("素材库\项目 8\贵阳主要景点介绍.docx")中的文字全选、复制、粘贴至光标的后面。

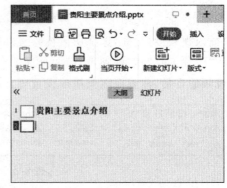

图 8-28 "光标定位"

第 5 步：将第二张幻灯片上的文字按照各个景点单独成为一张幻灯片,将光标置于文本"黔灵山公园"前,按 Enter 键,即可将"青岩古镇"及相关内容单独放于一张幻灯片中。同样的步骤,可将黔灵山公园、贵阳花溪国家城市湿地公园、甲秀楼、花溪公园、天河潭、南江大峡谷及其相关内容单独设置成一张幻灯片。此步骤完成之后,幻灯片共有八张。

第 6 步：将幻灯片视图切换至"幻灯片"。在第二张幻灯片上插入图片"素材库\项目 8\青岩古镇.jpg",在第三张至第八张幻灯片上插入对应的图片。并对图片与文字进行排版,最后排版效果如图 8-1 所示。

第 7 步：保存演示文稿,文件名为"贵阳主要景点介绍.pptx"。

任务 2　模板的创建与应用

> 知识目标

- 认识幻灯片母版。
- 认识演示文稿模板。

学习资源

技能目标

- 能够熟练掌握幻灯片模板的设计和使用。
- 能够熟练掌握幻灯片母版的设计和修改。

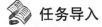 任务导入

贵阳主要景点介绍演示文稿完成后,主管人员提出了修改意见:这个演示文稿有点素,需要再修改。请帮主管人员完成演示文稿的美化,最终效果如图 8-29 所示。

图 8-29 "贵阳主要景点介绍"演示文稿美化后的效果

要美化如图 8-29 所示的演示文稿,就需要掌握幻灯片母版的创建,演示文稿模板的使用等操作。

学习情境 1:创建幻灯片母版

1. 认识幻灯片母版

幻灯片母版是存储了演示文稿中所有幻灯片主题或页面格式的幻灯片视图或页面,用它可以制作演示文稿中的统一标志、文本格式、背景等,使用母版可以快速制作出多张版式相同的幻灯片,从而极大地提高了工作效率。

在"视图"选项卡中,可以看到 WPS 演示文稿中提供了三种母版:幻灯片母版、讲义母版和备注母版,如图 8-30 所示。

2. 创建幻灯片母版

创建幻灯片母版操作步骤如下。

第 1 步:新建空白演示文稿,单击"视图"选项卡中的"幻灯片母版"按钮,切换至幻灯片母版视图。

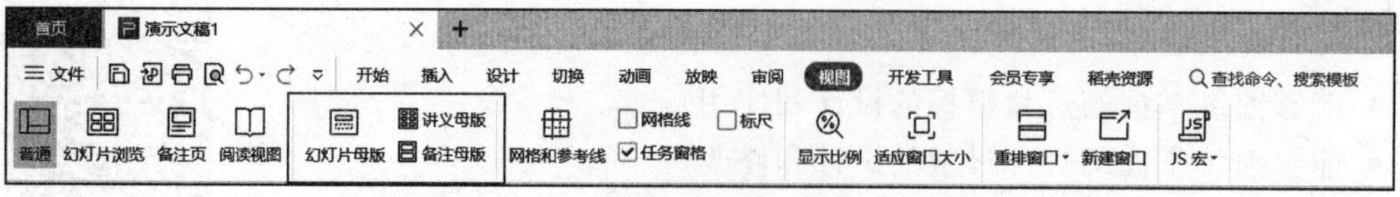

图 8-30 母版视图

第2步：选中主母版，单击"插入"选项卡中的"图片"→"本地图片"，选择"素材库\项目8\图片1.png"和"素材库\项目8\图片2.png"，插入至幻灯片中，并适当缩放大小，调整至如图8-31所示效果。

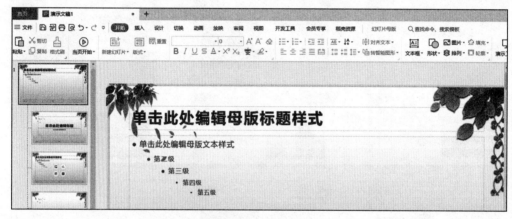

图 8-31　在幻灯片主母版中插入图片的效果

第3步：选中主母版，单击"设计"选项卡中"背景"按钮，在弹出的"对象属性"任务窗格中选中"图片或纹理填充"，然后单击"图片填充"下拉菜单，选择"本地文件"选择"素材库\项目8\图片3.png"，设置透明度为70%。

第4步：选中"两栏内容"版式，选中左栏占位符内的文本，设置"项目符号"为"无"，单击"段落"，在弹出的段落对话框中设置段落首行缩进2字符，行距为固定值22磅。然后同样的方法设置右栏占位符内文本段落格式。

学习情境2：应用幻灯片母版

1. 应用幻灯片母版主题

WPS演示文稿为用户提供了多种主题，在创建幻灯片母版时，也可使用主题快速美化幻灯片母版，方法如下。

单击"幻灯片母版"工具栏中的"主题"下拉菜单，选择所需要的主题，如"流畅"主题，单击之后，即可看到幻灯片母版的主题已经更改，如图8-32所示。

2. 保存幻灯片母版

幻灯片母版创建并编辑好后，如果希望当前的演示文稿能够套用一个已有的文稿背景样式、配色方案和版式，并可将演示文稿保存为模板，然后应用于其他演示文稿。保存方法如下。

图 8-32　更改幻灯片母版主题为"流畅"后的效果

单击"文件"选项卡中的"保存"按钮,在弹出的"另存文件"对话框中选择保存路径,录入文件名,选择文件类型为"WPS 演示模板文件(*.dpt)"之后单击"保存"按钮,如图 8-33 所示。

图 8-33　保存幻灯片母版

3. 使用模板创建演示文稿

创建并保存演示文稿模板之后,就可以使用模板创建演示文稿了。方法如下。

新建空白演示文稿,单击"设计"选项卡中的"导入模板",选择已经保存的"绿意盎然.dpt",单击"打开"按钮,即可使用该模板创建新的演示文稿。

任务实施步骤

1. 任务目标

利用模板"素材库\项目 8\绿意盎然.dpt"和"素材库\项目 8\贵阳主要景点介绍.docx"中的文字,创建贵阳主要景点介绍演示文稿,要求包括有文字、图片等内容。

2. 任务要求

(1) 新建一份演示文稿,并以"贵阳主要景点介绍 2.pptx"为文件名保存至我的文档中。

(2) 第一张标题幻灯片中的标题设置为"贵阳主要旅游景点介绍"。

(3) 第二至第八张幻灯片开始按照青岩古镇、黔灵山公园、贵阳花溪国家城市湿地公园、甲秀楼、花溪公园、天河潭、南江大峡谷的顺序依次介绍贵阳各主要景点,相应的文字素材"贵阳主要景点介绍.docx"以及图片均存放于"素材库\项目 8"中。

任务实施步骤如下。

第 1 步:新建空白演示文稿,单击"文件"选项卡中的"保存"按钮,选择保存路径为"我的文档",录入文件名为"贵阳主要景点介绍 2",最后单击"保存"按钮。

第 2 步:单击"设计"选项卡中的"导入模板",选择模板"绿意盎然.dpt",单击"打开"按钮,在"空白演示"文本占位符中录入"贵阳主要景点介绍",删除多余的占位符。

第 3 步：新建幻灯片，设置版式为"两栏"。在标题占位符中录入"青岩古镇"，在左栏中录入青岩古镇对应的内容（可复制粘贴）。单击右侧占位符中的"插入图片"按钮，选择"青岩古镇.jpg"图片即可完成第二张幻灯片的操作。

第 4 步：重复第 3 步的操作，完成第三张至第八张幻灯片的操作，最后效果如图 8-29 所示。

任务 3　WPS 演示文稿的设计

知识目标

- 认识 WPS 演示文稿的动画种类。
- 掌握 WPS 演示文稿交互式动画的设计方法。

技能目标

- 熟练掌握幻灯片对象的动画设计。
- 能设计交互式的幻灯片。

 任务导入

专业的演示文稿，不仅要内容精美，还要有绚丽的动画作为点缀。经过前两个任务的学习，我们已经将贵阳主要景点介绍演示文稿完成。在本任务中，我们将为此演示文稿添加幻灯片切换、交互等动画效果。

要完成此任务，需要掌握幻灯片的切换、图片、文本、音频和视频等对象的动画效果及幻灯片的交互效果。

学习情境 1：设置幻灯片动画

1. 认识动画效果

WPS 演示文稿提供了多种动画效果，包括进入、强调、退出、动作路径以及页面切换等多种形式的动画效果。

WPS 演示在"动画"选项卡中内置了丰富的动画方案，使用内置的动画方案可以将一组预定义的动画应用于所选幻灯片对象。

单击"动画"选项卡，在"动画"下拉列表框中可以看到动画方案列表。

从动画方案列表中可看到，WPS 预置了五大类动画效果：进入、强调、退出、动作路径和绘制自定义路径。前三类用于设置幻灯片在不同阶段的动画效果；"动作路径"通常用于设置页幻灯片对象按指定的路径运动；"绘制自定义路径"则用于自定义幻灯片对象的运动轨迹。

2. 设置动画效果

设置动画效果的操作步骤如下：

第1步：在普通视图中，选中需要添加动画的幻灯片对象。

第2步：单击"动画"选项卡，在"动画"下拉列表框中单击需要的动画效果，幻灯片编辑窗口播放动画效果，播放完成，应用动画效果的幻灯片对象左上角显示淡蓝色的效果标号，如图8-34所示。此时，单击"动画"选项卡中的"预览效果"按钮，可在幻灯片编辑窗口再次预览动画效果。

图8-34　添加动画效果

第3步：如果要为同一对象添加多种动画效果，可单击"动画"选项卡中的"动画窗格"，在弹出的"动画窗格"中单击"添加效果"下拉菜单，选择所需动画。

注意：如果利用"动画"选项卡下拉列表框为同一对象添加多次动画，后添加的动画将替换之前添加的动画。

此时，应用动画效果的幻灯片对象左上角的效果标号后将显示如图8-35所示图标，且"动画"选项卡下的动画效果显示为"多个"，如图8-35所示。

图8-35　添加多个动画效果

3. 编辑动画效果

为对象设置动画后，还可以编辑动画效果，方法如下。

单击"动画"选项卡中的"动画窗格"，单击动画窗格动画列表中序号"1"右侧的下拉按钮，在弹出的菜单中选择"效果选项"，如图8-36所示。可打开动画效果"展开"对话框（"展开"是序号"1"所用动画效果名称，若动画效果改为"飞入"，则"展开"对话框更改为"飞入"对话框），此时可对动画"展开"设置效果、计时、正文文本动画等操作。

4. 删除动画效果

删除动画效果的操作方法有以下两种。

图 8-36　打开动画"展开"对话框

方法 1：如果要删除幻灯片中某个动画效果，可以在幻灯片中单击动画对应的效果标号，按下 Delete 键即可删除。

方法 2：如果要删除演示文稿中的所有动画，可在"动画"选项卡的"删除动画"下拉菜单中单击"删除演示文稿中的所有动画(P)"，在弹出的提示对话框中单击"确定"按钮即可，如图 8-37 所示。

图 8-37　删除动画

5. 设置智能动画

WPS 预设了许多创意十足的智能动画，即使不懂动画制作的用户，也能制作出炫酷的动感效果。设置智能动画方法如下。

选中需要添加智能动画的对象，单击"动画"选项卡中的"智能动画"按钮，弹出"智能动画列表"，将鼠标移动到一种效果上，可预览动画效果，单击"免费下载"或者"VIP 下载"按钮，即可应用该动画效果。

学习情境2：设置幻灯片的切换效果

幻灯片的切换效果是指在放映幻灯片时，一张幻灯片从屏幕上消失，另一张幻灯片接着显示在屏幕上的一种动画效果。一般在为幻灯片对象添加动画后，可通过"切换"选项卡来设置幻灯片的切换动画。

1. 添加切换效果

切换效果是两张幻灯片之间的特殊效果,即在放映幻灯片时,以动画方式退出上一张幻灯片,进入当前幻灯片,操作步骤如下。

第1步:切换至幻灯片浏览视图或者普通视图。在幻灯片浏览视图中,可以查看多张幻灯片,并且可以十分方便地在整个演示文稿中编辑幻灯片的切换效果。

第2步:选择需添加切换效果的幻灯片,若要选择多张幻灯片,可借助Ctrl或Shift键完成选择。

第3步:单击"切换"选项卡下的"切换效果"下拉列表框,选择需要的效果即可。

第4步:设置切换效果后,在普通视图下单击"切换"选项卡中的"预览效果"按钮,或单击状态栏中的"从当前幻灯片开始播放"按钮,即可预览从前一张幻灯片切换到该幻灯片的切换效果以及该幻灯片的动画效果。

2. 设置切换选项

添加切换效果后,可修改切换效果的选项,操作步骤如下。

第1步:选中要设置切换参数的幻灯片。单击"动画窗格"窗格右侧的下拉菜单,选择"幻灯片切换",将动画窗格切换至幻灯片切换窗格。

第2步:在"效果选项"下拉列表中,可选择效果的形态或方向,如当前切换效果"轮辐"可选轮辐根数。(注:有些切换效果,如"新闻快报"的"效果选项"无可选项。)

第3步:可设置幻灯片切换的"速度""声音"和"换片方式",如果要将切换效果应用于所有幻灯片,可单击"应用于所有幻灯片"按钮。

第4步:单击"播放"按钮,可预览当前设置效果。

学习情境3:设置幻灯片的交互效果

在默认情况下,幻灯片播放时按照编号顺序播放。用户可以通过添加超链接和动作按钮创建交互式演示文稿。在放映幻灯片时,用户可灵活地跳转到指定的幻灯片或其他文档或者程序中。

1. 插入超链接

在编辑幻灯片时,可对幻灯片的文本、图片、表格等对象创建超链接,可链接到当前文稿以及其他现有文稿或外部链接(网页)等。对某对象创建超链接后,放映时,单击该对象可跳转至链接的位置。操作步骤如下。

第1步:选中需插入超链接的对象,单击"插入"选项卡中的"超链接"按钮,或者右击鼠标,在弹出的快捷菜单中选择"超链接",可弹出"插入超链接"对话框。

第2步:在"链接到:"列表框中选择要链接的目标文件所在的位置,该位置可以是现有文件或网页、本文档中的位置、电子邮件地址或链接附件。在"要显示的文字"文本框中,输入要在幻灯片中显示为超链接的文字,默认显示为在文档中选定的内容。

注意:只有当要建立的超链接的对象为文本时,"要显示的文字"文本框才可编辑。

2. 编辑超链接

创建超链接后,可随时对超链接进行修改,方法如下。

方法 1：选择需修改超链接的对象，右击，选择"超链接"，在弹出的下拉列表中选择"编辑超链接"，弹出"编辑超链接"对话框，可再次编辑超链接的目标位置或要显示的文字等。

方法 2：如果要删除超链接，可以在"编辑超链接"对话框中单击"删除链接"按钮或者右击，在弹出的快捷菜单中选择"超链接"，在之后的下拉列表中，选择"取消超链接"即可。

3. 添加交互动作

与超链接相似，在 WPS 演示文稿中，还可以给当前幻灯片中所选对象设置鼠标动作，当单击或者将鼠标指针移动到该对象上时，执行指定的操作。这个操作，我们通常用动作按钮来实现，方法如下。

方法 1：可通过单击触发动作按钮，操作步骤如下。

第 1 步：选择需要添加动作按钮的幻灯片，在"插入"选项卡的"形状"下拉列表中单击"动作按钮"，此时鼠标指针变为十字形，单击"绘制"按钮，绘制完成弹出"动作设置"对话框，如图 8-38 所示。

第 2 步：在"动作设置"对话框中进行所需设置之后，单击"确定"按钮即可。

其中，"鼠标单击"选项卡中各选项意义如下。

（1）无动作：即不设置动作。如果已为对象设置了动作，选中该项可删除已添加的动作。

图 8-38 "动作设置"对话框

（2）超链接到：即可链接到另外一张幻灯片，结束放映、自定义放映、URL、其他 WPS 演示文件等。

（3）运行程序：即运行到一个外部程序。

（4）运行 JS 宏：即运行在"宏列表"中指定的宏。

（5）对象动作：即打开、编辑或播放在"对象动作"列表内选定的嵌入对象。

（6）播放声音：即设置单击鼠标执行动作时播放的声音，可选择内置的声音，也可从外部导入。

方法 2：通过鼠标移动触发动作按钮，切换至"鼠标移动"选项卡，设置鼠标移动到选中的页面对象上时执行的动作，与"鼠标单击"选项卡设置一致。

方法 3：修改已设置的动作，可在添加了动作的对象上右击，在弹出的快捷菜单中，选择"动作设置"命令，可打开"动作设置"对话框进行修改。

任务实施步骤

1. 任务目标

将"贵阳主要景点介绍 2.pptx"演示文稿设计适当的动画。要求有交互、幻灯片切换有动画等。

2. 任务要求

（1）打开"素材库\项目 8\贵阳主要景点介绍 2.pptx"以文件名贵阳主要景点介绍最终

效果.pptx 保存至我的文档中。

（2）在第二张幻灯片之前新建一张幻灯片，设置为目录页，如图 8-39 所示。将列表中的内容分别超链接到后面对应的幻灯片、并添加返回到第二张幻灯片的动作按钮。

图 8-39　目录页

（3）设置第一张幻灯片文本"贵阳主要景点介绍"应用"展开"的进入动画和"放大\缩小"的强调效果。

（4）将第三至第九张幻灯片中除标题外的对象添加"出现"的进入动画效果之处，为每张幻灯片设置"淡出"的切换效果。

（5）除标题幻灯片外，其他幻灯片的页脚均包含幻灯片编号、日期和时间。

（6）在最后一张幻灯片后面新建幻灯片，除文字外，其他与第一张幻灯片一致，将文字"贵阳主要景点介绍"改为"谢谢欣赏"。

任务实施步骤如下。

第 1 步：打开"素材库\项目 8\贵阳主要景点介绍 2.pptx"，单击"文件"选项卡中的"另存为"按钮，以文件名"贵阳主要景点介绍最终效果.pptx"保存至我的文档中。

第 2 步：选中第一张幻灯片，按下 Enter 键，新建一张幻灯片，按照图 8-39 所示绘制图形、直线和文本框，并录入文本，并进行排版，具体操作方法在 WPS 文档处理中已详细讲解，在此略过。

第 3 步：选中第二张幻灯片中文本"青岩古镇"，右击，在弹出的快捷菜单中选择"超链接"命令，弹出"插入超链接"对话框，链接到本文档中的位置，在"请选择文档中的位置"列表中选择"3.青岩古镇"后，单击"确定"按钮即可，如图 8-40 所示。然后使用同样的方法完成其他六个文本对应的超链接。

第 4 步：选中第三张幻灯片，在"插入"选项卡的"形状"下拉列表中单击"动作按钮"中的第一个按钮（后退或前一项），在幻灯片右下角绘制形状，绘制完成后，在弹出的"动作设置"对话框中切换至"鼠标单击"，选中"超链接到(H)："，选择"幻灯片"，在弹出的"链接到幻灯片"对话框中选择"2.目录"，然后单击"确定"按钮即可，如图 8-41 所示。修改按钮填充色以匹配演示文稿配色，选中按钮，纯色填充，颜色为取色器选取幻灯片右上角叶子的颜色，线条为"无线条"。然后用同样的方法完成其他六张幻灯片并返回目录页的按钮设置。

第 5 步：选中第一张幻灯片中的文本"贵阳主要景点介绍"，单击"动画"选项卡，在动画

图 8-40 插入超链接

图 8-41 动作设置链接到"目录"

列表中选择进入细微型中"展开"动画,之后在"动画窗格"中单击"添加效果"右侧下拉列表按钮,选择强调"放大/缩小"的动画效果,即可完成要求所示动画效果。

第 6 步:单击"视图"选项卡中的"幻灯片母版",进入母版编辑状态,选择"两栏内容版式由幻灯片 3~9 使用",选中两栏中的内容设置动画效果为"出现",退出母版编辑状态即可。

第 7 步:在普通视图中,单击"切换"选项卡,选择"淡出"切换效果,再单击"应用到全部"按钮,即可完成幻灯片切换要求。

第 8 步:单击"插入"选项卡中的"页眉和页脚"按钮,弹出"页眉和页脚"对话框,在"页眉和页脚"对话框中勾选"日期和时间""幻灯片编号""标题幻灯片不显示"后,单击"全部应用"按钮即可。

第 9 步：选择第一张幻灯片，复制，粘贴至最后一张幻灯片，将文本内容更改为"谢谢欣赏"即可。

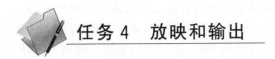

任务 4　放映和输出

知识目标
- 了解演示文稿的放映方式。
- 了解 WPS 演示文稿的输出。

技能目标
- 熟练掌握演示文稿放映方式的设计。
- 能够输出 WPS 演示文稿。

学习资源

任务导入

演示文稿已经制作完成，最后要进行放映和演示。在本任务中，我们将为此演示文稿设置放映方式。要完成此任务，需要掌握演示文稿的放映和输出方式。

学习情境 1：设置演示文稿的放映

1. 认识演示文稿的放映类型

演示文稿的放映类型主要包括两种：演讲者放映（全屏幕）和展台放映（全屏幕）。

（1）演讲者放映（全屏幕）是 WPS 演示默认的放映类型。在放映过程中，演讲者能够控制幻灯片的放映速度、暂停、录制旁白等，按 Esc 键可退出全屏放映。演讲者对幻灯片的放映过程有完全的控制权。

（2）展台放映（全屏幕）是最简单的放映方式。这种放映方式将自动全屏放映幻灯片，且循环放映演示文稿。在放映过程中，除通过超链接或动作按钮进行切换外，其他功能都不能使用。在此放映过程中，鼠标将无法控制幻灯片，只能按 Esc 键退出放映状态。

2. 设置演示文稿的放映方式

不同的放映场合，对演示文稿的放映要求有所不同，所以，在放映前，需要对演示文稿进行放映设置。方法如下。

单击"放映"选项卡中"放映设置"右侧的下拉菜单，选择"放映设置"，弹出"设置放映方式"对话框，在该对话框中对演示文稿的放映类型、放映选项、放映幻灯片的数量、换片方式等进行设置。

3. 自定义演示文稿的放映

针对不同的场合或不同的观众，用户可以有针对性地选择演示文稿的放映内容和顺序，操作步骤如下。

第1步：单击"放映"选项卡中的"自定义放映"按钮，弹出"自定义放映"对话框，如果创建过自定义放映，则窗口中显示自定义放映列表；否则，窗口中显示为空白。

第2步：单击"新建"按钮，弹出"定义自定义放映"对话框，对话框左侧显示当前演示文稿中的幻灯片列表，右侧显示添加到自定义放映的幻灯片列表，如图8-42所示。

第3步：在"幻灯片放映名称"文本框中录入名称，在选择左侧的幻灯片列表框中要加入自定义放映的幻灯片，可借助Shift或Ctrl键选择连续或不连续的多张幻灯片。然后单击"添加"按钮，在右侧列表框中将显示添加的幻灯片。还可通过对话框右侧的向上或向下的箭头调节幻灯片的放映顺序，如图8-42所示。最后单击"确定"按钮，退出"自定义放映"对话框，再单击"自定义放映"对话框中的"放映"按钮，即可自定义放映。

4. 添加排练计时

对于某些需要自动放映的演示文稿，用户在设置动画效果后，可设置排练计时。所谓排练计时，就是在正式放映前用手动方式进行换片，演示文稿能够自动把手动换片的时间记录下来，如果应用这个时间，便可以依据这个时间自动进行放映，无须人为控制。添加排练计时的方法如下。

第1步：单击"放映"选项卡中"排练计时"右侧的下拉按钮，选择"排练全部"命令。将会全屏放映第一张幻灯片，并在左上角显示"预演"工具栏，如图8-43所示。

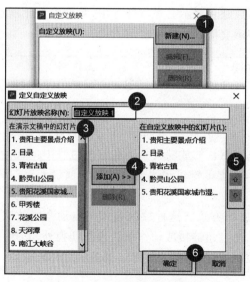

图8-42 添加要展示的幻灯片

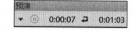

图8-43 排练计时工具栏

第2步：换片至幻灯片末尾时或按下Esc键，弹出信息提示框，单击"是"按钮即可保存排练时间。再次播放时即会按照记录的时间自动播放幻灯片。

第3步：保存排练计时，演示文稿将退出排练计时状态，以幻灯片浏览视图模式显示，可看到各幻灯片播放时间。

5. 放映演示文稿

对演示文稿进行放映设置后，即可开始放映幻灯片。WPS演示文稿提供了从头开始和从当前幻灯片开始两种放映方式,方法如下。

方法1:从头放映,打开需要放映的演示文稿,单击"放映"选项卡中的"从头开始"按钮或者按F5键,即可从头开始放映幻灯片。

方法2:从当页幻灯片开始放映,打开需放映的演示文稿,单击"放映"选项卡中的"当页开始"按钮,或者按下Shift+F5组合键,即可从当前幻灯片开始放映。

学习情境2:输出演示文稿

1. 打包演示文稿

如果要查看演示文稿的计算机上没有安装WPS Office或者缺少演示文稿中使用的某些字体,可将演示文稿进行打包以方便查看。方法如下。

单击"文件"下拉按钮,弹出下拉菜单,将鼠标移至"文件打包"菜单上,在弹出的子菜单中,单击"将演示文稿打包成文件夹"命令。弹出"演示文件打包"对话框,录入文件夹名称,选择保存位置,单击"确定"按钮,即可完成文件打包。

2. 输出为视频

将演示文稿保存为视频文件。方法如下。

单击"文件"下拉按钮,弹出下拉菜单,将鼠标移至"另存为"菜单上,在弹出的子菜单中选择"输出为视频"命令。弹出"另存文件"对话框,录入文件名称,选择保存位置,文件类型为"WebM视频(*.webm)",单击"保存"按钮,弹出提示对话框,提示正在输出视频(若第一次输出为视频,会提示下载与安装WebM视频解码器插件(扩展),按提示安装即可)。视频输出完成后,可单击"打开视频"按钮,即可查看幻灯片转换为视频的效果。

3. 输出为PDF文件

将演示文稿保存为PDF文件后,则无须再用WPS打开和查看了,可用PDF阅读软件便可打开,这便于文稿的阅读和传播。方法如下。

单击"文件"下拉按钮,弹出下拉菜单,将鼠标移至"输出为PDF"菜单上,弹出"输出为PDF"对话框,选择保存位置后,单击"开始输出"按钮,即可完成演示文稿转换为PDF文件。

任务实施步骤

1. 任务目标

将"素材库\项目8\贵阳主要景点介绍最终效果.pptx"按要求进行设置后,打包演示文稿。

2. 任务要求

(1)设置演示文稿放映方式为"循环放映,按Esc键终止"。

(2)将演示文稿从头至尾进行排练计时,时间不限,保存排练时间。

(3)将演示文稿以文件夹名"贵阳主要景点介绍演示"进行打包,不压缩文件夹。

任务实施步骤如下。

第1步:打开"贵阳主要景点最终效果.pptx",单击"放映"选项卡中"放映设置"右侧的下拉菜单,选择"放映设置",弹出"设置放映方式"对话框,在该对话框中勾选"循环放映,按 Esc 键终止"后,单击"确定"按钮即可。

第 2 步:单击"放映"选项卡中"排练计时"右侧的下拉按钮,选择"排练全部"命令,然后手动切换幻灯片至末尾,在弹出的信息提示框中单击"是"按钮,即可保存排练时间。

第 3 步:单击"文件"下拉按钮,弹出下拉菜单,将鼠标移至"文件打包"菜单中,在弹出的子菜单中选择"将演示文稿打包成文件夹"命令。弹出"演示文件打包"对话框,录入文件夹名称"贵阳主要景点介绍演示",选择保存位置后,单击"确定"按钮,即可完成文件打包。

学习效果自测

一、单选题

1. WPS 演示是一种用于( )的工具。
   A. 画画 B. 绘制表格 C. 制作幻灯片 D. 文字处理
2. 在 WPS 演示文稿中,新建的幻灯片中显示的虚线框是( )。
   A. 占位符 B. 文本框 C. 图片边界 D. 表格边界
3. 在一个包含多个对象的幻灯片中,选定某个对象设置"展开"效果后,则( )。
   A. 该幻灯片的放映效果为"展开" B. 该对象的放映效果为"展开"
   C. 下一张幻灯片放映效果为"展开" D. 上一张幻灯片放映效果为"展开"
4. 幻灯片的切换方式是指( )。
   A. 在新建幻灯片的过渡形式 B. 在编辑幻灯片时切换不同视图
   C. 在编辑幻灯片时切换不同主题 D. 相邻两张幻灯片切换时的过渡形式
5. 从头播放幻灯片的快捷键是( )。
   A. F2 B. Shift+F5 C. Shift+F2 D. F5
6. 要使幻灯片在放映时能够自动播放,需要设置( )。
   A. 排练计时 B. 动画效果 C. 切换效果 D. 动作按钮
7. WPS 演示文稿中,关于超链接,下列说法错误的是( )。
   A. 动作按钮可以建立超链接 B. 背景可以建立超链接
   C. 文字可以建立超链接 D. 图片或图形可以建立超链接
8. WPS 演示文稿中,在( )选项卡下可以添加音频。
   A. 视图 B. 插入 C. 动画 D. 设计
9. WPS 演示文稿中,在( )选项卡下可以设置音频。
   A. 图片工具 B. 视频工具 C. 音频工具 D. 插入
10. WPS 演示文稿中,以下不属于对象动画效果的是( )。
    A. 进入 B. 退出 C. 强调 D. 切换

二、多选题

1. 以下是 WPS 演示文稿视图的时( )。
   A. 普通视图 B. 幻灯片浏览 C. 备注页视图 D. 放映
2. 在 WPS Office 2019 中,母版视图有( )。
   A. 幻灯片母版 B. 讲义母版 C. 备注母版 D. 标题母版

3. 下列关于 WPS 演示中动画功能的说法正确的是（　　）。
    A. 动画的先后顺序不可改变　　　　B. 各种对象均可设置动画
    C. 动画播放的同时可播放声音　　　D. 可将对象设置成播放后隐藏
4. 在 WPS 演示文稿中，关于超链接，下列说法错误的是（　　）。
    A. 一个对象只能添加一个超链接
    B. 可以删除超链接
    C. 超链接可以链接到另一个演示文稿的图片上
    D. 不可编辑超链接
5. 下列对幻灯片中视频的设置描述正确的是（　　）。
    A. 视频不可以全屏播放　　　　　　B. 可以裁剪视频
    C. 可以设置视频封面　　　　　　　D. 可以循环播放

三、操作题

打开素材文档"WPP.pptx"（.pptx 为文件扩展名），按要求完成演示文稿相关操作。

为了倡导文明用餐，制止餐饮浪费行为，形成文明、科学、理性、健康的饮食消费理念，我校宣传部决定开展一次全校师生的宣讲会，以加强宣传引导。汪小苗将负责为此次宣传会制作一份演示文稿，请帮助她完成这项任务。

(1) 通过编辑母版功能，对演示文稿进行整体性设计。
① 将文件夹中的"背景.png"图片统一设置为所有幻灯片的背景。
② 将文件夹中的图片"光盘行动 logo.png"批量添加到所有幻灯片页面的右上角，然后单独调整"标题幻灯片"版式的背景格式，使其"隐藏背景图形"。
③ 将所有幻灯片中的标题字体统一修改为"黑体"。将所有应用了"仅标题"版式的幻灯片（第 2、4、6、8、10 页）的标题字体颜色修改为自定义颜色，RGB 值为"红色 248、绿色 192、蓝色 165"。

(2) 将过渡页幻灯片（第 3、5、7、9 页）的版式布局更改为"节标题"版式。

(3) 按下列要求，对标题幻灯片（第 1 页）进行排版美化。
① 美化幻灯片标题文本，为主标题应用艺术字的预设样式"渐变填充—金色，轮廓—着色 4"，为副标题应用艺术字预设样式"填充—白色，轮廓—着色 5，阴影"。
② 为幻灯片标题设置动画效果，主标题"劈裂"方式进入、方向为"中央向左右展开"，副标题以"切入"方式进入，方向为"自底部"，并设置动画开始方式为鼠标单击时主、副标题同时进入。

(4) 按下列要求，为演示文稿设置目录导航的交互动作。
① 为目录幻灯片（第 2 页）中的 4 张图片分别设置超链接，使其在幻灯片放映状态下，通过单击即可跳转到相对应的节标题幻灯片（第 3、5、7、9 页）。
② 通过编辑母版，为所有幻灯片统一设置返回目录的超链接，要求在幻灯片放映状态下，通过鼠标单击各页幻灯片右上角的图片，即可跳转回到目录幻灯片。

(5) 按下列要求，对第 4 页幻灯片进行排版美化。
① 将文件夹中的"锄地.png"图片插入到本页幻灯片右下角位置。
② 为两段内容文本设置段落格式，段落间距为段后 10 磅、1.5 倍行距，并应用"小圆点"

样式的预设项目符号。

(6) 按下列要求,对第 6 页幻灯片进行排版美化。

① 将"近期各国收紧粮食出口的消息"文本框设置为"五边形"箭头的预设形状。

② 将 3 段内容文本分别置于 3 个竖向文本框中,并沿水平方向上依次并排展示,相邻文本框之间以 10 厘米高、1 磅粗的白色"直线"形状相分割,并适当进行排版对齐。

(7) 将第 8 张幻灯片中的三段文本,转换为智能图形中的"梯形列表"来展示,梯形列表的方向修改为"从右往左",颜色更改为预设的"彩色—第 4 个色值",并将整体高度设置为 8 厘米、宽度设置为 25 厘米;

(8) 按下列要求,对第 10 页幻灯片进行排版美化。

① 将文本框的"文字边距"设置为"宽边距"(上、下、左、右边距各 0.38 厘米),并将文本框的背景填充颜色设置为透明度 40%。

② 为图片应用"柔滑边缘 25 磅"效果,将图层置于文本框下方,使其不遮挡文本。

(9) 为第 4、6、8、10 页幻灯片设置"平滑"切换方式,实现"居安思危"等标题文本从上一页平滑过渡到本页的效果,切换速度设置为 3 秒。除此以外的其他幻灯片,均设置为"随机"切换方式,切换速度设置为 1.5 秒。

项目教材

项目 9

新一代信息技术概述

项目简介

新一代信息技术是以人工智能、量子信息、移动通信、物联网、区块链、云计算、大数据等为代表的新兴技术。它既是信息技术的纵向升级,也是信息技术之间及其与相关产业的横向融合。本项目内容涵盖了这些新技术的基本概念、技术特点、典型应用、技术融合等内容。

能力培养目标

- 认识和掌握人工智能和区块链技术的基本概念、关键技术和应用技术。
- 认识和掌握量子信息技术的基本概念、关键技术和应用技术。
- 认识和掌握移动通信技术的基本概念、关键技术和应用技术。
- 认识和掌握物联网技术的基本概念、关键技术和应用技术。
- 认识和掌握云计算和大数据技术的基本概念、关键技术和应用技术。

素质培养目标

- 具备综合运用信息技术的知识和技能解决实际问题,激发学习信息技术学科的兴趣。
- 具备努力学习、拼搏奋进的精神。
- 具备努力学好新技术、为社会做贡献的理念。
- 具备独立思考和主动探究能力,为新一代信息技术的发展和应用做贡献。
- 具备团队协作和乐于助人的精神,相互学习、共同进步。

课程思政培养目标

课程思政及素养培养目标如表 9-1 所示。

表 9-1 课程内容与课程思政及素养培养目标关联表

知识点	知识点诠释	思 政 元 素	培养目标及实现方法
人工智能技术	人工智能技术是使机器能够通过学习和训练后能自主完成类似的任务,例如无人驾驶技术等	人工智能可以促使科学技术的发展,可以提高人类生活的品质,但不法之人也有可能会利用人工智能技术做坏事	培养学生树立用人工智能技术造福人类的理念
机器学习	机器学习是使机器通过记忆、基于经验或接受人工干预的建议,并不断自动改进,使其运行的结果更趋于人们想要的结果	机器人要通过机器学习才变得越来越"智慧"和"聪明"。人类也是要通过学习才能使自己的知识得到拓展,使自己的才能得以提升	培养学生树立爱知识、爱学习的理念

续表

知识点	知识点诠释	思政元素	培养目标及实现方法
物联网	通过集成各种感应设备、频射设备、定位设备、扫描设备按约定协议将所有的设备通过互联网连接起来,实现信息交换和通信相互	了解物联网技术的应用范畴以及对人类社会的贡献	培养学生树立学好物联网技术的理念,树立用物联网技术服务社会和国家的理想
云计算的功能	云计算的主要功能是协同处理(利用多个计算资源、存储资源和网络资源同时服务一个"任务")和资源共享	"类比"人类社会要实施一件大的工程或事务,也必须要利用多方资源,需要多方支持,多个政府部门和企业的协同工作才能顺利完成	培养学生团队协作精神、互帮互助精神和相互学习、共同进步的精神
大数据清洗	数据清洗就是要去除一切杂乱和无用的数据,筛选和保留有价值的数据	作为学生,要做到心无杂念,静心学习	培养学生清除杂念,保留本色,安安心心地学习,本本分分地做人
区块链的激励机制	通过激励的手段,鼓励区块链中的节点参与到维护区块链系统安全运行中来,防止对总账本进行篡改,区块链的激励机制是长期维持区块链网络运行的动力	有激励才有动力,有奖惩才有好的校风和学风。对学习品学兼优、政治素质好的先进学生,学校和老师要及时表扬和奖励,也借此激励后进的学生	培养学生人人都争当先进,争做品学兼优的三好学生
共识机制	在都相互不认识、不了解且没有利益关系的情况下对某个观点进行投票,最后认可投票的结果,即达成共识。区块链技术将这种共识机制运用在交易的验证和确认中	区块链上的交易和数据需要得到群体的认可才有效,人的知识和才能也需要得到社会的认可才有价值	培养学生在校读书期间,除了要学好学精专业课知识以外,还要加强和注重思政学习和素质历练,做一个对社会有用的人,做一个得到社会和国家认可的人

任务 1　人工智能技术

知识目标

- 认识人工智能的基本概念及特点。
- 了解人工智能与物联网、云计算和大数据的关系。

技能目标

- 掌握人工智能的核心技术。
- 掌握人工智能的应用技术。

学习情境 1：认识人工智能的基本概念

1. 人工智能的定义

人工智能（artificial intelligence,AI）是研究、开发用于模拟、延伸和扩展人工智能的理论、方法、技术及应用系统的一门新技术科学。人工智能领域的研究包括机器人、语言识别、图像识别、自然语言处理和专家系统等。

纵观人类发展及工业革命史，人类社会经历了第一次工业革命的蒸汽机时代，第二次工业革命的电气时代和第三次工业革命的信息时代。随着人工智能的日趋成熟，人类社会正在逐步向智能时代迈进。

2. 人工智能与物联网、云计算和大数据的关系

物联网、大数据、人工智能、云计算，作为当今信息化的四大版块，它们之间有着本质的联系，具有融合的特质和趋势。

从广义的人类智慧拟化的实体视角来看，它们是一个整体：物联网是这个实体的眼睛、耳朵、鼻子和触觉；而大数据是这些触觉到的信息的汇集与存储；人工智能未来将是掌控这个实体的大脑；云计算可以看作是大脑指挥下的对于大数据的处理并进行应用。

（1）物联网：物联网是大数据的基础，记录人、事、物及之间互动的数据。

（2）大数据：大数据是基于物联网的应用，也是人工智能的基础。

（3）云计算：物联网、大数据和人工智能必须依托云计算的分布式处理、分布式数据库和云存储、虚拟化技术才能形成行业级应用。

（4）人工智能：大数据的最理想应用，反哺物联网。

从另一个角度来看，物联网、云计算、大数据、人工智能之间相辅相成，在这四个技术中，物联网在数据的采集层，云计算在承载层，大数据在挖掘层，人工智能是在学习层，所以它们是层层递进的关系。通过物联网产生、收集海量的数据存储于云平台，再通过大数据分析，人工智能提取有用的信息持续深度学习，最终人工智能会促进物联网的发展，形成更加智能的物联网社会。

人工智能与物联网技术、云计算技术和大数据技术之间的关系如图 9-1 所示。

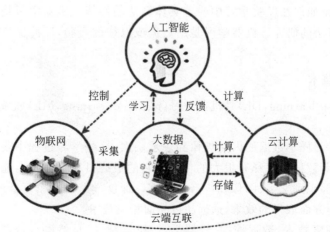

图 9-1　人工智能与物联网、云计算和大数据的关联图

学习情境2：人工智能的核心技术

1. 计算机视觉技术

计算机视觉是一门研究如何使机器"看"的科学，更进一步地说，就是指用摄影机和计算机代替人眼对目标进行识别、跟踪和测量等机器视觉，并进一步做图形处理，使计算机处理成为更适合人眼观察或传送给仪器检测的图像。作为一个科学学科，计算机视觉研究相关的理论和技术，试图建立能够从图像或者多维数据中获取"信息"的人工智能系统。因为感知可以看作是从感官信号中提取信息，所以计算机视觉也可以看作是研究如何使人工系统从图像或多维数据中"感知"的科学。

计算机视觉与其他相关领域的关系如图9-2所示。

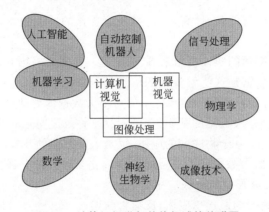

图9-2 计算机视觉与其他领域的关联图

2. 机器学习技术

机器学习是一门多学科交叉专业，涵盖概率论知识、统计学知识、近似理论知识和复杂算法知识，使用计算机作为工具并致力于真实实时的模拟人类学习方式，并对现有内容进行知识结构划分来提高学习效率。机器学习是一门人工智能的科学，该领域的主要研究对象是人工智能，特别是如何在经验学习中改善具体算法的性能。机器学习是对能通过经验自动改进的计算机算法的研究。机器学习是用数据或以往的经验，以此优化计算机程序的性能标准。

3. 深度学习技术

深度学习（deep learning，DL）是机器学习（machine learning，ML）领域中一个新的研究方向。

深度学习是学习样本数据的内在规律和表示层次，这些学习过程中获得的信息对诸如文字、图像和声音等数据的解释有很大的帮助。它的最终目标是让机器能够像人一样具有分析学习能力，能够识别文字、图像和声音等数据。深度学习是一个复杂的机器学习算法，在语音和图像识别方面取得的效果，远远超过先前相关技术。

深度学习在搜索技术、数据挖掘、机器学习、机器翻译、自然语言处理、多媒体学习、语音、推荐和个性化技术以及其他相关领域都取得了很多成果。深度学习使机器模仿视听和思考等人类的活动,解决了很多复杂的模式识别难题,使得人工智能相关技术取得了很大进步。

4. 自然语言处理技术

自然语言处理(natural language processing,NLP)是计算机科学领域与人工智能领域中的一个重要方向。它研究的是实现人与计算机之间用自然语言进行有效通信的各种理论和方法。自然语言处理是一门融语言学、计算机科学、数学于一体的科学。

自然语言处理可以这样理解:第一点是让计算机能听得懂"人话",即自然语言理解,让计算机具备人类的语言理解能力;第二点是让计算机能够"讲人话",即自然语言生成,让计算机能够生成人类理解的语言和文本,比如文章、报告、图表等。

自然语言处理主要应用于机器翻译、舆情监测、自动摘要、观点提取、文本分类、问题回答、文本语义对比、语音识别、中文 OCR 等方面。

5. 机器人技术

近年来,随着算法等核心技术提升,机器人取得重要突破。例如无人机、家务机器人、医疗机器人等。

6. 生物识别技术

所谓生物识别技术,就是通过计算机与光学、声学、生物传感器和生物统计学原理等高科技手段密切结合,利用人体固有的生理特性(如指纹、脸像、虹膜等)和行为特征(如笔迹、声音、步态等)来进行个人身份的鉴定。

7. 导航与定位技术

导航与定位技术是指采用导航卫星对地面、海洋、空中和空间用户进行导航定位的技术。常见的 GPS、北斗等均为卫星导航。

8. 多传感器信息融合技术

多传感器信息融合技术是近年来十分热门的研究课题,它与控制理论、信号处理、人工智能、概率和统计相结合,为机器人在各种复杂、动态、不确定和未知的环境中执行任务提供了一种技术解决途径。

9. 路径规划技术

路径规划技术是机器人研究领域的一个重要分支。最优路径规划就是依据某个或某些优化准则(如工作代价最小、行走路线最短、行走时间最短等),在机器人工作空间中找到一条从起始状态到目标状态,可以避开障碍物的最优路径。

10. 智能控制技术

智能控制方法有模糊控制、神经网络控制、智能控制技术的融合(模糊控制和变结构控制的融合、神经网络和变结构控制的融合、模糊控制和神经网络控制的融合、智能融合技术还包括基于遗传算法的模糊控制方法)等。

11. 人机接口技术

智能机器人的研究目标并不是完全取代人,复杂的智能机器人系统仅仅依靠计算机来控制目前是有一定困难的,即使可以做到,也由于缺乏对环境的适应能力而并不实用。智能机器人系统不能完全排斥人的作用,而是需要借助人机协调来实现系统控制。因此,设计良好的人机接口就成为智能机器人研究的重点问题之一。

学习情境3:人工智能的架构模型

人工智能的架构模型由基础架构层、感知层、认知层和应用层组成,如图9-3所示。

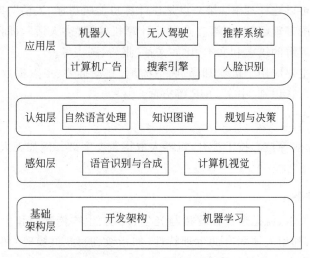

图9-3 人工智能架构模型

学习情境4:人工智能的应用

1. 虚拟个人助理

经常使用手机的你一定对Google Now和Cortana这些虚拟个人助理不会陌生。只要你说出命令,它们就会帮助你找到有用的信息。例如,你可以问"最近的川菜馆在哪儿?""我今天的日程有什么安排?""提醒我八点钟给某某某打电话"等问题,然后,虚拟个人助理就可以通过查询信息,然后向手机中的其他App发送对应的信息来完成指令。

这一看似简单的过程实际上就有人工智能的介入,并且扮演着重要的角色。在语音唤醒虚拟个人助理的时候,人工智能会收集用户的指令信息,利用该信息进一步识别你的语音,并为用户提供个性化的结果,最终会让用户觉得越来越好用,达成越用越好用的结果。

2. 智能汽车

目前,我们可能还没看到有人在上班路上一边开车,一边看报纸,但自动驾驶汽车确实越来越接近现实。Google旗下的自动驾驶汽车项目和特斯拉的"自动驾驶"功能是最新的两个例子。自动驾驶技术毫无疑问是基于人工智能之上的技术,并且目前发展速度极为迅猛。

华盛顿邮报还报道称,Google开发了一种算法,能让自动驾驶汽车像人类一样学习驾驶技术。由于人工智能可以"学会"玩简单的视频游戏,谷歌让自动驾驶汽车上路前也测试相同的智能游戏。整个项目的构思在于,汽车最终能够"认清"面前的道路,并根据它所"看到"的内容做出相应的决策,帮助它在行驶的过程中学习经验。虽然特斯拉的自动驾驶功能没有这么先进,但它已经上路使用,同时这也表明此类技术肯定会蓬勃发展。

3. 在线客服

现在,许多网站都提供用户与客服在线聊天的窗口,但其实并不是每个网站都有一个真人客服在提供实时服务。在很多情况下,和你对话的仅仅只是一个初级 AI 机器。大多聊天机器人无异于自动应答器,但是,其中一些能够从网站里学习知识,在用户有需求时将其呈现在用户面前。

最有趣也最困难的是,这些聊天机器人必须擅于理解自然语言。显然,与人沟通的方式和与计算机沟通的方式截然不同。所以,这项技术十分依赖自然语言处理(NLP)技术,一旦这些机器人能够理解不同的语言表达方式中所包含的实际目的,那么很大程度上就可以用于代替人工客服。

4. 购买预测

如果京东、天猫这样的大型零售商能够提前预见到客户的需求,那么它们的销售业绩一定有大幅的增加。亚马逊目前正在研究这样一个预期运输项目:在用户下单之前就将商品运到送货车上,这样当用户下单的时候甚至可以在几分钟内收到商品。毫无疑问这项技术需要人工智能的参与,需要对每一位用户的地址、购买偏好、愿望清单等数据进行深层次的分析后,才能够得出可靠性较高的结果。

虽然这项技术尚未实现,不过也体现了一种增加销售业绩的思路,并且衍生了许多别的做法,包括送特定类型的优惠券、特殊的打折计划、有针对性的广告,在顾客住处附近的仓库存放他们可能购买的产品。但这种人工智能应用也颇具争议性,因为使用预测分析存在隐私违规的嫌疑,许多人也对此颇感忧虑。

5. 音乐和电影推荐服务

与其他人工智能系统相比,音乐和电影推荐服务比较简单。但是,这项技术会大幅提高人们的生活品质。如果你用过网易云音乐这款产品,一定会惊叹于其私人 FM 和每日音乐推荐与你喜欢的歌曲的契合度。从前,想要听点好听的新歌很难,用户要么是从喜欢的歌手里找,要么是从朋友的歌单里去淘,但是往往还未必有效。因为喜欢一个人的一首歌不代表喜欢这个人的所有歌,另外,有时我们自己也不知道为什么会喜欢一首歌、讨厌一首歌。

而在有人工智能的介入之后,这一问题就有了解决办法。人工智能通过分析用户喜欢的音乐可以找到其中的共性,并且可以从庞大的歌曲库中筛选出来用户所喜欢的部分,这比最资深的音乐人都要强大。电影推荐也是相同的原理,对用户过去喜欢的影片了解越多,就越了解用户的偏好,从而推荐出用户真正喜欢的电影。

6. 智能家居设备

许多智能家居设备都拥有"学习"用户行为模式的能力,并通过调整温度调节器或其他设备来帮助节省资金,不仅便利、还节能。例如,屋主外出工作,智能家居设备会自动打开烤箱,无须等到回家再启动。人工智能知道主人什么时候回家,就能相应的提前调整室内温度,而出门在外时则自动关闭设备,这样可以节能环保。

另一项家居设备也有人工智能的身影——照明。通过设置默认值和偏好,设备可根据用户的位置和用户正在做的事调整房子(内部和外部)周围的灯光。例如,看电视就暗一些,烹饪时较明亮,吃饭则亮度适中。

7. 大型游戏

游戏 AI 可能是大多数人最早接触的 AI 实例。从第一款大型游戏到现在,AI 已经应用了很长时间。最早期的 AI 甚至无法被称为 AI,只会根据程序设定进行相应的行为,完全不考虑玩家的反应。不过最近几年里,游戏 AI 的复杂性和有效性却迅猛发展。现在大型游戏中的角色能够揣摩玩家的行为,做出一些难以预料的反应。

像一些第一人称射击游戏也能很好地利用 AI。对手可以分析玩家的环境,追踪可能生存的目标。对手也会找掩护,追踪声音,侧翼攻击,以增加胜利的可能。虽然就 AI 技术本身而言,在游戏中的应用有点大材小用,但是由于行业市场巨大,每年都有大量精力和资金投入其中来完善这种技术。

8. 欺诈检测

你有没有收到过电子邮件或信件——询问你是否用信用卡进行了某些产品支付?如果用户的账户存在被欺诈的风险,银行会发送此类信件,希望在汇款前确认用户个人已同意支付。人工智能通常部署来监控这种欺诈行为。

一般来说,先将大量欺诈和非欺诈性交易样本数据输入计算机,然后命令计算机分析数据,发现交易中不同类别的情况。经过足够的训练,计算机系统就将能够利用所学和种种迹象辨认出欺诈性交易。

9. 安全监控

随着人们对于安全问题越来越重视,监控摄像头也越来越普及,在方便了场景记录和重现之外,也出现了新的挑战:监控摄像头所拍摄的内容仍然需要人工监测。靠人力同时监控多个摄像头传输的画面,非常容易疲倦,同时也容易出现发现不及时或者判断失误的情况。因为,非常有必要在监控摄像头系统中引入人工智能技术,借助人工智能来进行 24 小时无间断的持续监控。例如,利用人工智能来判断画面中是否出现异常人员,如果发现可以及时通知安保人员。

当然,目前能够实现的技术还十分有限。比如,计算机看到闪光的颜色,可能表明有人入侵或在校园周围游荡,但是识别的精确度仍然有待提高。另外,由于当前技术的限制,识别特定行为依旧比较困难,如商店中的小偷小摸行为。但相信在不久的将来,这种技术的改善绝非难事。

10. 新闻生成

人工智能程序可以写新闻?听起来似乎很不可思议,但是这就是现实!根据美国 Wired 杂志统计,美联社、福克斯和雅虎都已经在利用人工智能来编写文章,例如财务摘要、体育新闻回顾和日常报道等。目前,人工智能还没有涉及调查类文章,但是如果内容不是太复杂,人工智能完全可以搞定。从这个角度来说,电子商务、金融服务、房地产和其他数据驱动型行业都可以从人工智能中受益良多。

当然,现阶段的人工智能还做不到特别完善,在录入数据后仍然需要人来调整内容,才能最终形成一篇完整、有条理的文章。但是,这个构想本身已经十分接近实现了。未来,也会有越来越多报道这样生成,完全实现全自动化的"记者"可能只是一个时间问题。

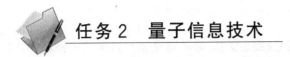

任务2　量子信息技术

知识目标
- 了解量子信息技术的基本概念及特点。
- 了解量子信息技术的基本内容。

技能目标
- 掌握量子信息的核心技术。
- 掌握量子信息的应用技术。

学习情境1：认识量子信息技术

量子信息技术是以分子、原子、原子核、基本粒子等微观粒子的量子态表示信息,并利用量子力学原理进行信息存储、传输和处理的技术。量子信息技术是量子物理学与信息技术相结合的新兴技术。

学习情境2：量子信息技术

量子信息技术主要包括量子计算技术、量子通信技术、量子测量技术和量子传感技术。

1. 量子计算技术

量子计算技术是基于量子力学原理,借助微观粒子量子态的叠加、纠缠和不确定性,以全新的方式进行编码、存储和计算的技术,其核心特征是具有超强计算能力和存储能力。

2. 量子通信技术

量子通信技术是利用量子力学原理和微观粒子的量子特性进行信息传输的通信技术。

3. 量子测量技术

量子测量技术是利用量子纠缠和相干叠加特性,对物体进行测量或成像的技术。量子测量技术主要包括：量子成像技术、量子雷达技术和量子传感技术等技术。量子成像技术是利用量子光场实现超高分辨率成像;量子雷达技术是基于量子纠缠理论,将量子信息调制到雷达信号中,从而实现目标探测;量子传感技术是利用量子信号对环境变化的极高敏感性提高测量精度。目前,虽然量子探测技术还很不成熟,但其具有重要的军事应用价值,将对未来作战模式产生深远影响,真正实现全天候、反隐身、抗干扰作战。

4. 量子传感技术

量子传感技术基于微观粒子量子态的精密测量,完成被测系统物理量变换和信息输出,在测试精度、灵敏度和稳定性等方面与传统传感技术相比具有明显优势。

学习情境3：量子信息的应用

1. 量子雷达

量子雷达属于一种新概念雷达，是将量子信息技术引入经典雷达探测领域，提升雷达的综合性能。量子雷达具有探测距离远、可识别和分辨隐身平台等突出特点，未来可进一步应用于导弹防御和空间探测，具有极其广阔的应用前景。

2. 量子钟

量子钟是通过捕获原子和离子，而制造出的前所未有的高精度计时器。

3. 量子成像

量子成像是通过对单个光子进行探测和计数，来突破传统相机的各种限制，量子成像技术甚至可以穿过浓雾、看透墙壁。

4. 量子传感器

量子传感器可以超越以往设备的精度来测量光、电、磁场，甚至可以测量引力的运动。

5. 量子计算机

量子计算机完成传统计算机所无法想象的任务。以 IBM 的超级计算机 Blue Gene 为例，它需要花费上百万年才能破解某些普通的数据加密，而量子计算机只需要几秒就可完成。

6. 量子通信

量子通信是指利用量子纠缠效应进行信息传递的一种新型通信方式。量子通信是20世纪80年代开始发展起来的新型交叉学科，是量子论和信息论相结合的新的研究领域，量子通信主要涉及：量子密码通信、量子远程生态和量子密集编码等。21世纪初，这门学科已逐步从理论走向实践，并向实用化方向发展。

任务3　移动通信技术

知识目标

- 了解移动通信的基本概念及特点。
- 了解移动通信的发展历程。

技能目标

- 掌握移动通信的核心技术。
- 掌握移动通信的应用技术。

学习情境1：移动通信技术的基本概念

移动通信（mobile communications）是沟通移动用户与固定点用户之间或移动用户之间的通信方式。移动体可以是人，也可以是汽车、火车、轮船、收音机等处在移动状态中的物体。

移动通信是进行无线通信的现代化技术，这种技术是电子计算机与移动互联网发展的重要成果之一。移动通信技术经过第一代、第二代、第三代、第四代技术的发展，目前，已经迈入了第五代发展的时代（即5G移动通信技术），这也是目前改变世界的几种主要技术之一。

学习情境2：移动通信的发展

1. 第一代移动通信技术

第一代移动通信技术（1G）以模拟、仅限语音的蜂窝电话标准为主，主要出现于上20世纪80年代。当时的移动通信系统有美国的高级移动电话系统（AMPS）、英国的总访问通信系统（TACS）以及日本的JTAGS、西德的C-Netz、法国的Radiocom 2000和意大利的RTMI等。

第一代移动通信主要采用的是模拟技术和频分多址（FDMA）技术。由于受到传输带宽的限制，无法进行移动通信的长途漫游，只能是一种区域性的移动通信系统。第一代移动通信技术有多种制式，我国主要采用的是TACS。第一代移动通信技术引入了蜂窝的概念，通过采用频率再用技术使容量大大提高。同时，语音业务是第一代的唯一业务。

2. 第二代移动通信技术

第二代移动通信技术（2G）起源于20世纪90年代初期。GSM（Global System for Mobile Communication，全球移动通信系统）是第一个商业运营的2G系统，GSM采用TDMA技术。

第二代移动通信在系统构成上与第一代移动通信技术无多大差别，不同之处在于它在多址方式、调制技术、话音编码、信道编码、分集技术等几个主要方面采用了数字技术。2G技术基本上有两种，一种是基于TDMA所发展出来的以GSM为代表；另一种则是基于CDMA规格所发展出来的CDMA one。

3. 第三代移动通信技术

第三代移动通信技术（3G）是移动多媒体通信系统，提供的业务包括语音、传真、数据、多媒体娱乐和全球无缝漫游等。NTT和爱立信从1996年开始开发3G（ETSI于1998年），1998年国际电联推出WCDMA和CDMA2000两商用标准（中国在2000年推出TD-SCDMA标准，2001年3月被3GPP接纳），第一个3G网络运营于2001年在日本出现。3G技术提供2Mb/s标准用户速率。

第三代移动通信技术，也就是IMT-2000（International Mobile Telecommunications-2000），是指支持高速数据传输的蜂窝移动通信技术。这里的2000有3层意思：其一是在2000年实现；其二是工作频段为2000MHz频段；其三是速率为2000kb/s。

4. 第四代移动通信技术

第四代移动通信技术（4G），主要指无线通信标准 IMT-Advanced。4G 是集 3G 与 WLAN 于一体，并能够快速传输数据、高质量音频、视频和图像等。严格意义来讲，TD-LTE 和 FDD-LTE 两种制式虽然被宣传为 4G 无线标准，但实际只是 3.5G，并未被 3GPP 认可为国际电信联盟所描述的下一代无线通信标准 IMT-Advanced。4G 能够以 100Mb/s 以上的速度下载，并能够满足几乎所有用户对于无线服务的要求。此外，4G 可以在 DSL 和有线电视调制解调器没有覆盖的地方部署，然后再扩展到整个地区。因此 4G 有着不可比拟的优越性，是前面几代移动通信系统所没有的。

5. 第五代移动通信技术

第五代移动通信技术（5th Generation Mobile Communication Technology，5G）是具有高速率、低时延和大连接特点的新一代宽带移动通信技术，是实现人机物互联的网络基础设施。

国际电信联盟（ITU）定义了 5G 的三大类应用场景，即增强移动宽带（eMBB）、超高可靠低时延通信（uRLLC）和海量机器类通信（mMTC）。增强移动宽带（eMBB）主要面向移动互联网流量爆炸式增长，为移动互联网用户提供更加极致的应用体验；超高可靠低时延通信（uRLLC）主要面向工业控制、远程医疗、自动驾驶等对时延和可靠性具有极高要求的垂直行业应用需求；海量机器类通信（mMTC）主要面向智慧城市、智能家居、环境监测等以传感和数据采集为目标的应用需求。

为满足 5G 多样化的应用场景需求，5G 的关键性能指标更加多元化。ITU 定义了 5G 八大关键性能指标，其中高速率、低时延、大连接成为 5G 最突出的特征，用户体验速率达 1Gb/s，时延低至 1ms，用户连接能力达 100 万连接/平方公里。

5G 移动通信是与 4G 移动通信技术相对而言的，是第四代通信技术的升级和延伸。从传输速率上来看，5G 通信技术要快一些和稳定一些，在资源利用方面也会将 4G 通信技术的约束全面的打破。同时，5G 通信技术会将更多的高科技技术纳入进来，使人们的工作、生活更加的便利。

5G 作为一种新型移动通信网络，不仅要解决人与人通信，为用户提供增强现实、虚拟现实、超高清（3D）视频等更加身临其境的极致业务体验，更要解决人与物、物与物通信问题，满足移动医疗、车联网、智能家居、工业控制、环境监测等物联网应用需求。最终，5G 将渗透到经济社会的各行业各领域，成为支撑经济社会数字化、网络化、智能化转型的关键新型基础设施。

学习情境 3：5G 移动通信的核心技术

1. 同时同频全双工技术

所谓的同时同频全双工技术，顾名思义就是指在同一个信道上，在发送信号的同时也接收信号，实现两个方向的同时操作。简单点来说，就是指将以往通信双工节点中存在的干扰屏蔽，然后在利用信号机发射信号的同时接收信号，通过同时的操作来提高频谱效率，此技术和传统技术相比较，更加的先进，而且工作效率也更高。

2. 密集网络技术

5G移动通信所能提供的流量将会是4G移动通信的千倍以上,而实现此目标主要依靠的就是密集网络技术,此技术包含以下两方面内容：在宏基站的外部设置很多的天线,这样就可以进一步的拓宽室外空间；需要在室外布置很多的密集网络。这些密集网络所能产生的信噪比增益将会更加的客观,同时,此方面也是密集网络充分发挥其作用的核心,密集网络技术的应用可以增加5G移动通信的优势,提高其灵活性,增加其覆盖面积。

3. 多天线传输技术

所谓的多天线传输技术,就是指在使用有源天线进行列阵,然后与毫米波联系起来,之后就可以有效提高天线的覆盖面积以及性能。就目前的情况来看,只要提高其覆盖能力,就可达到节约能源的目标。

4. 新型网络架构技术

在人们对于网络要求不断改变的过程中,5G移动通信中的新型网络架构技术就是因为未来可能产生的业务需要而出现的技术,此技术在应用中具有低时延以及低成本等多项优点。

5. 智能化技术

在5G移动通信网络中,云计算是其中不可缺少的网络之一,此网络中包含的大型服务器是其主要构成,而此构成和基站进行连接采用的方式是交换机网络。另外,在宏基站众多特点中,云计算存储功能是十分突出的一个特点,利用此功能可以存储很多的数据,并且对这些数据进行及时的处理,而且因为基站的规模比较大,数量十分可观,所以在能够开展将频段进行划分,然后开展不同的业务。

6. 设备间直接通信技术

在传统的移动通信中,采用的是以小区为单位进行网络覆盖的方式,此方式在应用过程中不是十分灵活,而且在大流量趋势快速发展的情况下,此种网络模式也已经逐渐地被淘汰,采用设备间直接通信技术是非常有必要的。设备间直接通信技术就是指各通信设备之间可以进行直接的通信,不需要有中间载体,这样新型的通信技术有效提高了通信效率,并保证了通信质量,而且消耗的能源也比较少。

学习情境4：5G移动通信技术的应用

1. 万物互联

在4G时代,智能化生活已接近实现,以前做每件事都要亲力亲为,现在一个按键就解决,但是4G还不足以支撑"万物互联",而5G应用场景更加丰富,极大的流量也为"万物互联"提供必要条件。5G最突出的就是用户体验速度快、低时延和连接数密度高。

未来,物联网的快速发展与5G商用密不可分,物联网将是5G重要应用场景。5G万物互联的应用如图9-4所示。

2. 生活云端化

（1）公有云：客户对其基础设施没有任何物理控制权,因为它位于云计算供应商的数据

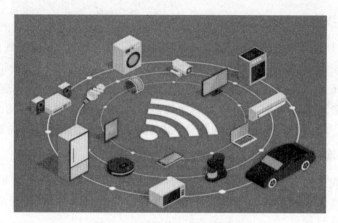

图 9-4　5G 网络万物互联应用

中心中。

(2) 私有云：这些云平台提供与公有云类似的好处，但其基础设施不对外共享，因为它由客户或组织自己使用。

(3) 混合云：顾名思义，它使用私有云和公有云。

(4) 社区云：基础设施在组织之间共享。

5G 时代到来，5K 视频将能够更流畅、实时播放。云技术更好地利用在生活、工作、娱乐等。

3. 智能交互

5G 万物互联时代，信息交融，人们沉浸在互联网中，人与信息的交互发生时代变革。全新交互模式，智能电视、智能手表、智能家居等。

4. 政务与公用事业

目前，政务与公用事业对 5G 的应用主要在智慧政务、智慧安防、智慧城市基础设施、智慧楼宇、智慧环保五个细分场景。以智慧安防为例，通过利用 5G 高传输速率的特性，可以有效改善现有视频监控中反映迟钝的问题，此外 5G 所具备的多连接的特性，也能促进监控范围的进一步扩大。

5. 工业

5G 在工业中的应用主要体现在智能制造、远程操控、智慧工业园区三个方面。以智能制造为例，它以端到端的数据流为基础，实时通信以及海量传感器与人工智能平台的信息交互，对通信网络有着严苛的要求，而 5G 网络可以为高度模块化和柔性的生产系统提供多样化高质量的通信保障。

6. 农业

5G 在农业方面的应用主要体现在智慧农场、智慧林场、智慧畜牧和智慧渔场四个方面。例如在无人农场模式中，通过农业云平台综合信息管理系统，结合 5G、图像识别、卫星遥感、大数据等先进技术，可以驱动各类无人驾驶农机装备实现自动化作业。目前，农业大数据正由技术创新向应用创新转变，而 5G 在带宽、时延、连接规模等方面的特性，也将为农业带来海量的原始数据和强大的机械设备控制能力,从而推动智慧农业的发展演进。

7. 文体娱乐

5G 在文体娱乐中的应用主要体现在视频制播、智慧文博、智慧院线和云游戏四个细分应用领域。以智慧院线为例,在 5G 技术的影响下,电影画面的清晰度、电影影像的奇观感、电影欣赏的互动感将加强,电影将变得更加"好看"和"好玩",此外,随着 5G 的推进,院线的发展方向也将会偏重于体验性电影院,例如以高度真实感、沉浸感为代表的 VR 智能综合体验馆或成为新生态。

8. 医疗

医疗对 5G 的应用主要在远程诊断、远程手术和应急救援三个方面。例如,传统的远程会诊通常采用有线连接方式进行视频通信,建设和维护成本较高、移动性较差。而 5G 网络高速率的特性,能够支持 4K/8K 的远程高清会诊和医学影像数据的高速传输与共享,同时可以使专家随时随地开展会诊,提升诊断准确率和指导效率,从而促进优质医疗资源的下沉。

9. 交通运输

5G 在交通运输中的应用主要体现在车联网与自动驾驶、智慧公交、智慧铁路、智慧机场、智慧港口和智慧物流六个方面。以智慧物流为例,依托 5G 技术打造的智慧物流园将综合使用自动化、无人驾驶技术、实时监控技术来实现人、车、货高效匹配、便捷调动而且管理方便全程可控。

10. 金融

5G 在金融中的应用主要体现在智慧网点和虚拟银行两个方面。以虚拟银行为例,通过目标与环境识别、超高清与 XR 播放、高速精准的信息采集与服务,来远程识别用户身份,并提供基于 XR 的交易服务,从而提高银行经营效率。

11. 旅游

旅游对 5G 的应用主要在智慧景区和智慧酒店两个方面。以智慧酒店为例,用户可以直接使用自己的手机接入 5G 网络,体验 5G 下载、上传的高速率,还能体验 5G 智能机器人提供的信息查询、目的地指引、机器人送货等服务,从而提升酒店服务效率。

12. 教育

5G 在教育中的应用主要体现在智慧教学和智慧校园两个方面。以智慧教学为例,"5G+全息互动课堂"技术将深刻改变教学形式,同时 5G 在教育中的应用有助于打破时间和地域限制,为学生提供可交互、沉浸式的三维学习环境,促进教育均衡,真正落实教育部倡导的全时域、全空域、全受众的教学要求。

13. 电力

5G 在电力中的应用主要体现在智慧新能源发电、智慧输变电、智慧配电和智慧用电四个方面。以智慧配电为例,5G 的应用比较广泛,涵盖故障监测定位到精准负荷控制的全流程。这些应用对低时延的要求较高,同时需要管理的连接数也比较大,而 5G 高速率、大连接数的特性能够满足智慧配电的需求。

目前,5G 应用发展尚处于发展阶段,绝大部分应用项目仍处于试点或探索期。5G 应用是资源与能力高度整合的产业,随着 5G 网络建设进入快速发展阶段,5G 应用创新将不断深化,涵盖的应用领域与应用规模也将不断扩大。

任务4 物联网技术

知识目标

- 认识物联网基础概念及特点。
- 掌握物联网的基础功能。

技能目标

- 掌握物联网的关键技术。
- 掌握物联网的应用技术。

学习情境1：物联网概述

物联网(the Internet of Things,IoT)是通过射频识别(RFID)、红外感应器、全球定位系统、激光扫描器等信息传感设备,按约定的协议,把任何物品与互联网连接起来,进行信息交换和通信,以实现智能化识别、定位、跟踪、监控和管理的一种网络。物联网的概念是在 1999 年提出的。物联网就是"物物相连的互联网"。它有两层意思：第一,物联网的核心和基础仍然是互联网,是在互联网基础上的延伸和扩展的网络；第二,其用户端延伸和扩展到了任何物品与物品之间,进行信息交换和通信。

物联网是指通过各种信息传感设备,实时采集任何需要监控、连接、互动的物体或过程等各种需要的信息,与互联网结合形成的一个巨大网络。其目的是实现物与物、物与人,所有的物品与网络的连接,方便识别、管理和控制。构成物联网产业五个层级的支撑层、感知层、传输层、平台层以及应用层分别占物联网产业规模的 2.7%、22.0%、33.1%、37.5% 和 4.7%。而物联网感知层、传输层参与厂商众多,成为产业中竞争最为激烈的领域。

学习情境2：物联网的基本功能和关键技术

1. 物联网的基本功能

物联网的最基本功能特征是提供"无处不在的连接和在线服务"(ubiquitous connectivity),具备十大基本功能。

(1) 在线监测：这是物联网最基本的功能,物联网业务一般以集中监测为主、控制为辅。

(2) 定位追溯：一般基于 GPS(或其他卫星定位,如北斗)和无线通信技术,或只依赖于无线通信技术的定位,如基于移动基站的定位、RTLS 等。

(3) 报警联动：主要提供事件报警和提示，有时还会提供基于工作流或规则引擎（rule's engine）的联动功能。

(4) 指挥调度：基于时间排程和事件响应规则的指挥、调度和派遣功能。

(5) 预案管理：基于预先设定的规章或法规对事物产生的事件进行处置。

(6) 安全隐私：由于物联网所有权属性和隐私保护的重要性，物联网系统必须提供相应的安全保障机制。

(7) 远程维保：这是物联网技术能够提供或提升的服务，主要适用于企业产品售后联网服务。

(8) 在线升级：这是保证物联网系统本身能够正常运行的手段，也是企业产品售后自动服务的手段之一。

(9) 领导桌面：主要指 Dashboard 或 BI 个性化门户，经过多层过滤提炼的实时资讯，可供主管负责人实现对全局的"一目了然"。

(10) 统计决策：指的是基于对联网信息的数据挖掘和统计分析，提供决策支持和统计报表功能。

2. 物联网的关键技术

物联网的关键有 RFID 技术、传感网络技术、M2M 技术和两化融合技术，如图 9-5 所示。

(1) RFID：RFID 是一种射频技术，它可以把常规的"物"变成和物联网的连接对象。基于相关的 EPC/UID 和 PNL/ONS 技术还可作为整个物联网体系的"统一标识"参考技术。

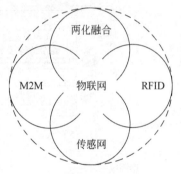

图 9-5 物联网关键技术

(2) 传感网：WSN、OSN、BSN 等技术是物联网的末端神经系统，主要解决"最后 100 米"连接问题，传感网末端一般是指比 M2M 末端更小的微型传感系统，如 Mote 等。

(3) M2M：侧重于移动终端的互联和集控管理，主要是通信营运商的物联网业务领域，有移动虚拟网络营运商（MVNO）和 M2M 移动营运商（MMO）等业务模式。

(4) 两化融合：是指工业自动化和控制系统的信息化升级，工控、楼控等行业的企业是两化融合的主要推动力，也可包括智能电网等行业应用。

3. 物联网分类

物联网分为私有物联网、公有物联网、社区物联网和混合物联网。

(1) 私有物联网（private IoT）：是指面向单一机构内部提供服务，可能由机构或其委托的第三方实施并维护，主要存在于机构内部（on premise）的内网（intranet）中，也可存在于机构外部（off premise）。

(2) 公有物联网（public IoT）：是基于互联网向公众或大型用户群体提供服务，一般由机构（或其委托的第三方，少数情况）运维。

(3) 社区物联网（community IoT）：是向一个关联的"社区"或机构群体（如一个城市政府下属的各委办局，如公安局、交通局、环保局、城管局等）提供服务。可能由两个或以上的机构协同运维，主要存在于内网和专网（extranet/VPN）中。

(4) 混合物联网(hybrid IoT)：是上述的两种或以上的物联网的组合，但后台有统一运维实体。

学习情境 3：物联网体系结构

物联网由应用层、网络层和感知层组成。如图 9-6 所示。

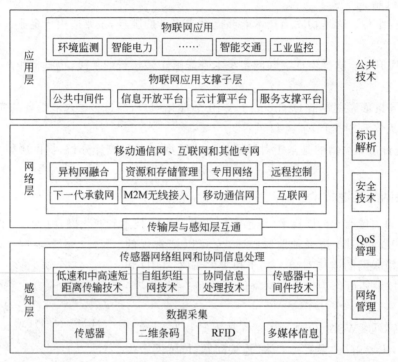

图 9-6　物联网体系结构

1）感知层

感知层包括传感器等数据采集设备，包括数据接入到网关之前传感器网络。

对于目前关注和应用较多的 RFID 网络来说，张贴安装在设备上的 RFID 标签和用来识别 RFID 信息的扫描仪、感应器属于物联网的感知层。在这一类物联网中被检测的信息是 RFID 标签内容，高速公路不停车收费系统、超市仓储管理系统等都是基于这一类结构的物联网，如图 9-7 所示。

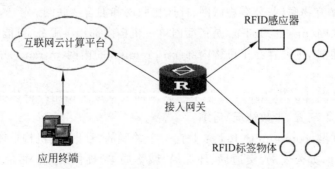

图 9-7　联网感知层结构——**RFID 感应方式**

用于场环境信息收集的智能微尘(smart dust)网络,感知层由智能传感节点和接入网关组成,智能节点感知信息(温度、湿度、图像等),并自行组网传递到上层网关接入点,由网关将收集到的感应信息通过网络层提交到后台处理。环境监测、污染监控等应用是基于这一类结构的物联网,如图 9-8 所示。

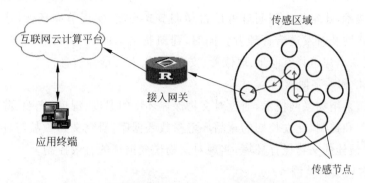

图 9-8　物联网感知层结构——自组网多跳方式

感知层是物联网发展和应用的基础,RFID 技术、传感和控制技术、短距离无线通信技术是感知层涉及的主要技术。其中又包括芯片研发、通信协议研究、RFID 材料、智能节点供电等细分技术。

2) 网络层

物联网的网络层是建立在现有的移动通讯网和互联网基础上。物联网通过各种接入设备与移动通信网和互联网相连,如手机付费系统中由刷卡设备将内置手机的 RFID 信息采集上传到互联网,网络层完成后台鉴权认证并从银行网络划账。

网络层也包括信息存储查询、网络管理等功能。网络层中的感知数据管理与处理技术是实现以数据为中心的物联网的核心技术。感知数据管理与处理技术包括传感网数据的存储、查询、分析、挖掘、理解以及基于感知数据决策和行为的理论和技术。云计算平台作为海量感知数据的存储、分析平台,也是物联网网络层的重要组成部分,是应用层众多应用的基础。

在产业链中,通信网络运营商将在物联网网络层占据重要的地位。而正在高速发展的云计算平台将是物联网发展的又一助力。

3) 应用层

物联网应用层利用经过分析处理的感知等数据,为用户提供丰富的特定服务。物联网的应用可分为监控型(如物流监控、污染监控等)、查询型(如智能检索、远程抄表等)、控制型(如智能交通、智能家居、路灯控制等)、扫描型(如手机钱包、高速公路不停车收费等)等。

应用层是物联网发展的目的,软件开发、智能控制技术将会为用户提供丰富多彩的物联网应用。各行业和家庭应用的开发将会推动物联网的普及,也给整个物联网产业链带来利润。

学习情境 4:物联网的应用技术

1. 城市管理

物联网应用技术在城市管理中的应用主要体现在以下 5 方面。

1）智能交通（公路、桥梁、公交、停车场等）

物联网技术可以自动检测并报告公路、桥梁的"健康状况"，还可以避免过载的车辆经过桥梁，也能够根据光线强度对路灯进行自动开关控制。

2）智能建筑（绿色照明、安全检测等）

通过感应技术，建筑物内照明灯可以自动调节光亮度，实现节能环保，建筑物的运作状况也能通过物联网及时发送给管理者。同时，建筑物与 GPS 系统实时相连接，在电子地图上准确、及时反映出建筑物空间地理位置、安全状况、人流量等信息。

3）文物保护和数字博物馆

数字博物馆采用物联网技术，通过对文物保存环境的温度、湿度、光照、降尘和有害气体等进行长期监测和控制，建立长期的藏品环境参数数据库，研究文物藏品与环境影响因素之间的关系，创造最佳的文物保存环境，实现对文物蜕变损坏的有效控制。

4）古迹、古树实时监测

通过物联网采集古迹、古树的年龄、气候、损毁等状态信息，及时作出数据分析和保护措施。

在古迹保护上实时监测能有选择地将有代表性的景点图像传递到互联网上，让景区对全世界做现场直播，达到扩大知名度和广泛吸引游客的目的。另外，还可以实时建立景区内部的电子导游系统。

5）数字图书馆和数字档案馆

使用 RFID 设备的图书馆/档案馆，从文献的采访、分编、加工到流通、典藏和读者证卡，RFD 标签和阅读器已经完全取代了原有的条码、磁条等传统设备。将 RFID 技术与图书馆数字化系统相结合，实现架位标识、文献定位导航、智能分拣等。

2. 数字家庭

如果简单地将家庭里的消费电子产品连接起来，那么只是一个多功能遥控器控制所有终端，仅仅实现了电视与计算机、手机的连接，这还不是发展数字家庭产业的初衷。只有在连接家庭设备的同时，通过物联网与外部的服务连接起来，才能真正实现服务与设备互动。有了物联网，就可以在办公室指挥家庭电器的操作运行，在下班回家的途中，家里的饭菜已经煮熟，洗澡的热水已经烧好，个性化电视节目将会准时播放；家庭设施能够自动报修；冰箱里的食物能够自动补货等。

3. 定位导航

物联网与卫星定位技术、GSM/GPRS/CDMA 移动通信技术、GIS 地理信息系统相结合，能够在互联网和移动通信网络覆盖范围内使用 GPS 技术，使用和维护成本大大降低，并能实现端到端的多向互动。

4. 现代物流管理

通过在物流商品中植入传感芯片（节点），供应链上的购买、生产制造、包装/装卸、堆栈、运输、配送/分销、出售、服务每一个环节都能准确地被感知和掌握。这些感知信息与后台的 GIS/GPS 数据库无缝结合，成为强大的物流信息网络。

5. 食品安全控制

食品安全是国计民生的重中之重。通过标签识别和物联网技术,可以随时随地对食品生产过程进行实时监控,对食品质量进行联动跟踪,对食品安全事故进行有效预防,极大地提高食品安全的管理水平。

6. 零售

RFID取代零售业的传统条码系统(Barcode),使物品识别的穿透性(主要指穿透金属和液体)、远距离以及商品的防盗和跟踪有了极大改进。

7. 数字医疗

以RFID为代表的自动识别技术可以帮助医院实现对病人不间断地监控、会诊和共享医疗记录,以及对医疗器械的追踪等。而物联网将这种服务扩展至全世界范围。RFID技术与医院信息系统(HIS)及药品物流系统的融合,是医疗信息化的必然趋势。

8. 防入侵系统

通过成千上万个覆盖地面、栅栏和低空探测的传感节点,防止入侵者的翻越、偷渡、恐怖袭击等攻击性入侵。目前,上海机场和上海世界博览会已成功采用了该技术。

随着物联网的应用普及,形成我国的物联网标准规范和核心技术,成为业界发展的重要举措。解决好信息安全技术,是物联网发展面临的迫切问题。

9. 智能电网

智能电网是在传统电网的基础上构建起来的集传感、通信、计算、决策与控制为一体的综合数物复合系统,通过获取电网各层节点资源和设备的运行状态,进行分层次的控制管理和电力调配,实现能量流、信息流和业务流的高度一体化,提高电力系统运行稳定性,以达到最大限度地提高设备利用率,提高安全可靠性,提高用户供电质量,提高可再生能源的利用效率。

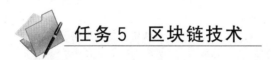

任务5　区块链技术

2019年1月10日,国家互联网信息办公室发布《区块链信息服务管理规定》,自2019年2月15日起施行。2019年10月24日,在中央政治局第十八次集体学习时,习近平总书记强调:"把区块链作为核心技术自主创新的重要突破口""加快推动区块链技术和产业创新发展"。从此,区块链已走进大众视野,成为社会的关注焦点。

知识目标

- 认识区块链的基本概念、分类及特点。
- 了解区块链的基本功能。

> **技能目标**
> - 理解区块链的关键技术。
> - 掌握区块链的架构模型。
> - 掌握区块链的应用技术。

学习情境1：区块链的基本概念

"区块链（block chain）"是一个信息技术领域的术语。从科技层面来看，区块链涉及数学、密码学、互联网和计算机编程等很多科学技术问题。从应用视角来看，区块链是一个分布式的共享账本和数据库，具有去中心化、不可篡改、全程留痕、可以追溯、集体维护、公开透明等特点。这些特点保证了区块链的"诚实"与"透明"，为区块链创造信任奠定基础。而区块链丰富的应用场景，基本上都基于区块链能够解决信息不对称问题，实现多个主体之间的协作信任与一致行动。

区块链是分布式数据存储、点对点传输、共识机制、加密算法等计算机技术的新型应用模式。

区块链的链式结构如图9-9所示。

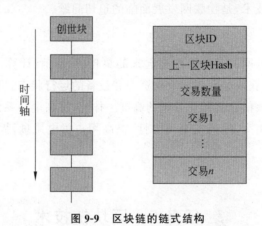

图 9-9　区块链的链式结构

学习情境2：区块链的种类及比较

1. 公有区块链

公有区块链（public block chains）：世界上任何个体或者团体都可以发送交易，且交易能够获得该区块链的有效确认，任何人都可以参与其共识过程。公有区块链是最早的区块链，也是应用最广泛的区块链，各系列的虚拟数字货币均基于公有区块链，世界上有且仅有一条该币种对应的区块链。

2. 私有区块链

私有区块链(private block chains)：仅仅使用区块链的总账技术进行记账，可以是一个公司，也可以是个人，独享该区块链的写入权限，本链与其他的分布式存储方案没有太大区别。

3. 联盟(行业)区块链

行业区块链(consortium block chains)：由某个群体内部指定多个预选的节点为记账人，每个块的生成由所有的预选节点共同决定(预选节点参与共识过程)，其他接入节点可以参与交易，但不过问记账过程，其他任何人可以通过该区块链开放的 API 进行限定查询。

4. 三种区块链的比较

(1) 公有区块链上的各个节点可以自由加入和退出网络，并参加链上数据的读写，读写时以扁平的拓扑结构互联互通，网络中不存在任何中心化的服务端节点。像大家所熟悉的比特币和以太坊，都是一种公有链。公有链的好处是没有限制，你可以自由参与和退出。

(2) 私有区块链(又称专有区块链)中各个节点的写入权限收归内部控制，而读取权限可视需求有选择性地对外开放。专有链仍然具备区块链多节点运行的通用结构，适用于特定机构的内部数据管理与审计。

(3) 联盟区块链的各个节点通常有与之对应的实体机构组织，通过授权后才能加入与退出网络。各机构组织组成利益相关的联盟，共同维护区块链的健康运转。

学习情境 3：区块链的特征

1) 去中心化

区块链技术不依赖额外的第三方管理机构或硬件设施，没有中心管制，除了自成一体的区块链本身，通过分布式核算和存储，各个节点实现了信息自我验证、传递和管理。去中心化是区块链最突出最本质的特征。

2) 分布式对等结构

区块链利用点对点技术将所有参与的节点组成一个分布式网络，在该网络中，每个节点的地位平等，每笔交易数据通过网络传送到网上每个节点，由节点自行验证交易的有效性，由矿工节点把通过验证的交易数据包成自己的"区块"，这时，有诸多节点在参与这个验证过程，仅有最先验证成功的节点率先把验证的"区块"发到网上，其他节点再对该"区块"进行验证，验证通过则将"区块"加入本地区块链中。这样，所有节点都保存一份完整交易记录的副本，即本地区块链，这也是去中心化的模式。

3) 开放性和透明性

区块链技术基础是开源的，除了交易各方的私有信息被加密外，区块链的数据对所有人开放，任何人都可以通过公开的接口查询区块链数据和开发相关应用，因此整个系统信息高度透明。

4) 独立性

基于协商一致的规范和协议，整个区块链系统不依赖其他第三方，所有节点能够在系统内自动安全地验证、交换数据，不需要任何人为的干预。

5）安全性

只要不能掌控全部数据节点的51%，就无法肆意操控修改网络数据，这使区块链本身变得相对安全，避免了主观人为的数据变更。

6）匿名性

除非有法律规范要求，单从技术上来讲，各区块节点的身份信息不需要公开或验证，信息传递可以匿名进行。

7）数据不可篡改性

区块链采用非对称密码学算法来保证交易数据的不可篡改，其链式结构大大地增加了篡改数据的难度，攻击者一旦篡改了某个节点的部分数据，很快就会被发现。另一方面，由于区块链的共识机制的存在，不可能人为地伪造一条虚假的数据链。

在区块链中，存放的交易数据都加有时间戳，时间戳不但增加了数据篡改的难度，而且由于区块加入区块链都是按照先后顺序排列的，能很好地支持交易的追溯。

8）实现价值转移

可利用区块链去中心化的特点，构建一个所有节点根据既定规则达成相互信任的去中心化系统，规则不受权威机构的影响，并受到严格的安全保护，从而实现价值的直接转入和转出，省去了传统价值转移过程中烦琐的中间步骤和时间成本等消耗。

学习情境4：区块链的核心技术

1. 分布式账本

分布式账本是指交易记账由分布在不同地方的多个节点共同完成，而且每一个节点记录的是完整的账目，因此它们都可以参与监督交易合法性，同时也可以共同为其作证。

与传统的分布式存储有所不同，区块链分布式存储的独特性主要体现在两个方面：一是区块链每个节点都按照块链式结构存储完整的数据，传统分布式存储一般是将数据按照一定的规则分成多份进行存储；二是区块链每个节点存储都是独立的、地位等同的，依靠共识机制保证存储的一致性，而传统分布式存储一般是通过中心节点往其他备份节点同步数据。在区块链中，没有任何一个节点可以单独记录账本数据，从而避免了单一记账人被控制或者被贿赂而记假账的可能性。也由记账节点足够多，理论上讲除非所有的节点被破坏，否则账目就不会丢失，从而保证了账目数据的安全性。

2. 非对称密码加密机制

存储在区块链上的交易信息是公开的，但是账户身份信息是高度加密的，只有在数据拥有者授权的情况下才能访问到，从而保证了数据的安全和个人的隐私。

与对称加密算法不同，非对称加密算法需要两个密钥：公开密钥和私有密钥。公开密钥与私有密钥是一对密钥，如果用公开密钥对数据进行加密，只有用对应的私有密钥才能解密；如果用私有密钥对数据进行加密，那么只有用对应的公开密钥才能解密。因为加密和解密使用的是两个不同的密钥，所以这种算法称为非对称加密算法。

非对称密码体制也称公钥加密技术，该技术是针对私钥密码体制（对称加密算法）的缺陷被提出来的。与对称密码体制不同，在公钥加密系统中，加密密钥和解密密钥是相对独立的，加密和解密会使用两把不同的密钥，加密密钥（公开密钥）向公众公开，谁都可以使用，解密密钥(私密密钥)只有解密人自己知道,非法使用者根据公开的加密密钥无法推算出解密密钥,这样就大大加强了信息保护的力度。公钥密码体制不仅解决了密钥分配的问题,它还为签名和认证提供了手段。

3. 共识机制

共识机制就是所有记账节点之间怎么达成共识,去认定一个记录的有效性,这既是认定的手段,也是防止篡改的手段。区块链提出了四种不同的共识机制,适用于不同的应用场景,在效率和安全性之间取得平衡。

区块链的共识机制具备"少数服从多数"以及"人人平等"的特点,其中"少数服从多数"并不完全指节点个数,也可以是计算能力、股权数或者其他的计算机可以比较的特征量。"人人平等"是当节点满足条件时,所有节点都有权优先提出共识结果、直接被其他节点认同后并最后有可能成为最终共识结果。以比特币为例,采用的是工作量证明,只有在控制了全网超过 51% 的记账节点的情况下,才有可能伪造出一条不存在的记录,从而杜绝了造假的可能。

4. 智能合约机制

智能合约是基于这些可信的不可篡改的数据,可以自动化的执行一些预先定义好的规则和条款。以保险为例,如果说每个人的信息(包括医疗信息和风险发生的信息)都是真实可信的,那就很容易地在一些标准化的保险产品中,去进行自动化的理赔。在保险公司的日常业务中,虽然交易不像银行和证券行业那样频繁,但是对可信数据的依赖是有增无减。因此,利用区块链技术,从数据管理的角度切入,能够有效地帮助保险公司提高风险管理能力。

学习情境 5:区块链的应用

1. 金融领域

区块链在国际汇兑、信用证、股权登记和证券交易所等金融领域有着潜在的巨大应用价值。将区块链技术应用在金融行业中,能够省去第三方环节,实现点对点的直接对接,从而在大大降低成本的同时,快速完成交易支付。

2. 物联网和物流领域

区块链在物联网和物流领域也可以天然结合。通过区块链可以降低物流成本,追溯物品的生产和运送过程,并且提高供应链管理的效率。该领域被认为是区块链一个很有前景的应用方向。

区块链通过节点连接的散状网络分层结构,能够在整个网络中实现信息的全面传递,并能够检验信息的准确程度。这种特性一定程度上提高了物联网交易的便利性和智能化。"区块链+大数据"的解决方案就利用了大数据的自动筛选过滤模式,在区块链中建立信用资源,可双重提高交易的安全性,并提高物联网交易便利程度。为智能物流模式应用节约时间成本。区块链节点具有十分自由的进出能力,可独立的参与或离开区块链体系,不对整个区块链体系有任何干扰。"区块链+大数据"解决方案就利用了大数据的整合能力,促使物联网基础用户拓展更具有方向性,便于在智能物流的分散用户之间实现用户拓展。

3. 公共服务领域

区块链在公共管理、能源、交通等领域都与民众的生产生活息息相关,但是这些领域的中心化特质也带来了一些问题,这些可以用区块链来解决。区块链提供的去中心化的完全分布式 DNS 服务通过网络中各个节点之间的点对点数据传输服务就能实现域名的查询和解析,可用于确保某个重要的基础设施的操作系统和固件没有被篡改,可以监控软件的状态和完整性,发现不良的篡改,并确保使用了物联网技术的系统所传输的数据没用经过篡改。

4. 数字版权领域

通过区块链技术,可以对作品进行鉴权,证明文字、视频、音频等作品的存在,而且保证权属的真实、唯一性。作品在区块链上被确权后,后续交易都会进行实时记录,实现数字版权全生命周期管理,也可作为司法取证中的技术性保障。例如,美国纽约一家创业公司 Mine Labs 开发了一个基于区块链的元数据协议,这个名为 Mediachain 的系统利用 IPFS 文件系统,实现数字作品版权保护,主要是面向数字图片的版权保护应用。

5. 保险领域

在保险理赔方面,保险机构负责资金归集、投资、理赔,但往往管理和运营成本较高。通过智能合约的应用,既无须投保人申请,也无须保险公司批准,只要触发理赔条件,实现保单自动理赔。一个典型的应用案例就是 LenderBot,是 2016 年由区块链企业 Stratumn、德勤与支付服务商 Lemonway 合作推出,它允许人们通过 Facebook Messenger 的聊天功能,注册定制化的微保险产品,为个人之间交换的高价值物品进行投保,而区块链在贷款合同中代替了第三方角色。

6. 公益领域

区块链上存储的数据,高可靠且不可篡改,适合用在社会公益场景。公益流程中的相关信息,如捐赠项目、募集明细、资金流向、受助人反馈等,均可以存放于区块链上,并且有条件地进行透明公开公示,方便社会监督。

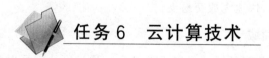

任务 6 云计算技术

知识目标
- 认识云计算的基本概念和特点。
- 了解云计算的发展历程。
- 掌握云计算基本功能。

技能目标
- 掌握云计算的核心技术。
- 掌握云计算的常用技术。

学习情境1：云计算概述

1. 云计算的起源

云计算（cloud computing）是一种基于互联网的计算模式，即把分布于网络中的服务器、个人计算机和其他智能设备的计算资源和存储资源集中管理，协同工作，以提高计算能力和存储容量。可以说，云计算是现代计算机网络发展的必然趋势。

云计算具有极高的计算速度（每秒超过10万亿次以上）、超强的数据处理能力、海量的存储容量、丰富的信息资源。当前，国内外很多大学（如浙江大学、上海大学、中国石油大学）、科研机构、大型企业（如广州石化）和商业团体都在设计和建设各自的云计算平台。

特别值得注意的是，云计算并不是一种新技术，而是一种新兴的商业计算模型。它将计算任务分布在大量计算机构成的资源池上，使各种应用系统能够根据需要获取计算力、存储空间和各种软件服务。

这种资源池称为"云"。"云"是一些可以自我维护和管理的虚拟计算资源，通常为一些大型服务器集群，包括计算服务器、存储服务器、宽带资源等。云计算将所有的计算资源集中起来，并由软件实现自动管理，无须人为参与。这使得应用提供者无须为烦琐的细节而烦恼，能够更加专注于自己的业务，有利于创新和降低成本。

2. 云计算的基本原理

云计算的基本原理是，通过使计算分布在大量的分布式计算机上，而非本地计算机或远程服务器中，企业数据中心的运行将更与互联网相似。这使得企业能够将资源切换到需要的应用上，根据需求访问计算机和存储系统。这可是一种革命性的举措，打个比方，这就好比是从古老的单台发电机模式转向了电厂集中供电的模式。它意味着计算能力也可以作为一种商品进行流通，就像煤气、水电一样，取用方便，费用低廉。云计算最大的不同在于，它是通过互联网进行传输的。就像用电不需要家家装备发电机，直接从电力公司购买一样。"云计算"带来的就是这样一种变革——由谷歌、IBM这样的专业网络公司来搭建计算机存储、运算中心，用户通过一根网线借助浏览器就可以很方便地访问，把"云"作为资料存储以及应用服务的中心。云计算目前已经发展出了云安全和云存储两大领域。如国内的瑞星和趋势科技就已开始提供云安全的产品；而微软、谷歌等国际头更多的是涉足云存储领域。

3. 云计算的定义

狭义的云计算是指信息技术基础设施的交付和使用模式，指通过网络以按需求、易扩展的方式获得所需的资源（硬件、平台、软件）。提供资源的网络被称为"云"。"云"中的资源在使用者看来是可以无限扩展的，并且可以随时获取，按需使用，随时扩展，按使用付费。这种特性经常被称为像水电一样使用IT基础设施。

广义的云计算是指服务的交付和使用模式，指通过网络以按需、易扩展的方式获得所需的服务。这种服务可以是IT和软件、互联网相关的，也可以是任意其他的服务。

云计算的一个核心理念就是通过不断提高"云"的处理能力，进而减少用户终端的处理负担，最终使用户终端简化成一个单纯的输入输出设备，并能按需享受"云"的强大计算处理能力！

云计算是一种基于 Internet 的计算模式,具有极高的运算速度、超强的数据处理能力、海量的存储容量和丰富的信息资源。可应用于模拟核爆炸、天气预报、大型数据库的建设与数据处理和信息处理等方面。

4. 云计算的分类

1) 从服务方式的角度来划分

从服务方式角度来划分,云计算可分为三种:为公众提供开放的计算、存储等服务的"公有云",如百度的搜索和各种邮箱服务等;部署在防火墙内,为某个特定组织提供相应服务的"私有云";以及将以上两种服务方式进行结合的"混合云"。如图 9-10 所示。

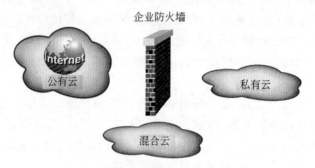

图 9-10 公有云、私有云和混合云部署图

(1) 公有云。公有云是由若干企业和用户共享使用的云环境。在公有云中,用户所需的服务由一个独立的、第三方云提供商提供。该云提供商也同时为其他用户服务,这些用户共享这个云提供商所拥有的资源。

(2) 私有云。私有云是由某个企业独立构建和使用的云环境。私有云是指为企业或组织所专有的云计算环境。在私有云中,用户是这个企业或组织的内部成员,这些成员共享着该云计算环境所提供的所有资源,公司或组织以外的用户无法访问这个云计算环境提供的服务。

(3) 混合云。混合云指公有云与私有云的混合。

2) 按服务类型分类

云计算的服务类型是指其为用户提供什么样的服务;通过这样的服务,用户可以获得什么样的资源;以及用户该如何使用这样的服务。目前业界普遍认为,以服务类型为指标,云计算可以分为以下三类:基础设施服务云、平台服务云和应用服务云,如图 9-11 所示。

图 9-11 云计算的三种部署方式

(1) 基础设施云(基础设施即服务 IaaS):这种云为用户提供的是底层的、接近于直接操作硬件资源的服务接口。通过调用这些接口,用户可以直接获得计算和存储能力,而且非常自由灵活,几乎不受逻辑上的限制。

(2) 平台云(平台即服务 PaaS):这种云为用户提供一个托管平台,用户可以将它们所开发和运营的应用托管到云平台中。

(3) 应用云(软件即服务 SaaS):云平台提供的各种应用服务,如表 9-2 所示。

表 9-2 云平台提供的应用服务

分 类	服 务 类 型	运用的灵活性	运用的难易程度
基础设施云	接近原始的计算存储能力	高	难
平台云	应用的托管环境	中	中
应用云	特定的功能应用	低	易

学习情境 2：云计算的产生及基础架构

1. 云计算的雏形

早期互联网的对等网络（P2P）特性可通过新闻组网络（usenet）来做最好的说明。新闻组创建于 1979 年，是一个由计算机构成的网络，每台计算机都能提供整个网络的内容。信息在对等计算机之间进行传播，无论用户连接在哪一台新闻组的服务器上，都可以获得张贴到每个单独的服务器上的所有信息。虽然用户到新闻组服务器的连接具有传统的客户机/服务器系统特性，但新闻组服务器之间的关系则无疑是 P2P，这就是今天"云计算"的雏形。

云计算是成熟可商用的技术，而不仅仅是一个概念。很多时候，我们已不知不觉中使用了"云计算"提供的服务。例如，当我们使用百度搜索引擎搜索关键词"网络"时，分布在世界各地数以万计的服务器按照对关键词"网络"进行匹配、查找、关联、搜索和汇总，最终将对应信息反馈到搜索者的屏幕上。在这一过程中，我们并不知道有多少服务器和多少软件提供了服务，更不知道这些服务器和软件分布在什么地方，其实这就是"云计算"提供的强大服务。由硬件、软件和网络构成，拥有极强的存储能力、处理能力和计算能力的新型技术，这就叫"云计算"。

2. 云计算的基础架构

云计算的基础架构就是将所有计算资源、存储资源和网络资源进行整合，构成一个具有海量存储容量、能提供超级科学计算和数据处理能力的计算机网络系统，如图 9-12 所示。

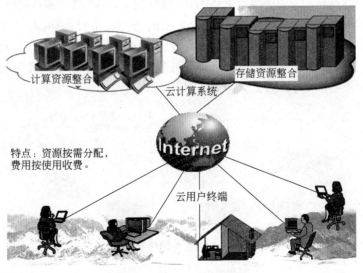

图 9-12 云计算基础架构

学习情境3：云计算的发展

纵观计算机网络的发展史，计算机网络从20世纪50年代问世开始，至今已经过70多年的发展，其发展经历可划分为四个阶段，即面向终端的联机系统阶段、具有通信功能的智能终端网络阶段、具有统一网络体系结构并遵从国际标准化协议的标准化网络阶段和网络互联阶段。

对于云计算发展的历程，可以用服务器与客户端的"胖"与"瘦""合久必分，分久必合"以及"由小到大，由大到小"来描述。

1. 服务器与客户端的"胖"与"瘦"

从服务器与客户端的角度来说，可将云计算网络结构的发展分为三个年代。

（1）第一代网络结构：面向终端的联机结构阶段（"胖"服务器，"瘦"客户机阶段）。

其网络结构是所有用户终端通过电话线连接到远程的1台大型服务器上（见图9-13）。这阶段的用户终端就是电传打字机，它不具备计算能力和存储能力，更不能给网络提供服务，是典型的"瘦"终端；而服务器则是一台大型计算机，具有很强的计算能力、存储能力和数据处理能力，并能为网络提供多种服务，是典型的"胖"服务器，而且主张服务器越胖越好，服务器越胖，其提供的能力就越强。

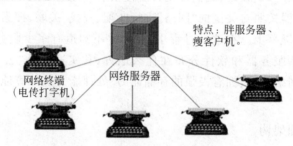

图9-13　面向终端的联机结构

（2）第二代网络结构：智能终端网络结构阶段（服务器减"肥"，客户机增"肥"阶段）。

这阶段的客户端是用完整的计算机取代早期的电传打字机，不但具有计算能力和存储能力，而且能为网络提供服务，所以说，这一阶段用户终端是越来越"胖"了，而服务器则可以减"肥"，因为这一阶段的服务器只需提供网络服务能力即可，不必提供过强的计算能力和存储能力，智能终端网络结构如图9-14所示。

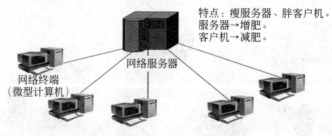

图9-14　智能终端网络结构阶段

(3) 第三代网络结构：云计算网络结构（"胖"服务器"瘦"客户机阶段）。

在这一阶段中，将所有的计算资源、存储资源进行整合，统一调度和分配，并能提供超强计算能力和海量存储能力，并能提供"应有尽有"的服务，所以，服务器是增肥，而且越来越"胖"；而这阶段的用户终端主张越"瘦"越好，比如平板电脑、手机等。云计算网络结构如图 9-15 所示。

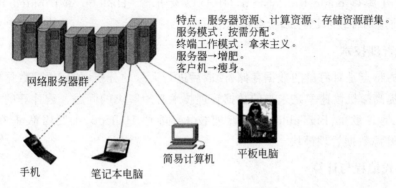

图 9-15　云计算网络结构阶段

2. "合久必分，分久必合"

"合久必分，分久必合"指的是网络服务器的变迁，最初的面向终端的联机阶段，网络服务器通常是一台独立的计算机，所有计算能力、存储能力和服务能力都是由这一台计算承担（这是服务器的"合"）；在智能终端网络阶段，网络服务器可以是多台，而且可以分布在不同地域、不同行业，每台服务器可提供不同的服务（这是服务器的"分"）；在云计算结构阶段，网络服务器全部整合，统一调度和分配，当成一个整体来使用（服务器的"合"）。

3. "由小到大，由大到小"

"由小到大，由大到小"指的是用户终端的变迁，最初面向终端的联机阶段的终端是很瘦小的，但到了智能终端网络结构阶段，主张用户终端越大（胖）越好，而到了云计算网络结构阶段，则又主张用户网络越瘦小越好。

学习情境 4：云计算的关键技术

云计算是分布式处理、并行计算和网格计算等概念的发展和商业实现，其技术实质是计算、存储、服务器、应用软件等计算机软硬件资源的虚拟化，云计算在虚拟化、数据存储、数据管理、编程模式等方面具有自身独特的技术。

云计算系统运用了许多技术，其中以编程模型、数据管理技术、数据存储技术、虚拟化技术、云计算平台管理技术最为关键。

云计算的关键技术包括以下几个方向。

1. 虚拟机技术

虚拟机，即服务器虚拟化是云计算底层架构的重要基石。在服务器虚拟化中，虚拟化软件需要实现对硬件的抽象，资源的分配、调度和管理，虚拟机与宿主操作系统及多个虚拟机间的隔离等功能。目前，典型的实现（基本成为事实标准）有 Citrix Xen、VMware ESX Server 和 Microsoft Hype-V 等。

2. 数据存储技术

云计算系统需要同时满足大量用户的需求,并行地为大量用户提供服务。因此,云计算的数据存储技术必须具有分布式、高吞吐率和高传输率的特点。目前,数据存储技术主要有Google的非开源(Google file system,GFS)以及开源(Hadoop distributed file system,HDFS),目前这两种技术已经成为事实标准。

3. 数据管理技术

云计算的特点是对海量的数据存储、读取后进行大量的分析,如何提高数据的更新速率以及进一步提高随机读速率是未来的数据管理技术必须解决的问题。云计算的数据管理技术最著名的是谷歌的 BigTable 数据管理技术,同时 Hadoop 开发团队正在开发类似 BigTable 的开源数据管理模块。

4. 分布式编程与计算

为了使用户能更轻松的享受云计算带来的服务,让用户能利用该编程模型编写简单的程序来实现特定的目的,云计算上的编程模型必须十分简单。必须保证后台复杂的并行执行和任务调度向用户和编程人员透明。当前各 IT 厂商提出的"云"计划的编程工具均基于 Map-Reduce 的编程模型。

5. 虚拟资源的管理与调度

云计算区别于单机虚拟化技术的重要特征是通过整合物理资源形成资源池,并通过资源管理层(管理中间件)实现对资源池中虚拟资源的调度。云计算的资源管理需要负责资源管理、任务管理、用户管理和安全管理等工作,实现节点故障的屏蔽、资源状况监视、用户任务调度、用户身份管理等多重功能。

6. 云计算的业务接口

为了方便用户业务由传统 IT 系统向云计算环境的迁移,云计算应对用户提供统一的业务接口。业务接口的统一不仅方便用户业务向云端的迁移,也会使用户业务在云与云之间的迁移更加容易。在云计算时代,SOA 架构和以 Web Service 为特征的业务模式仍是业务发展的主要路线。

7. 云计算相关的安全技术

云计算模式带来一系列的安全问题,包括用户隐私的保护、用户数据的备份、云计算基础设施的防护等,这些问题都需要更强的技术手段,乃至法律手段去解决。

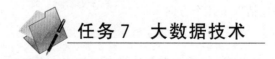

任务 7 大数据技术

知识目标

- 认识大数据基本概念及特点。

- 掌握大数据的基本功能。

技能目标

- 掌握大数据的核心技术。
- 掌握大数据的应用技术。

学习情境1：大数据的基本概念

1. 大数据的定义

大数据(big data)也称海量数据和巨量数据,是指数据量达到无法利用传统数据处理时代产生的海量数据,也被用来命名与其相关的技术、创新与应用。

2. 大数据的特征

大数据具有海量的数据规模大(volume)、数据流转速度快(velocity)、数据类型的多样性(variety)和数据价值密度低(value)四大特征,也简称4V。

(1) 海量的数据规模(volume):2004年,全球数据总量为30EB,2005年达到50EB,2015年达到7900EB(即7.7ZB),根据国际数据资讯(IDC)公司监测,全球数据量大约每两年翻一番,2020年,全球已达35000EB(即34ZB)的数据。

(2) 快速的数据流转(velocity):指数据产生、流转速度快,而且越新的数据价值越大,这就要求对数据的处理速度也要快,以便能够及时从数据中发现、提取有价值的信息。

(3) 多样的数据类型(variety):指数据的来源及类型多样,大数据的数据类型除传统的结构化数据外,还包括大量非结构化数据。其中,10%是结构化数据,90%是非结构化数据。

(4) 价值密度低(value):指数据量大但价值密度相对较低,挖掘数据中蕴藏的价值数据犹如沙里淘金。

学习情境2：大数据的关键技术

大数据技术是指用非传统的方式对大量结构化和非结构化数据进行处理,以挖掘出数据中蕴含的价值的技术。根据大数据的处理流程,可将其关键技术分为大数据采集、大数据预处理、大数据存储与管理、大数据分析与挖掘、大数据可视化展现等技术。

1. 大数据采集

对于网络上各种来源的数据,包括社交网络数据、电子商务交易数据、网上银行交易数据、搜索引擎点击数据、物联网传感器数据等,在被采集前都是零散的,没有任何意义。数据采集就是将这些数据写入数据仓库中并整合在一起。

就数据采集本身而言,大型互联网企业由于自身用户规模庞大,可以把自身用户产生的交易、社交、搜集等数据充分挖掘,拥有稳定、安全的数据资源。而对于其他大数据公司和大数据研究机构而言,目前采集大数据的方法主要有如下4种。

(1) 系统日志采集:可以使用海量数据采集工具用于系统日志采集,如Hadoop的Chukwa、Cloudera的Flume、Facebook的Scribe等,这些大数据的日志数据采集和传输需求。采集工具用于系统日志采集,这些工具均采用分布式架构,能满足大数据的日志数据采集和传输需求。

(2) 互联网数据采集:可以通过网络爬虫或网站公开 API(应用程序接口)等方式从网站上获取数据信息。该方法可以将数据从网页中抽取出来,并将其存储为统一的本地数据文件,它支持图片、音频、视频等文件或附件的采集,而且附件与正文可以自动关联。

(3) App 移动端数据采集:App 是获取用户移动端数据的一种有效方法。App 中的 SDK(软件开发工具包)插件可以将用户使用 App 的信息汇总给指定服务器,即便用户在没有访问 App 时,服务器也能获知用户终端的相关信息,包括安装应用的数量和类型等。

(4) 与数据服务机构进行合作:数据服务机构通常具备规范的数据共享和交易渠道,人们可以在其平台上快速、准确地获取自己所需要的数据。

2. 大数据预处理

由于大数据的来源和种类繁多,这些数据有残缺的、虚假的、过时的,等等。因此,想要获得高质量的数据分析结果,必须在数据准备阶段提高数据的质量,即对大数据进行预处理。大数据预处理是指将杂乱无章的数据转化为相对单一且便于处理的结构,或者去除没有价值甚至可能对分析造成干扰的数据。

3. 大数据存储与管理

大数据存储是指用存储器把采集到的数据存储起来,并建立相应的数据库,以便对数据进行管理和调用。目前,主要采用 Hadoop 分布式文件系统(HDFS)和非关系型分布式数据库(NoSQL)来存储和管理大数据。常用的 NoSQL 数据库包括 Hbase、Redis、Cassanda、MongoDB、Neo4j 等。

4. 大数据分析与挖掘

大数据分析与挖掘是指通过各种算法从大量的数据中找到潜在的有用信息,并研究数据的内在规律和相互间的关系。常用的大数据分析与挖掘技术包括 Spark、MapReduce、Hive、Pig、Flink、Impala、Kylin、Tez、Akka、Storm S、MLlib 等。

5. 大数据可视化展现

大数据可视化展现是指利用可视化手段对数据进行分析,并将分析结果用图表或文字等形式展现出来,从而使读者对数据的分布、发展趋势、相关性和统计信息等一目了然,常用的大数据可视化工具有 Echarts 和 Tableau 等。

学习情境 3:大数据的应用领域

随着大数据应用越来越广泛,应用的行业也越来越多,每天都可以看到大数据的一些新应用,从而帮助人们从中获取到真正有用的信息。很多组织或者个人都会受到大数据分析影响,但是大数据是如何帮助人们挖掘出有价值的信息呢?如图 9-16 所示七个领域是大数据在分析应用上的关键领域。

图 9-16　大数据的应用领域

学习效果自测

一、简答题

1. 人工智能有哪些特征？
2. 人工智能的三要素分别是什么？
3. 试述物联网的基础知识有哪些？
4. 物联网的基本功能有哪些？
5. 区块链有哪些特征？
6. 区块链有哪些类型？
7. 云计算有哪些特点？
8. 云计算有哪几种主要类型？

二、论述题

1. 试述人工智能架构模型有哪几层？
2. 人工智能的核心技术有哪些？
3. 物联网主要应用在哪些方面？
4. 物联网的关键技术有哪些？
5. 区块链的核心技术有哪些？
6. 区块链中的用户是如何达成共识的？
7. 简述云计算与大数据的关系。
8. 简述云计算的关键技术有哪些？
9. 试述大数据的基本概念及其用途。

10. 简述大数据的数据采集与数据处理技术。

三、应用题

1. 对人工智能应用市场进行调研。试述人工智能技术可用于哪些地方和行业？
2. 对区块链应用市场进行调研。试述区块链可用于哪些地方和行业？
3. 建立一个云盘。

项目 10 信息检索

项目简介

信息检索是指将信息按一定的方式组织起来,并根据用户的需求找出有关信息的过程和技术。信息检索主要目的是为人们提供信息服务。本项目有 3 个任务,学习信息检索、搜索引擎和常用学术论文搜索引擎。

能力培养目标

- 掌握信息检索的定义和分类。
- 掌握常用信息的检索技术。
- 掌握搜索引擎的概念和使用方法。
- 掌握中国知网搜索引擎。
- 掌握维普期刊资源整合服务平台搜索引擎。
- 掌握万方数据知识服务平台搜索引擎。

素质培养目标

- 能够使用恰当的方式捕获、提取和分析信息。
- 能够利用各种信息资源、科学方法和信息技术工具解决实际问题。
- 具备团队协作精神,善于与他人合作、共享信息。
- 具备独立思考和主动探究能力,为职业能力的持续发展奠定基础。

课程思政培养目标

课程思政及素养培养目标如表 10-1 所示。

表 10-1 课程内容与课程思政及素养培养目标关联表

知识点	知识点诠释	思政元素	培养目标及实现方法
信息检索	信息用户为处理解决各种问题而查找、识别、获取相关的事实、数据、知识的活动及过程	信息的查找,类比学生遇到问题的分析;信息检索过程,类比学生探索方法的过程;信息的检索技术,类比学生解决问题的手段	培养学生自主解决问题的能力。解决问题是一个比较复杂的思想过程。因为一个问题有很多关系,很多因素,不同的影响。我们需要进行精确的调查,从而得到满意的解决方案

任务 1　信息检索的定义及分类

知识目标

- 掌握信息检索的定义。
- 掌握信息检索的分类。
- 掌握常用信息的检索技术。

技能目标

- 熟悉常用信息的检索技术方法。
- 熟练使用常用信息的检索技术进行检索。

学习资源

学习情境 1：信息检索概述

1. 信息检索的定义

信息检索就是信息用户为处理解决各种问题而查找、识别、获取相关的事实、数据、知识的活动及过程。

信息检索有广义和狭义之分。广义的信息检索是信息按一定的方式进行加工、整理、组织并存储起来，再根据用户特定的需要将相关信息准确地查找出来的过程。因此，也称信息的存储与检索。狭义的信息检索仅指信息查询，即用户根据需要，采用某种方法或借助检索工具，从信息集合中找出所需要的信息。

2. 信息检索的发展

信息检索工具的发展从无到有，经历了手工、自动化、计算机检索、计算机网络检索这 4 个主要阶段。

手工检索经历了相当长的历史时期，有 2000 多年的历史，虽然后期出现了胶片型的检索工具，但基本上还是通过手工来完成检索任务。手工检索工具种类繁多，功能也比较齐全，各种文摘、题录、书目、索引等都属于手工检索工具。

随着科学技术的发展，文献量的增加，自然科学的发展进入了一个前所未有的历史时期，古老的学科得到了迅速发展，同时涌现出了很多新的学科，出版刊物也随之大量增加，文献量急剧增长，依靠原有的手工检索方法往往要花去大量的时间，而且不一定得到满意的检索效果。为了提高检索效率，人们开始利用光电技术、机械技术设计制造了检索工具。但这种检索工具还没有广泛地推广开，就被计算机检索系统代替了。在我国没有经历这一过程，就直接进入了计算机检索阶段，更确切地说是进入了计算机网络检索阶段。

以计算机技术为主的现代信息技术的发展是计算机信息检索进步的基础。1946 年第一台电子计算机诞生以后不久，就被用于了信息检索，开创了现代信息检索的先河。自那以后，出现了一系列信息存储与检索的新理论和新方法，已经逐渐成为一门独立的科学分支。

从单机批处理时期(20世纪50年代初至60年代中期)、联机检索试用时期(60年代中期至70年代中期),一直到联机服务系统(70年代中期至80年代中期)。信息存储介质也从磁带、磁盘到光盘发生了根本性的变化,其存储模式也从文件形式发展到以数据库为核心。从系统结构来看,从脱机检索发展到联机检索,基本上是与计算机技术的发展相并行的。

早在20世纪50年代初期,美国麻省理工学院的P. R. Bagley就开始利用计算机检索进行代码化文摘的可行性研究实验。1954年,美国马里兰州银泉海军军械实验室利用IBM701型电子计算机,将文献号和少量标引词存储在计算机中,进行相关性比较后输出检索结果——文献号,由此诞生了世界上第一个文献信息的自动化检索系统。由于当时的计算机尚处在电子管时期,用于信息处理有很大的局限,因此无实用系统,而且是脱机检索。

20世纪50年代末到60年代初,由第2代计算机(半导体)的软、硬件有了发展,文献处理与信息检索的性能增强,信息检索进入实用化的脱机处理阶段。1959年,美国的劳恩利用IBM650型计算机建立了世界上第一个基于KWIC关键词索引的定题检索SDI系统。1961年,美国《化学文摘》社使用计算机编制《化学题录》,并发行《化学题录》机读磁带版。自此以后,计算机信息存取在世界范围内正式进入实际应用与生产型开发的新时期。1967年以后,美国《化学文摘》社整个系列的新出版物都通过机读数据库进行生产了。1963年,美国系统发展公司受国防部委托开始研制ORBIT计算机存取系统并获得成功。1964年,美国国家医学图书馆也开始使用计算机编制世界医学文献的检索刊物《医学索引》并投入使用。

到了20世纪60年代后期,由于第3代集成电路计算机的诞生与高密度海量存储器硬磁盘及磁盘机的问世,以及数字通信技术和分组交换公用数据通信网的普及,使计算机信息存取从脱机批处理进入联机检索阶段。最早的联机信息存取系统是美国洛克希德公司研究实验室研制的CONVERS系统,该系统经过不断试验与改进以后,于1966年改名为DIALOG,1967年开始为NASA提供常规检索服务。

3. 信息检索技术的用途

信息检索技术的用途主要包括:存储、检索和报道。

(1) 存储,即把有关信息的学科内容特征和外部特征著录下来,按一定次序排列组织起来,以便于查找各类信息资源。

(2) 检索,即提供一定的检索手段,使人们按照一定的检索方法,及时、准确、全面地查找出所需信息资源。

(3) 报道,即揭示某一时期、某一范围信息资源的发展状况。通过检索系统对信息资源的报道,了解学科的历史、现有水平和未来发展趋势。

学习情境2:信息检索的分类

1. 按照检索的功能划分

信息检索可以分为书目检索和事实数据检索。

1) 书目检索

书目检索主要是对某一研究课题的相关文献进行检索,其结果是获得一批相关文献的线索,其检索作业的对象是检索工具。

2) 事实数据检索

事实数据检索用于各种事实或数据的检索。如查找某一词的解释、某人、某时间、某地名、某企业及其产品情况等,其结果是获得直接的、可供参考的答案。进行事实数据检索时,使用各种参考工具,如字典、百科全书、年鉴、手册、名录或者相应的数据库。

2. 按照检索的手段划分

信息检索可以分为手工检索和计算机检索。

1) 手工检索

手工检索即以手工翻检的方式,利用图书、期刊、目录卡片等工具来检索信息的一种手段,其优点是回溯性好,没有时间限制,不收费;缺点是费时,效率低。

2) 计算机检索

计算机检索是用计算机进行信息存储和检索,检索时使用各种数据库,检索灵活、检索入口多、速度快、效率高。由于计算机检索具有速度快、效率高、数据内容新、范围广、数量大、操作简便、检索时不受国家和地理位置的限制等特点,已成为人们获取信息的主要手段之一。

3. 按照检索的对象划分

信息检索可以分为文献检索、数据检索和事实检索。

1) 文献检索

文献检索是以包括题目、文摘和全文的文献为检索对象的检索,又可分为全文检索和书目检索两种。

(1) 全文检索是指以文本作为检索对象,找出含有指定词汇的文本。

(2) 书目检索是以文献线索为检索对象的信息检索。

2) 数据检索

数据检索是以包括数据、图表、公式等数值或数据为对象的检索。

3) 事实检索

事实检索是以某一客观事实为检索对象,查找某一事物发生的时间、地点及过程的检索。

以上三种信息检索类型的主要区别在于,数据检索和事实检索是要检索出包含在文献中的信息本身,而文献检索则检索出包含所需要信息的文献即可。

4. 按照检索的手段途径划分

信息检索可以分为直接检索和间接检索。直接检索是读者通过直接阅读、浏览一次文献或三次文献从而获得所需资料的过程。间接检索是通过检索工具或利用二次文献查找文献资料。

学习情境3:常用的信息检索技术

计算机信息检索的基本检索技术主要有以下几种。

1. 布尔逻辑检索

利用布尔逻辑算符进行检索词或代码的逻辑组配,是现代信息检索系统中最常用的一种技术。常用的布尔逻辑算符有三种,分别是逻辑与"and"、逻辑或"or"、逻辑非"not"。下面以"物联网"和"大数据"两个检索词来解释三种逻辑运算符的具体含义。

(1)"物联网"and"大数据",表示同时含有这两个检索词的文献才被命中。

(2)"物联网"or"大数据",表示含有一个检索词或同时含有这两个检索词的文献都将被命中。

(3)"物联网"not"大数据",表示只含有"物联网"但不含有"大数据"的文献才被命中。

2. 截词检索

截词检索是计算机检索中应用非常普遍的一种技术。由于西文的构词特性,在检索中经常会遇到名词的单复数形式不一致;同一个意思的词,英美拼法不一致;词干加上不同性质的前缀和后缀就可以派生出许多意义相近的词等,这就要用到截词检索。

3. 位置检索

位置检索也称全文检索、邻近检索。全文检索是利用记录中的自然语言进行检索,词与词之间的逻辑关系用位置算符组配,对检索词之间的相对位置进行限制。这是一种可以不依赖主题词表而直接使用自由词进行检索的技术方法。

4. 字段限定检索

字段限定检索是指限定检索词在数据库记录中的一个或几个字段范围内查找的一种检索方法。在检索系统中,数据库设置的可供检索的字段通常有两种:表达文献主题内容特征的基本字段和表达文献外部特征的辅助字段。

5. 加权检索

加权检索是在某些检索系统中提供的一种定量检索技术。加权检索同布尔检索、截词检索等一样,也是文献检索的一个基本检索手段,但与它们不同的是,加权检索的侧重点不在于判定检索词或字符串是不是在数据库中存在,与别的检索词或字符串是什么关系,而是在于判定检索词或字符串在满足检索逻辑后对文献命中与否的影响程度。

6. 聚类检索

聚类检索是把没有分类的事物,在不知道应分几类的情况下,根据事物彼此不同的内在属性,将属性相似的信息划分到同一类下面。

除了上述计算机信息检索的基本检索技术之外,由于移动互联网的技术普及和提高,App手机检索成为人们常用的技术手段,App手机检索是利用手机上网通过App检索所需要的资料。跟计算机互联网相比,手机上网的优势是随时随地可以上,缺点是屏幕小,不支持复杂操作。

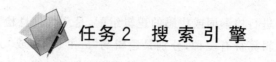

任务2 搜索引擎

知识目标
- 掌握搜索引擎的概念。
- 掌握常用搜索引的种类。

技能目标
- 熟悉常用搜索引擎的使用方法。
- 熟练使用搜索引擎进行搜索。

任务导入

某大学应届毕业生小吴同学想通过网络找工作,根据自己的专业、特长等具体情况,上网搜索招聘信息。招聘信息的搜索有很多网站,小吴同学使用百度搜索招聘信息,如图10-1所示。

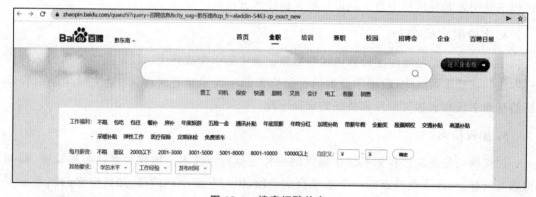

图10-1 搜索招聘信息

学习情境1：搜索引擎概述

1. 搜索引擎的定义

搜索引擎是随着互联网的发展而产生和发展的,随着目前互联网已成为人们不可缺少的使用平台,几乎所有人上网都会使用到搜索引擎。

搜索引擎是指根据一定的策略、运用特定的计算机程序从互联网上采集信息,在对信息进行组织和处理后,为用户提供检索服务,将检索的相关信息展示给用户的系统。它是根据用户需求与一定算法,运用特定策略从互联网检索出指定信息反馈给用户的一门检索技术。

2. 搜索引擎的特性

搜索引擎最重要也最基本的功能就是搜索信息的及时性、有效性和针对性。搜索引擎发展到现在,基础架构和算法在技术上都已经基本成型和成熟。

搜索引擎依托于多种技术,如网络爬虫技术、检索排序技术、网页处理技术、大数据处理技术、自然语言处理技术等,为信息检索用户提供快速、高相关性的信息服务。搜索引擎技术的核心模块一般包括爬虫、索引、检索和排序等,同时可添加其他一系列辅助模块,为用户创造更好的网络使用环境。

3. 搜索引擎的主要用途

搜索引擎的主要用途体现在以下 4 个方面。

(1) 用户在数百万计的网站中快速查找需要的网站。

(2) 软件下载:通过在搜索引擎中输入软件名称,可以搜索到软件。然后,可根据列出的搜索结果下载软件,最终实现安装。

(3) 信息查找:如果想去旅游或者去餐馆,但又不知道去哪里,可以在搜索引擎中输入"旅游""餐馆"等,在给出的搜索结果中就可以选择受好评的旅游目的地,或者餐馆地址。

(4) 购买产品:假如想购买一款数码相机,通过该产品的型号等内容进行搜索,会获得此产品的性能、用户使用后的评价及产品的价格等信息。

学习情境 2:常用搜索引擎

1. 百度搜索引擎

百度搜索是全球最大的中文搜索引擎,致力于向用户提供"简单、可依靠"的信息获取方式,如图 10-2 所示。

图 10-2 百度搜索页面

2. 360 搜索引擎

360 综合搜索是通过一个统一的用户界面帮助用户在多个搜索引擎中选择和利用合适的搜索引擎来实现检索操作,是对分布于网络的多种检索工具的全局控制机制,如图 10-3 所示。

图 10-3　360 搜索页面

3. 搜狗搜索引擎

搜狗搜索是全球第三代互动式搜索引擎,支持微信公众号和文章搜索、知乎搜索、英文搜索及翻译等,通过自主研发的人工智能算法为用户提供专业、精准、便捷的搜索服务,如图 10-4 所示。

图 10-4　搜狗搜索页面

任务实施步骤

第 1 步:打开百度搜索引擎页面,如图 10-2 所示。

第 2 步:在百度页面搜索框里面输入"百度招聘网站"字样,就可以搜索到招聘相关信息,如图 10-5 所示。

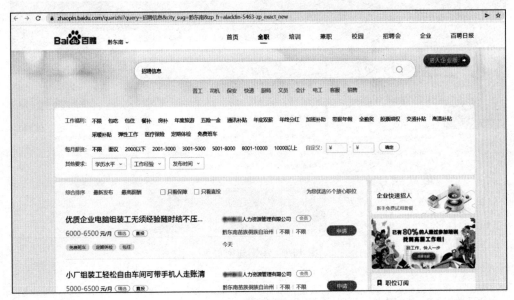

图 10-5　搜索招聘信息

任务 3　学术论文搜索引擎

知识目标

- 掌握中国知网搜索引擎。
- 掌握维普期刊资源整合服务平台搜索引擎。
- 掌握万方数据知识服务平台搜索引擎。

技能目标

- 熟练掌握常用学术论文搜索引擎的使用技巧。
- 掌握学术论文搜索引擎进行学术论文的搜索。

 任务导入

小张同学需要搜索"我国地方高职院校发展的主要问题及对策"论文。小张首先要了解常用学术论文搜索引擎有哪些？然后要掌握如何使用这些搜索引擎搜索和查找自己所需要的学术论文。

学习情境 1：中国知网

进入中国知网官网首页,在搜索框内输入需要搜索的内容即可,如图 10-6 所示。

图 10-6　中国知网首页

学习情境 2：维普期刊资源整合符合平台

进入维普期刊官网平台首页，在搜索框内输入需要搜索的内容即可，如图 10-7 所示。

图 10-7　维普首页

学习情境 3：万方数据知识服务平台

进入万方数据知识服务官方平台首页，在搜索框内输入需要搜索的内容即可，如图 10-8 所示。

图 10-8　万方数据首页

任务实施步骤

第 1 步：进入中国知网官方首页，如图 10-6 所示。

第 2 步：在搜索框输入"我国地方高职院校发展的主要问题及对策"，进入论文展示界面，如图 10-9 所示。

图 10-9　搜索论文

学习效果自测

一、选择题

1. 信息检索工具的发展从无到有,经历了(   )主要阶段。
   A. 手工　　　　　　B. 自动化　　　　　　C. 计算机检索　　　　D. 计算机网络检索
2. 按照检索的功能划分,信息检索可以分为(   )。
   A. 书目检索　　　　B. 数据检索　　　　　C. 手工检索　　　　　D. 事实数据检索
3. 按照检索的手段划分,信息检索可以分为(   )。
   A. 文献检索　　　　B. 计算机检索　　　　C. 手工检索　　　　　D. 数据检索
4. 按照检索的对象划分,信息检索可以分为(   )。
   A. 计算机检索　　　B. 文献检索　　　　　C. 事实检索　　　　　D. 数据检索
5. 按照检索的手段途径划分,信息检索可以分为(   )。
   A. 直接检索　　　　B. 文献检索　　　　　C. 数据检索　　　　　D. 间接检索

二、填空题

1. 信息检索是_____。
2. 计算机信息检索的基本检索技术主要有_____、_____、_____、_____、_____、_____。
3. 搜索引擎是_____。
4. 搜索引擎最基本的功能是搜索信息的_____性、_____性和_____性。
5. 常用搜索引擎有_____、_____、_____、_____等。
6. 常用学术论文搜索引擎有_____、_____、_____、_____等。

项目 11

信息素养与社会责任

项目简介

信息素养是一种基本能力；信息素养是一种对信息社会的适应能力。能力素质包括读、写、算等基本学习技能、信息素养、创新思维能力、人际交往与合作精神、实践能力。信息素养是其中一个方面，它涉及信息的意识、能力和应用。本项目有四个任务，即了解信息素养的概念、信息素养的内涵、个人信息世界简介和新时代大学生信息素养与社会责任。

能力培养目标

- 掌握信息意识、信息道德和信息技能。
- 了解高等教育信息素养框架。
- 掌握个人信息世界的内容要素、边界要素和动力要素。
- 掌握新时代大学生九大信息素养标准。
- 了解信息安全威胁的手段和了解信息安全意识。
- 掌握新时代大学生信息素养。

素质培养目标

- 掌握信息素养能力的养成。
- 能够使用恰当的方式捕获、提取和分析信息。
- 能够利用各种信息资源、科学方法和信息技术工具解决实际问题。
- 具备团队协作精神，善于与他人合作、共享信息。
- 具备独立思考和主动探究能力，为职业能力的持续发展奠定基础。

课程思政培养目标

课程思政及素养培养目标如表 11-1 所示。

表 11-1 课程内容与课程思政及素养培养目标关联表

知识点	知识点诠释	思政元素	培养目标及实现方法
信息道德	在信息领域中用于规范人们相互关系的思想观念与行为准则	信息的采集，类比学生社会道德的学习；信息的存贮，类比学生社会道德的积累；信息的传播和利用，类比学生社会道德的实施；信息道德意识，类比学生社会道德意识；信息道德规范，类比学生社会道德规范；信息道德行为，类比学生社会道德行为	培养学生用社会道德规范、行为等约束自己；要求学生诚实守信、自尊自爱、具有民族气节、道德情操、个人志气等良好品质

续表

知识点	知识点诠释	思政元素	培养目标及实现方法
信息安全意识	信息安全的需求；信息安全威胁的手段	信息安全，类比国家安全；信息安全的需求，类比国家安全的需求；信息安全威胁的手段，类比危害国家安全的方式	培养学生具备国家安全意识，对敌对势力的渗透、颠覆、破坏活动保持高度警惕，切实履行维护国家安全的法律义务

 ## 任务 1　信息素养的概述

知识目标

- 掌握信息素养的概念。
- 了解信息素养的发展。

技能目标

- 了解信息素养的能力。
- 了解信息素养的特点。

学习资源

学习情境 1：信息素养的概念

信息素养是一种涵盖面较广的以获取、评估、利用信息为特征的传统与现代文化素养相结合的科学文化素养，是思想意识、文化积淀、心智能力和信息技术有机结合的一种综合能力。

（1）信息素养是一种基本能力：信息素养是一种对信息社会的适应能力。

（2）信息素养是一种综合能力：信息素养涉及各方面的知识，是一个特殊的、涵盖面很宽的能力，它包含人文的、技术的、经济的、法律的诸多因素，和许多学科有着紧密的联系。

信息素养的重点是内容、传播、分析，包括信息检索以及评价，涉及更宽的方面。它是一种了解、搜集、评估和利用信息的知识结构，既需要通过熟练的信息技术，也需要通过完善的调查方法、通过鉴别和推理来完成。

学习情境 2：信息素养的发展

信息素养在不断的演变，经历了先驱阶段（1980 年）、实验阶段（1990—1995 年）、探索阶段（1995—2000 年）和演进阶段（2000 年至今）四个阶段。其实，信息素养的提法早在 1974 年就出现了，当时的美国信息产业协会主席 Paul Zurkowski 在给美国图书馆与信息科学委员会的报告中提到：信息素养是利用大量的信息工具及主要信息源使问题得到解答的技能。但是，20 世纪 70—80 年代关于信息素养的研究却只限于少数西方国家，进入 90 年代，越来越多的国家和组织开始探讨信息素养；在图书馆学领域、教育学领域和商业领域中，信息素养已成为热点研究问题。

学习情境 3：信息素养的特点

信息素养包括文化层面、信息意识和信息技能三个层面。信息素养具有明显的工具性，大多数国家明确将它与实际问题和情境相结合，以实际问题为目标导向，要求学生能够有意识地收集、评价、管理和呈现信息，最终能够有效解决问题、增强交流、产生新的知识、实践终身学习等，强调了信息素养在实践中运用与创新的工具性导向，并在信息获取、使用与管理过程中应该始终坚持个人对信息的批判性、自主性与道德底线。

学习情境 4：信息素养的内涵

1. 信息意识

信息意识是人们利用信息系统获取所需信息的内在动因，具体表现为对信息的敏感性、选择能力和消化吸收能力，从而判断该信息是否能为自己或某一团体所利用，是否能解决现实生活实践中某一特定问题等一系列的思维过程。信息意识含有信息认知、信息情感和信息行为倾向三个层面。

2. 信息知识

信息知识是指与信息有关的理论、知识和方法，包括信息理论知识与信息技术知识。信息理论包括信息的基本概念、信息处理的方法与原则、信息的社会文化特征等。有了对信息本身的认知，就能更好地辨别信息，获取、利用信息。信息知识是信息素养教育的基础。

3. 信息技能

信息技能是指在信息的获取、整理、加工、存储、传递和利用过程中所采用的技术和方法。

信息技能包括以下六个方面。

（1）确定信息任务：确切地判断问题所在，并确定与问题相关的具体信息。

（2）决定信息策略：在可能需要的信息范围内决定有用的信息资源。

（3）检索信息策略：开始实施查询策略。这一部分技能包括使用信息获取工具、组织安排信息材料和内容的各个部分，以及决定搜索网上资源的策略。

（4）选择利用信息：在查获信息后，能够通过听、看、读等行为与信息发生相互作用，以决定有助于问题解决的信息，并能够摘录所需要的记录，拷贝和引用信息。

（5）综合信息：指把信息重新组合和打包成不同形式以满足不同的任务需求。综合信息可以很简单，也可以很复杂。

（6）评价信息：是指通过回答问题确定实施信息问题解决过程的效果和效率。在评价效率方面还需要考虑花费在价值活动上的时间，以及对完成任务所需时间的估计是否正确等。

4. 信息道德

信息道德是指在信息的采集、加工、存贮、传播和利用等信息活动各个环节中，用来规范其间产生的各种社会关系的道德意识、道德规范和道德行为的总和。它通过社会舆论、传统习俗等,使人们形成一定的信念、价值观和习惯,从而使人们自觉地通过自己的判断规范自己的信息行为。

信息道德的两个方面,即信息道德的主观方面和信息道德的客观方面。前者指人类个体在信息活动中以心理活动形式表现出来的道德观念、情感、行为和品质,如对信息劳动的价值认同、对非法窃取他人信息成果的鄙视等,即个人信息道德。后者指社会信息活动中人与人之间的关系以及反映这种关系的行为准则与规范,如扬善抑恶、权利义务、契约精神等,即社会信息道德。

信息道德的三个层次,即信息道德意识、信息道德关系、信息道德活动。

信息道德意识是信息道德的第一个层次,包括与信息相关的道德观念、道德情感、道德意志、道德信念、道德理想等,是信息道德行为的深层心理动因。信息道德意识集中地体现在信息道德原则、规范和范畴之中。

信息道德关系是信息道德的第二个层次,包括个人与个人的关系、个人与组织的关系、组织与组织的关系。这种关系是建立在一定的权利和义务的基础之上,并以一定的信息道德规范形式表现出来的。信息道德关系是一种特殊的社会关系,是被经济关系和其他社会关系所决定、所派生出的人与人之间的信息关系。

信息道德活动是信息道德的第三个层次,包括信息道德行为、信息道德评价、信息道德教育和信息道德修养等。信息道德行为即人们在信息交流中所采取的有意识的、经过选择的行动;根据一定的信息道德规范对人们的信息行为进行善恶判断即为信息道德评价;按一定的信息道德理想对人的品质和性格进行陶冶就是信息道德教育;信息道德修养则是人们对自己的信息意识和信息行为的自我解剖、自我改造。

任务 2　信息素养的能力培养

知识目标

- 了解信息素养能力的养成。
- 了解高等教育信息素养框架。

技能目标

- 掌握信息素养标准。
- 培养信息素养的能力。

学习情境 1:信息素养能力的养成

1. 加强对新技术的学习

随着科技日新月异的发展,面对网络和现实世界提供的海量信息,要加强对搜索信息的新技术的学习。大数据技术、人工智能技术等把人、虚拟信息世界、智能机器、物理世界构成四元世界,学习大数据、人工智能等与信息素养相关的新技术,有利于提高人机共存且虚实并行的知识、能力、素养和人格的全方位综合素养。

2. 利用不同信息技术和系统

信息技术增强了人们对信息源的利用能力。由于信息系统能快速、准确地组织信息,使得信息能被快速地检索和利用。

3. 能批判性地处理信息

在信息收集和利用的所有阶段,批判性地对信息进行处理,对其制定的检索策略、所利用的信息源、所得到的结果和所确定的信息源逐一进行评估。

学习情境 2:信息素养五种能力

信息素养为终身学习奠定基础,它适用于各学科、各种学习环境和教育水平。它可以让学习者掌握内容,扩展研究的范围,有更多的主动性和自主性。

1. 确定所需信息的范围

了解信息是怎样正式或非正式地产生、组织和散布的;认识到把知识按学科分类可以影响获取信息的方式;区分主要来源和次要来源,并认识到它们在不同学科有不同的用处和重要性;认识到信息有时要从主要来源的原始数据综合而来。

2. 有效地获取所需信息

选择最适合的研究方法或信息检索系统查找需要的信息;构思和实现有效的搜索策略;运用各种各样的方法从网上或亲自获取信息;改进现有的搜索策略;摘录、记录和管理信息及其出处。

3. 严格评价信息及其相关资源,把所选信息融合到个人的知识库中

从收集的信息中总结要点,清晰表达并运用初步的标准来评估信息及其出处;综合主要思想来构建新概念;通过对比新旧知识来判断信息是否增值、是否前后相符、是否独具特色;确定新的知识对个人的价值体系是否有影响,并采取措施消除分歧;通过与其他人、学科专家或行家的讨论来验证对信息的诠释和理解;确定是否修改现有的查询。

4. 有效运用信息达到特定目的

能够把新旧信息应用到策划和创造某种产品或功能中;修改产品或功能的开发步骤;能够有效地与别人就产品或功能进行交流。

5. 运用信息同时了解所涉及的经济、法律和社会范畴,合理合法地获得和利用信息

了解与信息和信息技术有关的伦理、法律和社会经济问题;遵守与获取和使用信息资源相关的法律、规定、机构性政策和礼节;在宣传产品或性能时声明引用信息的出处。

学习情境 3:信息素养标准

1. 信息素养的主要内容

信息素养的主要内容包括信息素养定义;信息素养和信息技术;信息素养和高等教育;

信息素养和教学；标准的使用；信息素养及其评估；信息素养标准、表现指标和成果等。

2. 信息素养的定义

信息素养是指个人能认识到何时需要信息，并能有效地搜索、评估和使用所需信息的能力。

对于信息素养概念，要注意以下三点。

(1) 在什么情况下——何时。

(2) 对于信息的几个动词——需要、搜索、评估、使用。

(3) 关于信息的几个关键词——认识、能力、信息。

3. 信息素养提出的背景

信息素养的提出有四个背景。

(1) 信息数量巨大。信息及其资源越来越丰富。

(2) 选择信息及其来源困难。信息可以来自图书馆、社区、行业协会、媒体和互联网。

(3) 理解和判断信息困难。不同意见的信息的真实性、正确性和可靠性难以判断。

(4) 吸收和消化信息困难。大量信息本身并不能直接地转化为个人的知识。

学习情境 4：高等教育信息素养框架

《高等教育信息素养框架》(2015)(以下简称《框架》)文献由美国大学与研究图书馆协会(ACRL)董事会于 2015 年 2 月 2 日发布，中文版由 ACRL 授权清华大学图书馆翻译。

1. 时代背景

迅速变化的高等教育环境以及用户工作和生活中的动态及不确定的信息生态系统，需要把新的注意力集中在这个生态系统的基本思想。学生在以下方面有更大的作用和责任：创造新的知识，理解信息世界的轮廓及其动态变化，有道德地使用信息、数据和学术。教师承担有更大的责任：设计旨在加强信息及学术成果的核心概念与本学科相融合的课程及作业。图书馆员在以下方面将有更大的责任：识别自己知识领域内可以拓展学生学习的核心理念、创设紧密结合的信息素养新课程、与教师开展更广泛的合作。

2. 主要内容

这里提出的内容被特意地称为一个框架，因为它是基于一组相互关联的核心概念，以及能够实施的灵活选项，而不是一组标准或学习成果，或任何规定的技能枚举。这个框架的核心是概念性的理解，它组织了许多关于信息、研究、学术的概念和思想，并将它们组成一个连贯的整体。在相关概念中，"知识技能"体现了学习者增强对信息素养概念理解的方式；"行为方式"描述了处理对待学习的情感、态度或评价维度的方式。

《框架》给出了信息素养的新概念：包括对信息的反思性发现，对信息如何产生和评价的理解以及利用信息创造新知识并合理参与学习团体的一组综合能力。

大学生作为信息消费者和创造者成功参与合作性领域所需的一组全面的综合能力，它为我们开启了信息素养的全新愿景。《框架》强调的是信息生态圈中有权威，但权威不仅是逐渐产生的，而且是动态变化的。信息的发布可以通过正式渠道，也可以通过非传统和非正式的渠道,但有时候有价值的信息是从非正式渠道产生的。信息的创建需要一个过程,不同的渠道产生不同形式和格式的信息,产生的信息具有多元价值性,需要用户根据情况判断。研究是一个过程,是一个探究式的过程,要通过各种渠道参与对话式学术讨论。信息检索有战略性,随着研究的深入和研究层次的提高将更加显现其战略性和复杂性。

1) 权威的构建性与情境性

信息资源反映了创建者的专业水平和可信度,人们基于信息需求和使用情境对其进行评估。初学者会批判性地审视所有证据,不管是一篇博客短文,还是一篇经同行评审的会议论文,并会就信息的来源、背景,以及对当前信息需求的适用性提出疑问。

要学会在信息来源以及信息生态圈中理解对权威的尊重、反思和质疑。权威的形成要求其有一定的发展并已成型,权威及其权威知识也会改变(主动和被动),知识权威的发布也有可能通过非常识渠道;对待各种信息要具有开放性和包容性。

2) 信息创建的过程性

任何形式的信息都是为了传递某个消息而生成,并通过特定的传送方式实现共享。研究、创造、修改和传播信息的迭代过程不同,最终的信息产品也会有差异。初学者开始认识到信息创造过程的意义后,就会在匹配信息需求与信息产品时做出更精准的选择。知道信息产生的环境和阶段,各自具有不同的价值,而这要用户自行判断。

3) 信息的价值属性

信息拥有多方面的价值,它可以是商品、教育手段、影响方式以及谈判和认知世界的途径。法律和社会经济利益影响信息的产生和传播。信息的价值在多种情况下都有体现,包括出版业、信息获取、个人信息的商业化和知识产权法。恰当地注明出处和引用,表达对他人原创观点的尊重。

信息具有多元价值性,在利用信息时要注意自己的权利和义务。每个人不仅仅是信息消费者,也会是信息的贡献者。

4) 探究式研究

在任何领域,研究都永无止境,它依赖于越来越复杂的或新的问题的提出,而获得的答案反过来又会衍生出更多问题或探究思路。探究是一个过程,在此过程中需要关注的是学科内或学科外开放的或未解决的难题、疑惑。学科内的协作能够扩展同领域的知识。探究的过程会超越学术界而延伸至社会大众领域,也可能会聚焦到个人、专业或社会需求。

信息检索与分析用来进行探究式研究,要多维度收集信息、判断信息,甚至要明白信息的模糊性在探究式研究中是有用的。要善于利用各种研究方法,要能将复杂问题分解成简单问题。

5) 对话式学术研究

由于视角和理解不同,不同的学者、研究人员或专业人士团体会不断地带着新见解和新发现参与持续的学术对话。学术和专业领域的研究是一种话语实践,在此实践过程中观点的形成、争论、相互权衡要经历相当长一段时间。

要能理性评判他人在参与式信息环境中所做的贡献。清楚自己参与的是正在进行的学术对话,而不是已结束的对话。在更好地理解学术对话大背景之前,不对某一具体学术作品的价值进行判断。由于语言表达不流畅或不熟悉学科流程,会削弱学习者参与和深入对话的能力。

6）战略探索式检索

检索行为往往始于某一问题，这个问题指导寻找所需信息的行为。检索过程包括查询、发现和偶然所得，需要识别可能相关的信息源，以及获取这些信息源的途径。

专家认为信息检索是一种与情境相关的、复杂的经历，影响着检索者的认知、情感和社会层面，反之也受到这些因素影响。初学者可能检索到的是有限的资源，而专家则可以通过更广泛、深入的检索来确定项目领域内最合适的信息。初学者往往很少使用检索策略，而专家依据信息需求的来源、范围和背景在多样化的检索策略中进行选择。

信息检索与信息素养框架的关系解析：新框架不是按照信息利用的过程展开的，而是从用户如何融入和开展学术研究角度展开的。从用户面向的信息世界开始，告诉用户这个现存的学术信息世界是有权威的，至于学术权威怎么来的，它会怎么变化，是有一般规律的。你能否对学术权威提出挑战，取决于你如何了解、学习、跟进、参与、发展、成长、接近学术信息和学术权威圈。用户要了解信息的创建过程，是来自正式的还是非正式的渠道，大多数时候，正式渠道显示了信息的权威程度，但不一定完全如此。这些信息有时候会呈现出多样化、矛盾，甚至自相矛盾的现象，但这恰恰是学术发展之路。这些都需要用户自行判断，自己决定要向哪个方向发展，要向哪个权威提出挑战。在当今的学术研究中，合作式、开放式、对话式研究已成趋势。信息检索的水平和过程无疑体现了用户自身学术水平。

在新框架下，信息素养不单单是为了完成一个学术问题的研究，而是知道如何进行学术研究。而信息检索在这个框架里始终存在，单纯的信息检索能力及其发展已经融入学术研究过程和学术研究水平中。

任务3　个人信息世界简介

知识目标

- 掌握个人信息世界的含义。
- 掌握个人信息世界的定义。

技能目标

- 了解个人信息世界的内容要素。
- 了解个人信息世界的边界要素。
- 了解个人信息世界的动力要素。

学习情境1：个人信息世界概述

1. 个人信息世界的含义

个人信息世界是个人作为信息主体（即信息生产、传播、搜索、利用等主体）的活动领域，或者说它是个人生活世界的一个领域。在这里，个人作为信息主体的经历和体验得以展开、充实、积累。

有什么样的要素,就有什么样的个人信息世界。这三大要素是:内容、边界和动力。

2. 个人信息世界的定义

如果按内容、边界、动力这三个基本要素来定义个人信息世界,可以将其定义为:由空间、时间、智识三个边界限定的信息主体活动领域。在这里,信息主体通过其信息实践,从物理世界、客观知识世界、主观精神世界的信息源中获取信息,汲取信息效用,积累信息资产。

学习情境 2:个人信息世界内涵

1. 个人信息世界的内容要素

个人信息世界的内容要素指信息主体活动的对象,包括各类信息源、信息和信息资产。个人信息世界中存在的、可作为信息实践对象的内容事实上分为不同层次。

(1) 信息主体在物理上可及的信息源。如分布在信息主体生活区域内的图书馆资源、信息中心的资源、各种咨询机构的专家、私人藏书、亲戚朋友的藏书等。

(2) 位于信息主体从事信息活动的空间之内、有时间获取和利用的、能够被认知所处理的信息源。这些资源不仅是信息主体在物理上可及的,也必须是在时间上和知识上可及的。

(3) 可获取信息源中那些被信息主体常规性利用的种类。这些信息源不仅是信息主体在物理、时间及智识上可及,而且也是他(她)的利用习惯可及的基础信息源。

(4) 那些确实被信息主体利用过的信息产品及其产生的认知结果。这些资源经过了信息主体的利用,与他(她)发生了认知上的亲密接触,至少在一定程度上成为信息主体记忆可及的,这部分资源及其产生的结果被称为信息资产或资产化的信息。

2. 个人信息世界的边界要素

个人信息世界的边界包含三个维度:空间、时间、智识。

(1) 空间是指有意识的信息活动(知觉性和目的性信息实践活动)发生的场所,如家庭、图书馆、博物馆、书店、教室或培训场所、报告厅、实验室、办公室、广场、集市、地铁、火车站、飞机场等。

(2) 个人信息世界的时间边界是指个人在日常生活和工作中有意识地分配给信息活动的时间。

(3) 智识水平是指个人信息活动可以达到的智力和知识水平,在特定时间点上个人已经获得的认知技能的总和,包括认字与计算能力、语言能力、分析能力、信息检索能力等。

3. 个人信息世界的动力要素

信息主体是个人在经济主体、社会主体等角色之外获得的又一重要角色。个人在日常生活和工作中开展的信息实践具有不同类型。

(1) 无意识的信息实践。无意识的信息实践是指个人开展的不以信息生产、获取或利用为目的,但有可能偶发信息获取行为的实践活动。当个人与他人闲聊,其目的可能是避免冷场,也可能是联络感情,也可能是受到人与人之间交流本能的驱动,但无论属于哪种情况,交流双方都不太可能将这一过程视为信息交流活动并为此调动相关的主观能动性,换言之,他们不太可能形成信息主体的自觉。

(2) 知觉性信息实践。知觉性信息实践是指个人为了实现一般的信息目标（如为了增长见识或为了在某一方面保持知晓度）而开展的信息活动，或应他人的要求或邀请而参与的信息活动。

(3) 目的性信息实践。这是信息主体为了解决具体问题、支持具体决策或行为、填补具体的认识空白而主动开展的信息活动。

学习情境 3：个人信息世界与信息素养

个人作为信息主体的实践活动发生在怎样的空间中，作为信息主体的活动领域就具有怎样的空间特征；个人作为信息主体的实践发生在怎样的时段和时间长度，作为信息主体的活动领域就具有怎样的时间特征；个人作为信息主体的实践达到怎样的智识水平，作为信息主体的活动领域就具有怎样的智识特征。

同样，个人作为信息主体的实践以哪类信息和信息源为客体，其个人信息界就具有怎样的内容特征。

要改变个人信息世界的边界或内容，就需要改变信息主体的实践。可以说，个人信息世界的形成、维护和发展是通过信息主体的实践实现的。知觉性和目的性信息实践因此变成了个人信息世界发展变化的基本动力。

任务 4 新时代大学生的信息素养与社会责任

知识目标

- 了解信息安全的需求。
- 掌握新时代大学生九大信息素养标准。
- 了解信息安全威胁的手段。

技能目标

- 培养信息安全意识。
- 培养新时代大学生信息素养。

学习情境 1：新时代大学生加强信息安全意识

1. 新时代大学生要将信息安全与社会责任紧密地结合起来

(1) 通识型：信息安全不仅涉及传输过程，还包括网上复杂的人群可能产生的各种信息安全问题。要实现信息安全，不是紧紧依靠某个技术能够解决的，它实际上是与个体的信息伦理与责任担当等品质紧密关联。

(2) 专业型：有意识地培养学生的数字化思维与提炼信息的批判精神，具备信息安全意识并坚守使用信息的道德底线，养成学生基于信息素养的职业素养，构建大学的职业文化。

2. 信息安全的需求

(1) 保密性：系统中的信息只能由授权的用户访问。

(2) 完整性：系统中的资源只能由授权的用户进行修改，以确保信息资源没有被篡改。

(3) 可用性：系统中的资源对授权用户是有效可用的。

(4) 可控性：对系统中的信息传播及内容具有控制能力。

(5) 真实性：验证某个通信参与者的身份与其所申明的一致，确保该通信参与者不是冒名顶替。

(6) 不可否认性：防止通信参与者事后否认参与通信。

3. 信息安全威胁的手段

(1) 被动攻击：通过偷听和监视来获得存储和传输的信息。

(2) 主动攻击：修改信息、创建假信息。

(3) 重现：捕获网上的一个数据单元，然后重现传输来产生一个非授权的效果。

(4) 修改：修改原有信息中的合法信息或延迟或重新排序产生一个非授权的效果。

(5) 破坏：利用网络漏洞破坏网络系统的正常工作和管理。

(6) 伪装：通过截取授权的信息伪装成已授权的用户进行攻击。

学习情境2：新时代大学生九大信息素养标准

1998年，美国图书馆协会和教育传播协会制定了大学生学习的九大信息素养标准，概括了信息素养的具体内容。

(1) 具有信息素养的学生能够有效地和高效地获取信息。

(2) 具有信息素养的学生能够熟练地和批判地评价信息。

(3) 具有信息素养的学生能够有精确地和创造性地使用信息。

(4) 作为一个独立学习者的大学生具有信息素养，并能探求与个人兴趣有关的信息。

(5) 作为一个独立学习者的大学生具有信息素养，并能欣赏作品和其他对信息进行创造性表达的内容。

(6) 作为一个独立学习者的大学生具有信息素养，并能力争在信息查询和知识创新中做得最好。

(7) 对学习社区和社会有积极贡献的大学生具有信息素养，并能认识信息对社会的重要性。

(8) 对学习社区和社会有积极贡献的大学生具有信息素养，并能实行与信息和信息技术相关的符合伦理道德的行为。

(9) 对学习社区和社会有积极贡献的大学生具有信息素养，并能积极参与小组的活动探求和创建信息。

在培养学生信息素养的同时，还要注意发展学生与信息素养密切相关的"媒体素养""计算机素养""视觉素养""艺术素养"以及"数字素养"，以期全面提高大学生适应信息时代需要的综合素质。

学习情境 3：新时代大学生信息培养内容

在我国，针对国内教育的实际情况，大学生的信息素养培养主要针对以下五个方面的内容。

（1）热爱生活，有获取新信息的意愿，能够主动地从生活实践中不断地查找、探究新信息。

（2）具有基本的科学和文化常识，能够较为自如地对获得的信息进行辨别和分析，正确地加以评估。

（3）可灵活地支配信息，较好地掌握选择信息、拒绝信息的技能。

（4）能够有效地利用信息、表达个人的思想和观念，并乐意与他人分享不同的见解或信息。

（5）无论面对何种情境，都能够充满自信地运用各类信息解决问题，有较强的创新意识和进取精神。

学习效果自测

一、填空题

1. 个人信息世界的含义是＿＿＿＿＿＿＿＿＿＿＿＿＿＿＿＿＿＿＿＿。
2. 个人信息世界的三大要素是＿＿＿＿、＿＿＿＿和＿＿＿＿。
3. 个人信息世界边界的三个维度是＿＿＿＿、＿＿＿＿和＿＿＿＿。
4. 个人信息世界的内容要素指信息主体活动的对象，包括＿＿＿＿＿＿＿＿＿＿、＿＿＿＿＿＿＿＿＿＿和＿＿＿＿＿＿＿＿＿＿。
5. 个人信息世界的动力要素包括＿＿＿＿、＿＿＿＿和＿＿＿＿。

二、简答题

1. 什么是信息素养？
2. 信息素养包括几个层面？
3. 什么是信息素养的特点？
4. 什么是信息意识？
5. 什么是信息知识？
6. 信息技能包括哪六个方面？
7. 什么是信息道德？
8. 信息道德有哪三个层次？

参 考 文 献

[1] 刘德双,张艳琴.计算机基础[M].南京:南京大学电子音像出版社,2021.
[2] 王旭,李彦明.大学计算机文化基础项目教程[M].南京:南京大学电子音像出版社,2021.
[3] 陈开华,王正万.计算机应用基础项目华教程(Windows 10+Office 2016)[M].北京:高等教育出版社,2020.
[4] 刘建国,段炬霞,刘学工.高职计算机基础课程融入思政元素探索[J].科学与信息化,2021(5)。
[5] 岳修志.信息素养与信息检索[M].北京:清华大学出版社,2021.
[6] 眭碧霞.信息技术基础[M].北京:高等教育出版社,2021.
[7] 李亚莉,姚亭秀,杨小麟.WPS Office 2019办公应用入门与提高[M].北京:清华大学出版社,2021.
[8] 杨云江.计算机网络基础[M].4版.北京:清华大学出版社,2022.
[9] 王英龙,曹茂永.课程思政我们这样设计(理工类)[M].北京:清华大学出版社,2020.
[10] 王焕良,马凤岗.课程思政设计与实践[M].北京:清华大学出版社,2021.